无人机系统研究与应用丛书

无人机景象匹配技术

符艳军 著

西北工业大学出版社

西安

【内容简介】 本书针对无人机景象匹配导航中的关键问题,以提高景象匹配算法的实时性、鲁棒性、匹配精度及匹配结果可信度为主线展开,介绍与之相关的研究方法及近年来作者所在课题组的相关成果,涵盖了与景象匹配有关的图像处理、匹配区选择、匹配加速策略及方法、不同类型图像畸变情况下的鲁棒算法、提高导航定位可靠性的方法及匹配算法性能评估等内容。

本书可供从事飞行器视觉导航、组合导航研究及生产的工程技术人员阅读,也可作为高等学校导航制导类专业教师和研究生的参考用书。

图书在版编目(CIP)数据

无人机景象匹配技术/符艳军著. —西安:西北
工业大学出版社,2021.5
ISBN 978 - 7 - 5612 - 7744 - 7

Ⅰ.①无… Ⅱ.①符… Ⅲ.无人驾驶飞机-景象匹
配制导-航空导航 Ⅳ.①V279

中国版本图书馆 CIP 数据核字(2021)第 103455 号

WURENJI JINGXIANG PIPEI JISHU

无 人 机 景 象 匹 配 技 术

责任编辑:李阿盟 王 尧		**策划编辑**:华一瑾	
责任校对:胡莉巾		**装帧设计**:李 飞	

出版发行 西北工业大学出版社

通信地址 西安市友谊西路 127 号　　　　**邮编**:710072

电　话 (029)88493844　88491757

网　址 www.nwpup.com

印 刷 者 陕西向阳印务有限公司

开　本 787 mm×1 092 mm　　　　1/16

印　张 12.625

字　数 323 千字

版　次 2021 年 5 月第 1 版　　　　2021 年 5 月第 1 次印刷

定　价 68.00 元

前　　言

美国国防部在《2007—2032 年无人机路线图》中指出：未来无人机应具有自主飞行、高效综合侦察感知与精确打击能力。要实现无人机的自主飞行与精确打击，高精度定位与导航能力是关键技术之一。景象匹配导航作为一种重要的飞行器自主导航方法，具有隐蔽性好、无累积误差及定位精度高等优点。将景象匹配导航与惯性导航或其他导航相结合构成的组合导航系统，是无人机导航技术发展和应用的趋势，也是下一代军用飞行器的导航、制导系统向完全自主、可靠、高精度方向发展的一种优选系统。

2007 年至今，笔者及课题组人员一直在进行有关无人机景象匹配导航技术方面的研究。本书主要介绍笔者及课题组人员近年来在景象匹配技术方面的一些研究成果。

全书共分 12 章，主要围绕无人机在飞行或执行任务过程中实测图存在遮挡、模糊、旋转、比例变化等情况下，如何提高景象匹配实时性、鲁棒性、可靠性等性能指标以满足辅助导航的需要来展开。具体内容安排如下：第 1 章主要介绍无人机导航研究和发展现状，阐明本书景象匹配技术的研究背景、研究现状，以及需要解决的关键技术问题；第 2～3 章主要从图像处理的角度出发，介绍实测图退化模型及景象匹配常用图像特征的提取方法；第 4 章主要介绍有关景象匹配适配区选择方面的研究现状及方法；第 5 章主要介绍提高匹配实时性的智能优化算法；第 6 章主要介绍基于小波变换的图像预处理及分层匹配方法；第 7～10 章主要从提高景象匹配鲁棒性、实时性和匹配精度的角度出发，介绍课题组近年来的一些研究成果，包括基于 Hausdorff 距离的抗遮挡景象匹配方法、基于投影变换的抗旋转及比例变化的景象匹配方法、基于矩特征的抗模糊景象匹配方法，以及适用于异源图像匹配的互信息匹配方法；第 11 章从提高导航定位结果的可靠性出发，介绍一些改进方法及课题组提出的方法；第 12 章从景象匹配算法评价的角度出发，介绍算法适应性仿真方法设计，并对课题组近年来提出的不同改进算法进行适应性仿真，为不同场景下匹配算法的选择提供依据。

本书的出版得到了西安外事学院高层次人才启动基金项目（编号：XAIU2019011）及陕西省自然科学基础研究计划项目（编号：2020JM-637）的经费资助，在此表示衷心的感谢。

在本书的成书过程中，参阅了相关资料文献，在此一并表示感谢。

由于水平有限，书中不足之处在所难免，敬请读者批评指正。

著　者
2021 年 2 月

目　　录

第1章 绪 论

1.1 无人机导航概述

无人机(Unmanned Aerial Vehicle,UAV)通常是指一种有动力、可控制、可执行多种任务，并能重复使用的无人驾驶飞行器。与有人驾驶飞机相比，无人机具有质量轻、雷达反射截面小、运行成本低、灵活性高且不存在机组人员安全问题等优点，因此受到越来越多国家的重视。近年来，随着电子、通信和计算机技术的迅速发展，无人机的应用范围越来越广泛，从早期以军事应用为主逐渐扩展到民用、科学研究等领域。飞行高度高、续航时间长的高空长航时无人机是无人机领域的研究重点和热点，而如何实现无人机的自主精确导航是一项重要的研究内容。

无人机导航是按照要求的精度，沿着预定的航线在指定的时间内正确地引导无人机至目的地。要使无人机成功完成预定的航行任务，除了起始点和目标的位置之外，还必须知道无人机的实时位置、航行速度、航向等导航参数[1]。

目前在无人机上采用的导航技术主要包括惯性导航、卫星导航、天文导航、地形辅助导航和地磁导航等。这些导航技术按导航方式还可以分为自主导航与非自主导航。自主导航方式是指导航过程中不需要与外界交换信息，完全依据无人机自身系统完成导航的方式；非自主导航方式是指无人机在导航过程中必须依赖外界提供的信息来完成导航的方式。

这些单一的导航技术都有各自的优缺点，因此，在无人机导航中，常常根据无人机担负的不同任务，组合多个单一导航系统来提高导航性能。

1.1.1 单一导航技术

1. 惯性导航

惯性导航系统(Inertial Navigation System,INS)也称作惯性参考系统，是一种不依赖于外部信息也不向外部辐射能量(如无线电导航那样)的自主式导航系统，其工作环境不仅包括空中、地面，还可以在水下。

惯性导航的基本工作原理是以牛顿力学定律为基础，测量载体在惯性参考系的加速度，将它对时间进行积分，并变换到导航坐标系中，得到在导航坐标系中的速度、偏航角和位置等信息。惯性测量装置安装在载体(如飞机、舰船、火箭等)内部，包括加速度计和陀螺仪。陀螺仪用来形成一个导航坐标系，使加速度计的测量轴稳定在该坐标系中，并给出航向和姿态角；加速度计用来测量运动体的加速度，经过对时间的一次积分得到速度，速度再经过对时间的一次积分即可得到位移。由于惯性导航系统属于推算导航方式,即从一已知点的位置根据连续测得的运动体航向角和速度推算出其下一点的位置,所以可连续测出运动体的当前位置。

惯性导航系统与天文导航、卫星导航、无线电导航等相比,既有优势,也存在一些劣势。

惯性导航系统的优点如下:

(1)由于它是一种不依赖于任何外部信息,也不向外部辐射能量的自主式系统,故隐蔽性好,也不受外界电磁干扰的影响。

(2)可全天候、全时间地工作于空中、地球表面乃至水下。

(3)能提供位置、速度、航向和姿态角数据,所产生的导航信息连续性好而且噪声低。

(4)数据更新率高、短期精度和稳定性好。

惯性导航系统的缺点如下:

(1)由于导航信息经过积分产生,定位误差随时间而增大,长期精度差。

(2)每次使用之前需要较长的初始对准时间。

(3)设备的价格较昂贵。

(4)不能给出时间信息。

惯性导航系统用于多种运动机具中,包括飞机、潜艇、航天飞机等运输工具及导弹,然而高成本及其复杂性却限制了其可以应用的场合。

2. 卫星导航

卫星导航是指采用导航卫星对地面、海洋、空中和空间用户进行导航定位的技术[1]。卫星导航系统是以卫星为空间基准点,用户利用接收设备测定至卫星的距离或多普勒频移等观测量来确定其位置和速度的系统。

卫星导航系统由导航卫星、地面台站和用户定位设备三个部分组成。导航卫星是卫星导航系统的空间部分,由多颗导航卫星构成空间导航网。地面台站主要跟踪、测量和预报卫星轨道并对卫星上设备工作进行控制管理,通常包括跟踪站、遥测站、计算中心、注入站及时间统一系统等部分。跟踪站用于跟踪和测量卫星的位置坐标;遥测站接收卫星发来的遥测数据,以供地面监视和分析卫星上设备的工作情况;计算中心根据以上这些信息计算卫星的轨道,预报下一段时间内的轨道参数,确定需要传输给卫星的导航信息;导航信息由注入站向卫星发送。用户定位设备通常由接收机、定时器、数据预处理器、计算机和显示器等组成,它接收卫星发来的微弱信号,从中解调并译出卫星轨道参数和定时等信息,同时测出导航参数(如距离、距离差和距离变化率等),再由计算机算出用户的位置坐标(二维坐标或三维坐标)和速度矢量分量。用户定位设备分为船载、机载、车载和单人背负等多种形式。

全球四大卫星导航系统是美国的全球卫星导航系统(Global Positioning System,GPS)、俄罗斯全球卫星导航系统(Global Navigation Satelite System,GLONASS)、欧盟伽利略定位系统(Galileo Satellite Navigation System,GSNS)和中国北斗卫星导航系统(BeiDou Navigation Satellite System,BDS)。

美国GPS是目前世界上应用最广泛,也是技术最成熟的导航定位系统。GPS导航系统是以全球24颗定位人造卫星为基础,向全球各地全天候地提供三维位置、三维速度等信息的一种无线电导航定位系统。它由三部分构成:一是地面控制部分,由主控站、地面天线、监测站及通信辅助系统组成;二是空间部分,由24颗卫星组成,分布在6个轨道平面;三是用户装置部分,由 GPS 接收机和卫星天线组成。现在民用的 GPS 定位精度可达小于 10 m。

北斗卫星导航系统是中国自行研制的全球卫星定位与通信系统,是继美国 GPS 和俄罗斯 GLONASS 之后的第三个成熟的卫星导航系统,系统空间段由 5 颗静止轨道卫星和 30 颗非静止轨道卫星组成。地面段由主控站、上行注入站和监测站组成,用户段由北斗用户终端及与其他全球卫星导航系统(Global Ncwigation Satellite System,GNSS)兼容的终端组成。北斗卫星导航系统的建设目标是成为独立自主、开放兼容、技术先进、稳定可靠的覆盖全球的卫星导航系统。

伽利略定位系统是欧盟为摆脱欧洲对美国全球定位系统的依赖,打破其垄断而建立的卫星定位系统,有"欧洲版 GPS"之称。伽利略定位系统总共发射 30 颗卫星,其中 27 颗卫星为工作卫星,3 颗为候补卫星。该系统除了 30 颗中高度圆轨道卫星外,还有 2 个地面控制中心。

GLONASS 由 24 颗卫星组成,是由军方负责研制和控制的军民两用导航定位卫星系统。尽管其定位精度比 GPS、伽利略定位系统略低,但其抗干扰能力却是最强的。

卫星导航具有定位精度高、误差不随时间积累的优点,但其缺点是自主性能差,且具有无线电信号无法克服的脆弱性和局限性。特别是在战争环境下,为破坏敌方的精确打击力量,往往需要采用强大的电子干扰手段。在这种复杂的干扰环境中,如果过多地依赖外界信息,会使无人机平台的导航功能失效。例如,早在 1997 年举行的莫斯科航展上,俄罗斯一家公司就展示了 GPS 及 GLONASS 卫星导航信号电子干扰发射装置,它能破坏卫星导航信号接收机的工作,从而使其丧失定位功能。这种装置在 2003 年春季的伊拉克战争中经受了战争的检验。战争初期,美国的精确制导武器频频打偏,伊拉克一些重要的目标未能被摧毁。因此对卫星导航的政策是只能利用,不能依靠,甚至连美国军方也对过分依赖 GPS 的倾向提出质疑。

3. 天文导航

天文导航是指根据天体来测定飞行器位置和航向的导航技术。由于天体的坐标位置和运动规律是已知的,测量天体相对于飞行器参考基准面的高度角和方位角就可以计算出飞行器的位置和航向。天文导航系统是自主式系统,不需要地面设备,不受人工或自然形成的电磁场的干扰,不向外辐射电磁波,隐蔽性好,定向、定位精度高,定位误差与时间无关,因而天文导航得到了广泛应用。

根据跟踪的星体数,天文导航分为单星、双星和三星导航。单星导航由于航向基准误差大而定位精度低。双星导航定位精度高,在选择星对时,两颗星体的方位角差越接近 $90°$,定位精度越高。三星导航常利用第三颗星的测量数据来检查前两次测量的可靠性,在航天中,则用来确定航天器在三维空间中的位置。

天文导航是利用光学敏感器测得的天体(恒星、近天体)的信息进行载体位置的计算。天文导航和惯性导航技术一样同属于自主导航技术,相比其他导航方法来说,天文导航的精度不是最高的,但其不像惯性导航存在误差随时间积累的问题,这一点对长时间运行的载体来说是非常重要的。

天文导航的优势有以下几项:

(1)被动式测量,自主式导航。天文导航以天体作为导航信标,被动地接收天体自身辐射信号,进而获得导航信息,是一种完全自主的导航方式,工作安全、隐蔽。

(2)抗干扰能力强,高度可靠。天体辐射覆盖了 X 射线、紫外、可见光、红外整个电磁波谱,从而具有极强的抗干扰能力。此外,天体的空间运动规律不会被人为改变,从根本上保证了天文导航最高的可靠性。

（3）适用范围广，发展空间大。天文导航不受地域、空域和时域的限制，是一种在宇宙空间内处处适用的导航技术。对地面导航而言，技术成熟后可实现全球、昼夜、全天候、全自动天文导航。

（4）设备简单造价低，便于推广应用。天文导航不需要设立陆基台站，更不必向空中发射轨道运行体，设备简单，工作可靠，不受制约，便于建成独立自主的导航体制。

天文导航的缺点如下：

从其工作原理上讲，天文导航必然存在误差，一方面，其定位精度主要取决于光学敏感器的精度，输出信息不连续，而且会受到外界环境如气候条件（阴天、雨天）和时间（黑夜）的限制，在阴雨天或黑夜，会影响正常工作。另一方面，天文定位数据的解算复杂，尤其是对天文球面三角形的计算要更精确，否则定位误差会很大。

通常，在低空飞行时因受能见度的限制较少采用天文导航，但对于高空远程轰炸机、运输机和侦察机作跨越海洋，通过极地、沙漠上空的飞行，天文导航则很适用，因而天文导航（星光制导）在航天器上得到更广泛的应用。

天文导航经常与惯性导航、多普勒导航系统组成组合导航系统，这种组合式导航系统有很高的导航精度，适用于大型高空远程飞机和战略导弹的导航。把星体跟踪器固定在惯性平台上并组成天文-惯性导航系统，可为惯性导航系统的状态提供最优估计和进行补偿，从而可使一个中等精度和低成本的惯性导航系统输出高精度的导航参数。

4. 视觉导航

视觉导航是一种重要的自主导航技术，按照是否需要导航地图（即数字景象基准数据库）可分为地图型导航和无地图导航。

（1）地图型导航需要使用预先存储包含精确地理信息的导航地图，用一帧实拍图像与导航地图匹配即可实现飞行器的绝对定位，当导航地图采用景象图或地形图时，地图导航可分为景象匹配辅助导航和地形匹配导航[2]。其中地形辅助导航是指利用地形高程信息进行辅助导航定位，在航路飞行时对导航系统进行修正，但其不能提供有效的目标信息实现智能化的精确打击。而景象匹配辅助导航则是利用机载高分辨率成像雷达或光电图像传感器实时获取地面景物图像，并与机载计算机中预先存储的二维景象数字地图相比较，用于确定飞行器位置。近年来，随着无人机的广泛应用，无人机性能在不断提高并向着精确导航与精确打击及多机协同等方向发展，景象匹配导航成为实现精确导航、精确打击的重要手段。

（2）无地图导航即为基于序列图像的运动估计，无需导航地图，通过对环境的感知获取特征，并利用相邻两帧间的特征变化关系实现帧间的相对运动估计，通过多帧累积计算实现飞行器的导航。

1.1.2　组合导航技术

由于单一导航方式难以满足现代战争对导航系统精确度及可靠性的要求，所以组合导航技术逐渐成为飞行器导航技术研究的主要方向。

1. 组合导航系统的基本概念

组合导航系统是将飞机和舰船等运载体上的两种或两种以上的导航设备组合在一起的导

航系统。组合导航系统是用以解决导航定位、运动控制、设备标定对准等问题的信息综合系统,具有高精度、高可靠性、高自动化程度的优点,是网络化导航系统发展的必然趋势。由于每种单一导航系统都有各自的独特性能和局限性,如果把几种不同的单一系统组合在一起,就能利用多种信息源,互相补充,构成一种有多维度和导航准确度更高的多功能系统,获得比单独使用任一系统时更高的导航性能。

组合导航系统利用计算机和数据处理技术把具有不同特点的导航设备组合在一起,以达到优化的目的,整个系统由输入装置、数据处理和控制部分、输出装置及外围设备组成。输入装置能够实时、连续地接收各种测量信息,由计算机将接收的信息进行综合处理,从而得到最优的结果以便于确定航向、航速、天文及地文测算等;最后由输出装置例如显示器、打印机等对优化后的信息进行显示。组合导航实际上是以计算机为中心,将各导航传感器送来的信息加以综合和最优化数学处理,然后进行综合显示。

组合导航系统具有以下优点:

(1)组合导航系统可以利用各个导航子系统的信息,并将其优化组合,提高整个组合导航系统的冗余性能,不仅可以在很大程度上改善系统的定位精度,而且可以大幅提高整个系统的可靠性。

(2)组合导航系统允许整个系统在各个子系统工作模式间进行自动转换,当某一个子系统无法正常工作时,可以自动切换到其他正常工作的子系统,这扩大了组合导航系统的使用范围。

(3)组合导航系统可以利用各个子系统的信息对其他子系统或者设备进行校准,放宽了对子系统参数指标的要求,可以在一定程度上降低系统中单个子系统或者子设备的成本。

2. 组合导航系统的原理与方法

组合导航系统采用惯性导航系统以外的辅助导航信息源提高惯性系统的精度,它将一个或多个惯性导航系统的输出信号与外部源相同量的独立测量值进行比较,再根据这些测量值的差导出对惯性系统的修正值,适当组合这些信息,就有可能获得比单独使用惯性系统更高的精度。

如前所述,惯性导航系统是一种不依赖于任何外部信息,也不向外部辐射能量的自主式导航系统,其具有良好的隐蔽性,还能够提供完备的导航信息(如位置、速度和姿态等),且具有数据更新率高、短期精度和稳定性好等特点,在军事导航及民用导航领域中起着越来越大的作用。目前导航领域所研究的组合导航系统基本上以惯性导航系统为主,而引入另一种辅助导航方式以修正惯性导航的累积误差。考虑以惯性导航系统为主的组合导航系统,其组合方式有以下三种:

(1)重调方式。在惯性导航系统工作过程中,利用辅助导航源得到的位置量测信息对惯性导航位置进行校正,这是一种利用回路之外的导航信息来校正的工作方式,对惯性导航回路的响应特性没有任何影响。

(2)阻尼方式。利用惯性导航与辅助导航源的测量差,通过反馈去修正惯性导航系统,使导航误差减小。这种方式在机动情况下,阻尼效果并不理想。

(3)最优组合方式(采用卡尔曼滤波器,详细内容可参照本书 11.1 节内容)。据最优控制理论与卡尔曼滤波方法设计的滤波器目前已成为组合导航的重要方法。卡尔曼滤波是一种递推线性最小方差估计,它将各类传感器提供的导航信息应用卡尔曼滤波方法进行信息处理,再由控制器对惯性导航系统进行校正,使得系统误差最小。

3.常见组合导航类型

(1)INS/GPS 或 INS/北斗卫星组合导航系统。GPS 是一种高精度的全球三维实时导航的卫星导航系统,但因为其接收机的工作受载体机动的影响较大且 GPS 接收机数据更新频率(一般为每秒一次)低,所以难以满足实时控制的要求。另外,GPS 容易受到干扰和人为控制。如 2011 年 12 月 4 日,伊朗捕获了一架美国 RQ－170"哨兵"无人机,参与捕获工作的一名伊朗工程师称:"GPS 导航系统是最薄弱点。""通过对通信进行干扰,迫使这架飞机进入自动驾驶状态,而正是因此这架飞机变成了无头苍蝇。"因此,对国防应用而言,GPS 主要作为一种辅助导航设备使用。

以惯性导航为主、GPS 导航为辅的 INS/GPS 组合导航是目前组合导航技术的主要形式,其组合后的导航精度高于两个系统单独工作的精度。其优点表现为可以对惯性导航系统实现惯性传感器的校准、对惯性导航系统实现空中对准、对惯性导航系统高度通道进行稳定等,从而可以有效地提高惯性导航系统的性能和精度。而对 GPS 来说,惯性导航系统的辅助可以提高其跟踪卫星的能力。INS/GPS 组合导航系统是目前多数无人飞行器所采用的主流自主导航技术。美国的全球鹰和捕食者无人机都是采用这种组合导航方式。

由于 GPS 不属于自主导航方式,且其控制权在美国国防部,美国可以根据需要人为降低精度或进行区域性关闭,因此在战争环境下,GPS 并非总是可靠的。北斗双星导航定位系统是我国自主研发的区域性卫星导航定位系统,对进一步减少对国外导航卫星的依赖性有着重要的国防意义。随着北斗导航技术的成熟和完善,以惯性导航为主、北斗导航为辅的组合导航将成为我国飞行器组合导航的主要方式。

(2)惯性/天文组合自主导航系统。星光导航是目前发展较成熟、常用且可靠性较高的一种天文导航系统,包括星光折射间接敏感地平和星光直接敏感地平两种较为常用的导航测量方法。星光导航虽然可以提供高精度的姿态信息,但信息输出不连续,无法满足飞行器高稳定性控制的要求。将星光导航和惯性导航进行组合,构成惯性/天文组合导航系统可长时间连续输出较高精度的姿态信息,这种组合导航方式特别适用于远程、长航时无人机,远程巡航或弹道导弹,空天往返飞行器及近地空天飞行器等应用领域。

(3)惯性/景象匹配(INS/SMNS)组合导航系统。长期以来,美军一直致力于探索在 GPS 失效、性能降低环境下,完全不依赖 GPS 支援美军的新手段。近期,美空军技术学院自主导航技术中心(ANT)的研究人员又有了较为超前的初步研究成果,他们认为视觉辅助导航有许多优点,是可接受的辅助导航解决方案。

当前,以惯性导航为主、卫星导航及视觉导航为辅的组合导航系统已成为当前导航系统的主流之一。在惯性/天文组合导航方式中,因现有的天文导航系统受天空背景亮度和气候条件影响较大,还不能真正实现昼夜导航和全天候导航,而将合成孔径雷达(Synthetic Aperture Radar,SAR)成像匹配定位与惯性/天文组合导航相结合组成的组合导航系统兼备惯性导航、天文导航和景象匹配导航三者优点,相互取长补短,不但抗干扰能力强,而且自主性能好,定位精度高,非常适合飞行器对导航系统高精度导航定位的要求,是一种应用广泛、很有发展前景的自主式组合导航系统[3]。

惯性/景象匹配组合导航系统由景象匹配定位子系统和惯性导航子系统组成,其原理如图1－1 所示。事先利用侦察手段获取飞行器预定飞行区域的地物景象作为基准图像存于飞行器机载计算机中,然后,当携带相应图像传感器的飞行器飞过预定的区域时,即可获取当地图像,并按像素点分辨率、飞行高度和视场等参数生成一定大小的地物景象作为实测图送到匹配计算机中;在匹配计算机中将实测图像和基准图像进行相关匹配比较,找出实测图像在基准图像中的位置。由于基准图的地理坐标位置(或与目标的相对位置)是事先知道的,因此,根据与实测图的匹配位置,即可以确定当前飞行器的准确位置,将飞行器当前的准确位置信息反馈给惯性系统,可对 INS 提供连续的位置校正,消除 INS 随时间累积而增长的误差,从而可实现飞行器的精确导航。

图 1-1　INS/SMNS 组合原理

除了 INS/SMNS 这种组合方式外,景象匹配还可与其他导航系统一起形成多种形式的组合导航系统,如 INS/GPS/SMNS 组合导航系统、INS/北斗/SMNS 组合导航系统、INS/TER-COM/SMNS 组合导航系统等。例如美国的"战斧Ⅲ"导弹就使用 INS/TERCOM/SMNS 组合导航。在初始段采用惯性制导、中段采用地形匹配制导,最后一段用改进型数字景象匹配区域相关器和辅助地形匹配进行末制导,使导弹导向目标。INS/SMNS 的导航精度与飞行距离无关,可以降低对纯 INS 的精度要求,在现有的技术基础上,制作成本相对较低,是无人机导航技术发展和应用的趋势,也是下一代军用飞行器的导航、制导系统向完全自主、可靠、不受干扰、全天候、高精度、具有智能识别能力方向发展的一种优选系统。

随着无人机应用范围不断扩大,其性能也在不断提高,目前无人机向精确导航与精确打击、高效的综合侦察感知等方向发展,同时随着无人机的大量应用,要求多无人机之间能够进行多机协同控制以快速、高效地完成任务。

未来的无人机应具有自主飞行、多机协同控制及高效的综合侦察感知与精确打击能力。要实现无人机自主飞行、高效侦察与精确打击,首先就需要无人机具有高精度的定位与导航能力。

1.2　景象匹配技术

1.2.1　图像匹配基本定义

图像匹配是指把从相同或不同传感器在同一区域获取的两幅图像在空间上进行对准,以确定这两幅图像间相对位置关系的过程,可广泛用于导航、目标识别与跟踪。图像匹配中的基准图也称参考图,指的是实现获得的作为模板的图像,实时图也常称为实测图,是指在匹配过程中在线或者实时获得的图像。基准图与实时图有如下关系:

$$f_r(x,y)=f_b[x+d_x(x,y),y+d_y(x,y)]+n(x,y) \qquad (1-1)$$

式中,$n(x,y)$ 为灰度噪声,可通过滤波方法滤除;$d_x(x,y)$,$d_y(x,y)$ 为 $f_r(x,y)$ 上的点在 x 和 y 方向上的位置偏差,称为定位噪声,一般由图像的几何变形引起。

计算机处理的图像称为数字图像,该图像是离散的,一般用像素矩阵来表示。设基准图的高度和宽度分别为 M、N,则其二维矩阵 $\boldsymbol{X}$ 可表示为

$$\boldsymbol{X}=\{X_{uv}\mid 0\leqslant u\leqslant M-1,0\leqslant v\leqslant N-1,0\leqslant X_{uv}\leqslant 255\} \qquad (1-2)$$

设实测图的高度和宽度分别为 m、n,则其二维矩阵 $\boldsymbol{Y}$ 可表示为

$$\boldsymbol{Y}=\{Y_{ij}\mid 0\leqslant i\leqslant m-1,0\leqslant j\leqslant n-1,0\leqslant Y_{ij}\leqslant 255\} \qquad (1-3)$$

在图像匹配过程中,基准图往往比实测图大很多,即 $M>m$,$N>n$。匹配过程中令实测图在基准图中逐点搜索并进行比较。搜索位置的总数为 $K=(M-m+1)(N-n+1)$。

在基准图中的每一个搜索位置上,可裁剪出与实测图大小相同的子图,称为基准子图,基准子图与搜索位置一一对应,匹配算法的目的就是在所有基准子图中找到与实测图最相似的基准子图的位置。图像匹配流程如图 1-2 所示。

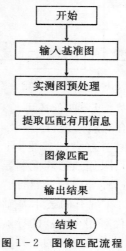

图 1-2 图像匹配流程

1.2.2 图像匹配算法的构成要素

根据 Brown 的 4 元理论,各种图像匹配算法都是特征空间、相似性度量、搜索空间、搜索算法的不同组合。Brown 理论的前两个元素与算法的精度、抗干扰性能(即鲁棒性)有关,而后两个元素则与快速性有关。图像匹配算法的 4 个构成要素相互影响、相互制约,所涉及的常用技术如图 1-3 所示。

图 1-3 图像匹配构成要素及常用技术

特征空间是指从图像中提取的用于匹配的图像信息,可以是灰度值,也可以是边界、轮廓、表面、统计特征、句法描述或高层结构描述等。特征空间的选择决定了图像的哪些特征参与匹配,哪些特征将被忽略,直接关系到匹配性能、匹配速度和稳定性。合理地选择特征空间既可以减少匹配算法的计算量,也可以降低成像畸变对匹配性能的影响,提高匹配算法的适应能力。

相似性度量是衡量匹配图像特征之间相似程度的量度,用作判断两幅图像是否达到匹配的衡量标准,通常也称之为匹配准则。两幅图像的相似性通常用某种距离函数来度量,例如归一化相关、相位相关、互信息等及各种基于距离系数的相似性度量,如 Minkowski 距离、Hausdorff 距离等。匹配算法中相似性度量的选取也会直接影响匹配算法的性能,包括匹配算法的适应性、计算速度及匹配精度等各项指标。

搜索空间是指所有可能的变换组成的空间,图像匹配就是在搜索空间中寻找最优变换的过程。由于搜索空间是用于校正图像的一类几何变换,因而成像畸变的类型和强度决定了搜索空间的组成和范围。

搜索算法又称搜索策略,是用合理高效的搜索方法在搜索空间中找到平移、旋转等变换参数的最优估计,使变换后的图像最为接近。常用的搜索策略有遍历搜索、分层搜索、多分辨率搜索、动态规划和序贯判决等。搜索策略的选取是由变换模型的特点和所采用的特征来决定的。

所有匹配算法都是上述四个因素的不同选择的组合。四个因素相互影响、相互制约。在匹配时,首先根据实际应用中图像类型及畸变范围确定所采用的特征空间和搜索空间,选择合适的相似性度量准则,在保证匹配精度的前提下选择最高效的搜索策略,最终找到最优变换参数。

1.2.3 无人机导航用景象匹配关键技术

随着计算机技术的不断发展,特别是速度更快、价格更低的处理芯片问世,图像匹配在飞行器导航等实时性要求很高领域的应用成为可能。由于在景象匹配/惯性组合导航系统中所用的图像特征通常为景物特征,这种情况下的图像匹配通常也称为景象匹配。因此,景象匹配是图像匹配的一种,但用于组合导航的景象匹配又不同于一般的图像匹配。

在惯性/景象匹配组合导航系统中,该系统中的惯性导航技术研究相对比较成熟,而景象匹配导航作为一种新的无人机导航技术在实际应用中仍存在适应性差等问题。这主要是因为无人机在执行任务过程中,其飞行场景复杂多变,造成所拍实测图与预先存储的基准图存在各种差异(包括同源图像之间因为拍摄时间及环境的不同造成的灰度差异、清晰度差异、几何畸变及遮挡等,及异源图像之间因为成像机理不同而造成的差异),很难找到一种匹配方法能够适应所有这些差异。作为景象匹配导航系统核心的图像匹配处理算法,其性能的好坏决定了导航系统的总体性能,但目前仍有很多关键问题没有真正解决,制约着景象匹配导航技术的推广使用,主要表现在以下几方面:

(1)无人机在实际飞行中,当经过如沙漠、森林、海洋等没有明显地物特征的区域或者区域特征的重复模式过多(如多处住宅楼房等)的区域时,景象匹配的精度会降低,甚至会出现误匹配,最终导致定位误差较大。因此,为使得景象匹配算法"有的放矢",就需要事先对机载的数字图像进行适配性分析,选择飞行航迹中具有唯一性好、特征明显的地物区域作为航路点以提高景象匹配的成功率及精度。随着景象匹配导航研究的深入,适配性的自动分析逐渐发展为实现精确景象匹配导航的关键技术[4-5]。

(2)用于组合导航的景象匹配对实时性的要求很高,如果匹配的实时性达不到要求,精度和可靠性再高的匹配结果也修正不了飞行器的导航信息。而在匹配过程中,通常需要在基准图中较大范围进行搜索匹配,计算量较大,因而提高匹配与搜索的实时性,就成为实现飞行器实时景象匹配导航的关键之一。

(3)由于景象匹配中的基准图和实测图通常是在不同时间、不同场景下拍摄的,两幅图的成像条件(包括传感器类型及姿态、季节和气候情况等)可能不同,造成实测图和基准图之间存在灰度差异、清晰度差异、几何畸变及遮挡等(为了叙述方便,本书将实测图与基准图之间的所有差异统称为畸变),这就要求匹配算法应该对图像的上述变化具有不敏感性。因此,寻求能够适应不同场景的鲁棒匹配算法是景象匹配的又一关键技术问题。

(4)在景象匹配过程中,匹配结果的真实性及匹配精度往往是不可预知的,传统算法是以相似度值最大为匹配依据,而当实测图和基准图之间在灰度、清晰度等方面的差异较大或存在较严重的几何畸变时,真实匹配位置往往偏离相关面的最大峰值点,使得单纯以某种相似性测度值最大作为匹配依据的匹配算法产生错误的匹配结果。因此,剔除错误匹配点以提高匹配算法的可靠性也是景象匹配导航急需解决的关键问题。

综上所述,景象匹配适配区的选取是无人机景象匹配系统发挥作用的前提和基础,而影响无人机景象匹配系统实用化的关键是景象匹配算法的性能。用于无人机组合导航的景象匹配算法,首先必须计算速度快,能满足实时处理要求;其次,必须具有一定的鲁棒性,可以适应图像发生灰度变化、遮挡、模糊、旋转及尺度差异等不同情况;最后,必须具有较高的匹配概率及定位精度。因此,研究具有实时性好、鲁棒性强、可靠性高的匹配算法是景象匹配导航系统的关键。

另外,无人机飞行过程中的各种机动及飞行环境的复杂多变,造成景象匹配的场景也是复杂多变的。在执行一次任务中,一种匹配算法往往很难满足匹配定位需求,因此,研究各种匹配算法对不同场景的适应能力,进而构建一种完全自主、具有智能调度能力的自适应景象匹配系统也是一个值得研究的问题。

1.2.4 景象匹配算法研究现状

目前,图像匹配算法已得到了广泛的研究,并取得了显著的成果。已提出的算法大致可以分为基于灰度相关的匹配方法、基于特征的匹配方法和基于解释的匹配方法三类。

(1)基于灰度相关的匹配算法直接利用图像灰度信息进行相似性度量匹配。其优点是抗噪声能力比较强,且在灰度及几何畸变不大的情况下,匹配概率及精度较高。其缺点是抗灰度及几何畸变能力较弱,同时由于这类方法以图像灰度信息的相似性作为匹配度量的依据,通常只适合同构传感器图像的匹配,对异构传感器图像匹配的适应能力较差。

(2)基于特征的匹配方法是通过特征空间和相似性度量的选择,减弱或消除成像畸变对匹配性能的影响,目前,该方法受到广泛的关注和研究,在实际中的应用也越来越广[6-9]。其难点在于自动、稳定、一致的特征提取和匹配过程中消除特征的模糊性和不一致性。在实际应用中,目前还没有找到能够满足各种应用需求的匹配算法,需要针对特定的应用环境采用和设计相应的匹配算法及其相关处理程序。

(3)基于解释的图像匹配方法建立在对图像正确解释的基础上,目前这种匹配方法还远不成熟。

根据 Brown 的 4 元理论,各种图像匹配算法都是特征空间、相似性度量、搜索空间、搜索算法的不同组合。Brown 理论的前两个元素与算法的精度、抗干扰性能(即鲁棒性)有关,而后两个元素则与快速性有关。目前,针对惯性组合导航系统的特点,人们从如何提高匹配算法的鲁棒性、实时性及可靠性方面进行了广泛的研究和探讨,提出了许多有针对性的方法。

1.匹配算法鲁棒性研究

在景象匹配/惯性组合导航系统中,实测图和基准图通常是在不同时间、不同观察角度和不同天气条件下获得的,两幅图之间可能存在灰度差异、旋转及尺度变化及遮挡等,这就要求景象匹配算法对这些变化具有一定的适应能力。

(1)抗旋转及尺度变化方面。为了使匹配算法在图像发生旋转、尺度等几何变化时仍能正确匹配,人们从基于图像灰度、基于图像特征两个方面着手,提出了很多有效的算法。

基于图像灰度,提出了圆投影匹配算法[10]、直方图相关匹配算法[11-12]、对数极坐标匹配算法[13-18]等。圆投影匹配算法利用"圆"的各向同性,通过提取具有旋转不变的圆投影特征进行匹配,这类方法可抗任意角度旋转[19-20],但对图像的尺度变化比较敏感。对数极坐标匹配算法源于对人眼视觉机制的研究,通过极坐标变换,把图像在笛卡儿坐标系下的尺度和旋转变化变换为沿对数极坐标系的平移运动,依据平移相似性实现匹配。

基于区域特征,提出了矩匹配方法[21-27]。如 Hu[27]对低阶几何矩进行非线性组合,提出了具有平移、旋转及尺度不变的 7 个组合不变矩;Wong 等人[28]给出了一种可以生成无限序列旋转不变矩的方法,刘进等人[29]对 Hu 的不变矩进行了推广,扩增了 5 个新的矩不变量,使不变矩特征集更加完善。Flusser 等人提出了仿射不变矩[30-31],文献[32][33]使用具有正交、旋转不变特性的 Zernike 矩进行图像匹配与识别。由于矩特征计算量大,为了避免逐像素匹配时计算量大的问题,通常把矩技术和其他方法相结合进行匹配。如文献[34][35]将圆投影与矩特征相结合实现抗旋转匹配。

基于线特征,提出了以基本直线[36-39]、轮廓曲线[40-42]及轮廓不变特征[43-45]为匹配特征,采用松弛迭代、链码相关进行匹配的方法。另外,文献[46]利用直线倾角在实测图与基准图上的一致性,以直线倾角直方图的相似性进行匹配。

在点特征匹配方面,文献[47]基于改进的 Harris 角点特征提取,提出了一种尺度与旋转不变的角点匹配。文献[48]~[50]利用尺度空间的性质,提出了基于尺度不变特征变换(Scale Invariant Feature Transform,SIFT)描述子提取的匹配算法,文献[51]则利用快速鲁棒特征(Speeded Up Robust Feature,SURF)实现抗旋转及尺度变化。而文献[52]则把图像视为矩阵,用矩阵分析方法提取具有旋转不变性的奇异值特征进行匹配。另外,还有学者采用频域相关来解决存在旋转、缩放的图像匹配问题[53]。

(2)抗噪声、灰度变化、遮挡、模糊等图像的"退化降质"方面。受时间、季节、天候、视点及运动成像等的影响,基准图与实测图所覆盖的同一地区景象灰度或景象内容可能已发生变化,为了使匹配算法能够适应这些变化,人们做了大量的研究工作。

有些学者从图像预处理的角度出发,采用图像去噪、图像增强和灰度矫正等手段提高实测图质量,消除或减少各种误差因素对匹配性能的影响。如文献[54]通过对造成实测图模糊的烟雾干扰模型进行分析研究,提出了一种实测图滤波算法,能在一定程度上消除烟雾干扰,提高实测图质量。桑农等人[55]采用灰度矫正技术纠正由视点变化引起的图像灰度变化,提出了一种抗区域灰度变化的景象匹配算法。另外有一些学者从特征提取角度出发,研究如何提取对噪声、灰度变化、遮挡及模糊等具有鲁棒性的图像特征。比如:为了克服像素灰度变化及噪声对匹配性能的影响,文献[56][57]提出了基于图像灰度值编码的匹配方法。文献[58]提出了一种修正的 Hu 矩,消除了灰度的乘性和加性影响。在模糊图像匹配方面,Flusser 等人[59]基于矩技术,研究了由中心对称的点扩展函数引起的退化图像的不变特征,并给出了一套基于图像矩的模糊不变量,这些不变量同时具有一定的抗噪性。在此基础上,Suk 等人[60]又进一步提出了对模糊、旋转等具有不变性的联合不变矩。由于局部特征描述子在提取特征时通常只利用目标的局部信息,适用于复杂背景和有局部遮挡情况下的图像匹配,如前文提到的 SIFT 描述子及 SURF 方法提取的特征除了具有旋转及比例缩放不变性外,同时能较好地处理光照变化、图像噪声及场景部分遮挡的情况[61-62]。还有一些学者从相似性度量及匹配策略入手,如:去均值归一化互相关(Normalized Product Correlation,NProd)[19,63-65]、直方图相关[66-68]等可以消除噪声及图像亮度线性偏差对匹配结果的影响。另外,基于 Hausdorff 距离的模糊点集相似性度量[69]及其改进方法[7,70-77]对灰度变化、噪声、出格点等图像退化问题及场景严重遮挡等具有一定的鲁棒性。

2.匹配算法实时性研究

由于飞行器的速度很快,必须向惯性导航系统及时提供所需的导航信息,而在匹配过程中,通常需要在大范围基准图上进行搜索,这就要求匹配算法必须具有很强的实时性。匹配过程的总计算量等于参与匹配的位置数与每个匹配位置相似性度量的计算量的积,因此,缩小匹配过程中的搜索空间或简化每个匹配位置的计算量都可以减少匹配耗时,提高系统的实时性。目前,常采用多级分层搜索匹配及各种优化搜索算法来减少搜索空间,而简化每个匹配位置的计算量通常可以从减少特征提取计算量或简化相似性测度两方面实现。

多级分层搜索算法是基于人们"先粗后精"寻找事物的思想而形成的。通常先用一种快速的搜索策略或近似的匹配方法进行粗匹配,以实现对真实匹配位置的快速逼近,在得到与真实匹配位置接近的区域后,再采用精确的匹配方法在这一区域进行搜索以获得最佳匹配点,这样总体匹配耗时就会大大减少。如文献[42]先用方向码直方图进行快速粗匹配,估计出可能的旋转角度,第二阶段的精匹配只在可能的匹配位置上进行,避免了在大量无意义位置的复杂匹配运算,提高了匹配速度。文献[78]为了避开大量、复杂的二维相关运算,同时又能保证匹配精度,先用图像的一维投影进行一维相关获得备选点,再在备选点上用二维相关函数进行精匹配。文献[79]先用环形模板进行粗匹配以确定待匹配窗口,再用全模板进行精匹配来确定最佳匹配。文献[80]则采用三层搜索进行相关匹配,先分别用环形模板和十字形模板进行粗匹配来淘汰大量的非匹配点,再用全模板进行精匹配确定最佳匹配位置。文献[81]在进行边缘匹配时,先匹配每条边缘上梯度变化最大的点,然后基于已匹配的少数种子点,采取区域扩张的方法向外扩张搜索得到所有匹配的边缘。文献[34][35]将圆投影与各种矩技术相结合,先用圆投影实现粗匹配,再用矩匹配进行精匹配。在实现旋转不变的同时,又避免了矩特征的大量计算,提高了匹配速度。

在多级分层匹配中,基于金字塔的多分辨率匹配技术是一种减少匹配搜索时间的有效方法,其采用从低分辨率图像逐级到高分辨率图像的由粗到精的分层匹配方法。常见的金字塔包括平均值金字塔、高斯金字塔、拉普拉斯金字塔、抽样金字塔[82-86]及小波金字塔[87-90]。对数字图像而言,基于小波图像金字塔的匹配成功率最高[91]。

在优化搜索策略方面,常用的有遗传算法[92-95]、爬山法[96]及基于群体增量学习的进化算法[97-98]等,如文献[98]将基于群体增量学习(Population-based Incremental Learning,PBIL)的进化算法应用于归一化积相关匹配算法中。

在简化每个匹配位置的计算量方面,一些学者通过简化每个匹配位置相似性测度的计算量来提高匹配效率,如文献[99]提出的序贯相似性检测算法(Sequential Similarity Detection Algorithm,SSDA),通过提高匹配门限或匹配门限序列的方式减少在非匹配位置的匹配运算量。文献[100]利用蒙特卡罗方法,根据一定的抽样概率,随机抽样部分特征子集来计算 Hausdorff 距离(Hausdorff Distance,HD),减少了 HD 的计算时间。文献[101]引入"与"运算来计算图像的相关度,大大提高了匹配速度。孙卜郊等人[102]通过找出归一化互相关(Normalized Cross Correlation,NCCR)与卷积的内在关系,把卷积运算应用在 NCCR 的求解过程中,提高了匹配速度。文献[103]通过对相关系数公式进行简化和迭代运算,省略了大量重复运算,提高了匹配速度。Huttenlocher 等人[69]在计算 Hausdorff 距离时引入距离变换,提高了 HD 测度的计算效率。另外,有一些学者通过缩减匹配特征的维数或优化特征提取方法提高匹配实时性,如文献[56][57]以图像分块的局部灰度编码为匹配特征,降低了相关匹配的特征维数,从而简化了匹配度量的计算;文献[104][105]以投影特征进行匹配,将相关计算由二维降为一维,简化了计算;文献[106]~[109]以图像的线几何矩代替面几何矩作为匹配特征,减少了矩特征的提取时间;文献[110]通过去除低对比度关键点不稳定边缘上的响应点,以种子点及其特征向量来获得关键点特征向量,简化了特征提取的计算。文献[111]用主成分分析法降低 SIFT 特征维数;文献[112]利用一种更有效的数据组织方式来近似计算 SIFT。而为了避免 SIFT 特征提取过程中复杂的尺度空间分析,文献[113]提出了一种联合 Harris 角点检测及 SIFT 描述子的快速不变特征提取方法。文献[114]则直接基于简洁的阶梯金字塔图层结构提取特征。

上述各种单一的快速匹配方法只能在一定程度上提高匹配速度,往往还不能满足景象匹配对实时性的要求。为进一步提高匹配的实时性,通常同时采用多种快速匹配策略。有些学者从优化搜索策略和减少在非匹配点上的相关计算总量两方面入手提高匹配速度。如文献[65]在分层搜索的同时简化归一化积相关的计算;文献[115]采用序贯相似性检测作为遗传算法中的适应度函数来提高匹配速度;文献[116]先在若干级小波变换的低频图像上利用投影特征、序贯相似性算法等手段得到一个可能的匹配点的集合,然后对该集合上的点在原图上做匹配运算,得出准确匹配位置。文献[117]结合亚像素采样和序贯相似性检测进行匹配。文献[118]采用金字塔结构,在不同尺度图像采用不同的匹配方法,提高了匹配的速度和精度。还有学者将分层搜索与各种优化搜索方法相结合,如分层法与爬山法结合[119]、分层法与遗传算法结合[120-121]。

3. 匹配算法可靠性研究

景象匹配/惯性组合导航是一种自主导航方式,要求匹配算法必须有高的可靠性。如果实测图相对基准图没有任何差异,且实测图在基准图中不存在重复模式,则以相关面最大峰值点为匹配点的传统匹配算法可靠性都比较高。但实际中,由于成像方式、成像时间及成像环境的不同,实测图与机载基准图可能存在较大灰度、分辨率、旋转与尺度差异及非线性失真等;同时,如果实测图较小,则其在基准图像中存在重复模式的可能性也会增大,这些因素可能使真实配准位置偏离相关面的主峰值处,从而使"峰值决策法"产生错误的匹配结果。而且实测图受干扰和基准图自相似程度越深,出现误匹配的概率就越大,匹配结果的可信度也就越差。针对这种情况,一些学者通过提高匹配算法的可靠性来提高匹配结果的可信度[7,9,70,122-123]。另外,有一些学者利用各种约束关系,对匹配结果的可靠性进行判断,通过剔除可能的误匹配来提高定位结果的可信度[94,124-129]。这些方法大致可分为两类:一类是基于单幅图像匹配[7,70,122-123],另一类是基于多幅图像匹配[9,94,129-134]。文献[7]通过对稳定性不同的特征点赋予不同的权值而使 Hausdorff 距离匹配更加可靠,文献[70]提出了一种基于边缘测度的加权 Hausdorff 距离景象匹配算法,考虑了图像边缘的强度信息,使匹配结果的可靠性增强。文献[122][123]利用多子区之间的空间关系约束匹配结果以提高匹配结果的可信度。文献[124][125]根据多帧图像匹配点拟合曲线的特点及惯导短时测量距离的精确性,利用空间几何约束进行误匹配点的剔除。文献[126][127]提出采用多帧景象匹配策略以减少误匹配的概率。文献[128]利用惯导位移信息和相关阵中主次峰信息进行一致性决策,提高了去均值归一化积相关匹配算法的可靠性。文献[129]通过序列图像中图像帧之间的约束关系,从多帧图像匹配相关阵的峰值来寻找正确匹配点,剔除错误的匹配结果。文献[9]在图像有较大重叠区域的前提下,将多个单幅图像的匹配结果进行叠加作为最终的匹配结果。文献[94]引入方位角和前一帧的匹配点对下一帧的匹配点进行估计,剔除由于算法缺陷造成的一些误匹配点。

1.2.5　景象匹配算法适应性分析研究现状

如前所述,针对景象匹配/惯性组合导航系统对匹配算法的性能要求,人们已经进行了广泛的研究,并提出了很多针对性较强的匹配算法。客观地说,一种匹配算法不可能适应任何景象,不同的匹配算法适应景象的能力有高有低[130],在实时性方面也有差异,而精确导航及制导武器系统则要求匹配算法在不同的景象下都能工作。因此,有必要对同一个匹配算法适应不同景象的能力和不同匹配算法定位同一景象的性能优劣进行评价。在实际应用中,算法的匹配性能又称为算法的适应性[131,138]。

一般说来,在一种新的匹配算法提出后,研究者会从理论上分析其优点,并通过少量的仿真算例与其他算法进行性能比较,缺乏对算法局限性及适应性的系统实验分析。而这些算法或理论是否可以满足导航系统的需求,不经过严格的实验分析和测试是难以证明的[137]。在我国,景象匹配/惯性组合导航的研究还处于理论研究和算法仿真验证阶段。因此,对给定的及新研制的各种景象匹配算法,通过实验的方法,定量地研究其在特定场景下的适应能力具有重要的价值:一方面,可以根据飞行状况及可能的影响因素有针对性地选择或改进匹配算法,进而有可能构造一种基于多种匹配算法模式的具有智能调度能力的实用景象匹配系统;另一方面,也可以为匹配区的选择及航迹规划提供参考。

匹配算法性能分析通常是在实验室条件下采用匹配仿真的方法进行的。文献[132]给出了景象匹配算法适应性仿真的一般方法和步骤。文献[133]构建了一种基于数据库的景象匹配适应性分析平台。在具体匹配算法适应性分析方面,文献[134]对平均绝对差和归一化积相关两种算法从理论和实验两方面进行了适应性分析与仿真,得出了正确匹配概率与加噪级数之间的关系,并给出了结论。文献[135]通过大量实验对去均值归一化、基于直方图拉伸和基于局部平滑相关匹配算法的适应性进行了分析,讨论了影响匹配结果的主要因素。目前,在已查阅的文献中,对基于特征的其他匹配算法的适应性研究则较少见到。因此,有必要对基于特征的匹配算法进行性能分析研究。

1.3　景象匹配技术在导航方面的应用

近年来,随着现代科学技术,尤其是传感技术、计算机控制技术、信息处理技术的飞速发展,无人机的性能有了飞速提高。美国在 2005 年、2009 年、2010 年发布的无人机路线图中均指出,无人机导航将从自动控制层面逐渐过渡到半自主任务控制,最后完全摆脱人为干预,达到全自主式系统,到 2015 年无人机具备自主飞行能力。

随着无人机自主控制级别定义的不断明确,其自主导航及飞行控制技术正与人工智能相结合,并在一定程度上具备了对环境感知和决策的能力,而视觉作为一种感知环境的方式也已应用其中。为了满足无人机在未知环境下完成复杂任务的需要,近年来基于视觉的导航、制导和控制是无人机自主飞行控制领域内的研究热点。

1.景象匹配技术在美国"战斧"巡航导弹上的应用

基于景象匹配的无人机视觉导航研究始于巡航导弹的制导。"战斧"巡航导弹是美国在 20 世纪 70 年代初研制的一种新型的低价巡航导弹。80 年代装备部队,可以深入突防攻击固定的战略目标,如空军基地、指挥中心、重要的军事设施、雷达站、地下井、油库、桥梁、隧道等及更小范围的目标,也可以攻击机动目标,如运动中的坦克、装甲车辆等。"战斧"巡航导弹的制导方式是惯性加地形匹配制导,采用了中制导和末制导。中制导采用惯性导航系统,用地形轮廓匹配系统作位置修正,这是一种自动位置修正装置,它利用发射前贮存在导弹上的目标区域的地形图(即参考图)和飞行时实时获得的地形图进行比较(匹配)以修正惯性系统所产生的误差,对导弹的位置作修正使其飞到最佳位置。末制导是中制导的扩展,"战斧"导弹末制导采用了先进的数字式景象匹配区域相关器。由于采用了地形轮廓匹配系统和数字景象匹配区域相关器,"战斧"巡航导弹精度获得了明显的改进,它的命中精度圆概率偏差为 m 级。装备有景象匹配辅助导航系统的"战斧"巡航导弹在 1991 年海湾战争中得到了首次使用,其发射的命中概率高达 95%。美国部署的"Block V"型"战斧"巡航导弹上利用惯导/卫星导航系统和合成孔径雷达图像进行中制导,利用红外成像进行末制导,可达到误差小于 1 m 的精度。

"战斧"巡航导弹数字景象匹配区域相关器的主要部件如图 1-4 所示,可见其主要由探测器、微处理器、视频处理器/数字器及相关处理器组成。

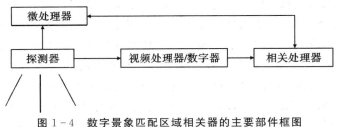

图 1-4　数字景象匹配区域相关器的主要部件框图

数字景象匹配区域相关器的基本原理:事先给每个要探测的区域的景象准备一些参考图,把它们储存在参考图的相应位置。制作参考图的横向尺寸要考虑到制导误差和弹体运动的误差对景象范围的影响,参考地图要根据导弹要执行的任务要求来制作,但总是要大于那些要探测的区域的景象范围。在飞行过程中,这种垂直俯视的探测器能在极低的高度探测目标区的景象,经微处理器和视频处理器/数字器处理后,由相关处理器作相关匹配处理产生修正指令,相关器主要部件的控制模式由软件经并行和串行输出口处理。

2.景象匹配技术在欧洲的"风暴阴影"巡航导弹中的应用

"风暴阴影"巡航导弹是由欧洲导弹集团公司研发的,因为导弹系统内大量采用了人工智能技术,可以自动识别目标,被称为是世界上最"聪明"的巡航导弹。"风暴阴影"巡航导弹运用景像匹配方式取代了数字地图的地形匹配方式,使导弹的攻击精度进一步提高。"风暴阴影"导弹可以"带着"打击目标的照片,凭借卫星系统的支撑,沿着预定轨道飞行。当接近目标时,它会把真正的打击目标同其照片进行比较,如果图像不一致,它就会中止打击,从而可避免打错目标。景像匹配制导方式不仅能使导弹适应起伏不太大的地形变化,还能有效提高导弹的反应时间,且其通用性与美制"战斧"导弹相比毫不逊色。该导弹已于2002年正式投入生产,并能够在欧洲研制的多种型号的战机上挂载,导弹其空射型号早已装备于欧洲多国空军。

3.景象匹配技术在无人机导航中的应用

目前,世界各国无人机的发展方兴未艾,越来越多的国家跟随在以色列、法国和美国等主要的无人机研制国之后,将无人机发展的重点转向更高高空、更远航程和微型无人机上。而未来无人机导航系统必将向着高精度、抗干扰、全天候、智能化的方向发展,而景象匹配辅助导航系统必将成为一个优选技术方案。

近年来,随着计算机技术、图像处理技术的发展,机载高速、大容量随机存储器及大规模集成电路的应用,使得大容量图像存储和实时处理成为可能,为景象匹配导航技术在无人机导航系统上的应用创造了条件,并与惯性系统、GPS系统等构成高精度的组合导航系统。

1992年美国South Florida大学对景象匹配算法和利用超大规模集成电路(VLSI)实现分层景象匹配算法进行了研究[32],合作开发出适合景象匹配的专门芯片SMAC[33]。美国Georgia Tech学院基于对极几何约束的匹配算法,使用扩展卡尔曼滤波技术研制了无人机视觉辅助导航系统;2006年,澳大利亚Monash大学[34]建立了基于视觉的无人机导航系统,作为GPS失效情况下一种可替代的导航方式,该导航系统基于景象匹配思想,利用机载相机获取实时图,与预先存储的基准图匹配获取实时位置。韩国Kwangwoon大学[35]利用机载成像传感器实现了一个完整的图像导航系统,瑞典Linkoping大学利用航程计、惯性和景象匹配提出了一种适用于GPS失效情况的无人机导航系统[36]。

视觉导航是实现无人机长航时飞行自主导航的重要方法之一,国外该项技术研究已走向工程化,出于技术保密等原因,未见该核心技术相关报道。国内多所高校、研究所也在开展景象匹配辅助导航技术研究。如北京航空航天大学现代数字导航技术实验室对景象匹配算法及惯性/GPS/地形匹配/景象匹配组合导航系统开展了大量研究;南京航空航天大学导航中心依托国防科技基金项目"捷联惯导/合成孔径雷达双向信息融合技术研究"的支持,对利用光学、合成孔径雷达(Synthetic Aperture Radar,SAR)构成的景象匹配辅助导航系统中的相关图像匹配技术和方法进行了研究;华中科技大学图像识别与人工智能研究所在光学图像、SAR图像等景象匹配技术、组合导航及图像匹配制导等方面开展了大量的研究并取得了很多成果;西北工业大学控制与信息研究所在无人机视觉导航方面进行了深入的研究,研制出无人机景象匹配导航仿真系统。有报道称,2015 年 5 月中国航天科技集团公司一院 12 所将合成孔径雷达景象匹配导航技术应用于某型无人机的高精度导航,提高了无人机自主定位的精度。

景象匹配导航实质上是一种基于模板匹配的目标定位方法,根据"模板"的不同,主要分为基于适配区的景象匹配方法和基于航路点的景象匹配方法两种工作模式[136],其原理分别如图 1-5 和图 1-6 所示。

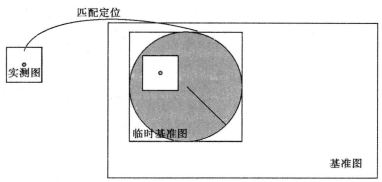

图 1-5　基于适配区的景象匹配原理

如图 1-5 所示,在基于适配区的景象匹配中,首先将基准图分为适配区(地物信息丰富)和非适配区(缺少明显地物特征,如沙漠、大海等)。当飞行器飞过适配区时,由于惯性导航会随时间的推移使得位置偏差漂移不断累积(通常其漂移值表现为常值),因此惯性导航只能提供飞行器的大概位置,对飞行器进行粗定位。此时可以以惯性导航系统的粗定位结果为中心、以漂移误差为半径,在基准图像上确定"临时"基准图,然后再以实测图为模板,在"临时"基准图上搜索匹配,匹配成功的图像中心即为飞行器当前的真实位置。

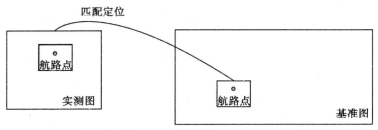

图 1-6　基于航路点的景象匹配定位原理

如图 1-6 所示,在基于航路点的景象匹配中,首先选取机载基准图上的典型地物图像作为航路点,标注其真实地理位置信息并存储在飞行器机载计算机数据库中,当飞行器飞到该航路点附近区域时,利用惯性导航系统信息和航空相机参数来判断当前视场中是否包含航路点,如果含有航路点图像,则将航路点图像在实拍图中进行搜索匹配,确定航路点中心在实测图上的确切位置,结合实测图像的分辨率等相关信息,即可推算出实测图中心的真实地理信息,即飞机当前的位置。

基于适配区的景象匹配和基于航路点的景象匹配各有优缺点,实际应用中应根据具体的飞行环境进行选择。本书主要介绍基于适配区的景象匹配方法。

1.4 本 章 小 结

在无人机导航中,单一一种导航技术已经无法满足复杂飞行场景下无人机对导航精度、导航实时性、抗干扰性等各方面的要求。

组合导航技术是近三十年发展起来的一种将传统的惯性导航技术与当前的全球定位技术、地形匹配辅助导航技术、景象匹配辅助导航技术等融合使用的新的导航技术。其中,景象匹配技术以其定位精度在理论上与射程无关和自主性强等特点,成为飞行器组合导航中颇受重视的关键技术之一。以惯性导航为主、景象匹配导航及其他导航技术为辅的组合导航是未来无人机导航发展的方向。

本章主要介绍了各种导航技术的优缺点、景象匹配导航的基本原理、匹配算法的研究现状及景象匹配技术在导航方面的应用情况。

【参考文献】

[1] 魏瑞轩,李学仁.无人机系统及作战使用[M].北京:国防工业出版社,2009.

[2] 黄显林,姜肖楠,卢鸿谦.自主视觉导航方法综述[J].吉林大学学报,2010,28(2):158-165.

[3] 冯志华.飞行器 SINS/CNS/SAR 组合导航技术与系统误差估计[D].西安:西北工业大学,2016.

[4] 肖轶军,丁明跃,周成平.基于捕获位置分布的导航参考图适配性分析及快速计算[J].红外与激光工程,1999,28(5):26-29.

[5] 李耀军,潘泉,赵春晖,等.基于 INS/SMNS 紧耦合的无人机导航[J].中国惯性技术学报.2010,18(3):221-225.

[6] KONG W Y,EGAN G K,CORMALL T.Feature based navigation for vision-aided inertial navigation[C]//Proceedings of the IEEE Workshop on Motion and Video Computing,2005.

[7] 冷雪飞,刘建业,熊智.基于分支特征点的导航用实时图像匹配算法[J].自动化学报,2007,33(7):678-682.

[8] 刘建业,冷雪飞,熊智,等.惯性组合导航系统的实时多级景象匹配算法[J].航空学报,2007,28(6):1401-1407.

[9] 邓志鹏,杨杰,全勇.结合特征和时空关联的稳健图像匹配方法[J].红外与毫米波学报,2003,22(6):447-450.

[10] TANG Y Y,CHENG H D,SUEN C Y.Transformation-ring-projection algorithm and its VLSI implementation [J]. Pattern Recognition Artificial Intelligence, 1991, 5:25-56.

[11] 单宝明.基于局部不变特征的直方图相关匹配方法[J].青岛科技大学学报,2008,29(2):175-181.

[12] 朱磊.一种基于直方图统计特征的直方图匹配算法的研究[J].计算技术与自动化,2004,23(2):48-51.

[13] WOLBERG G,ZOKAI S.Robust image registration using log-polar transform[C]//

Proceedings of the IEEE International Conference on Image Processing, Canada, 2002:1 - 4.

[14] 李兆烽,李言俊.基于对数极坐标变换的景象匹配新方法[J].红外与激光工程,2008,37 (2):285 - 288.

[15] ZOKAI S,WOLBERG G. Image registration using log-polar mappings for recovery of large-scale similarity and projective transformations[J]. IEEE Transactions on Image Process,2005,14(10):1422 - 1434.

[16] 王立,李言俊,张科.对数极坐标变换识别算法在成像制导中的应用[J].宇航学报,2005, 25(3):330 - 333.

[17] 金勇俊,李言俊,张科.基于对数极坐标变换的景像匹配算法研究[J].弹道学报,2007,19 (4):86 - 89.

[18] 许东,安锦文.基于图像对数极坐标变换的多分辨率相关匹配算法[J].西北工业大学学 报,2004,22(5):653 - 656.

[19] 王敬东,徐亦斌,沈春林.一种新的任意角度旋转的景象匹配方法[J].南京航空航天大学 学报,2005,37(1):7 - 10.

[20] 徐亦斌,王敬东,李鹏.基于圆投影向量的景象匹配方法研究[J].系统工程与电子技术, 2005,27(10):1725 - 1728.

[21] TEH C H,CHIN R T. On image analysis by the methods of moments[J]. IEEE Transactions on Pattern Analysis and Machine Intelligence,1988,10(4):496 - 513.

[22] LIAO S X,AWLAK M P. On image analysis by moments[J]. IEEE Transactions on Pattern Analysis and Machine Intelligence,1996,18(3):254 - 266.

[23] 王连亮,陈怀新.图像识别的 RSTC 不变矩[J].数据采集与处理,2006,21(2):225 - 229.

[24] FORSYTH D A ,PONCE J. 计算视觉:一种现代方法[M]. 北京:电子工业出版 社,2004.

[25] TEAGUE M R. Image analysis via the general theory of moments[J]. Optical Society of America,1980,70(8):920 - 930.

[26] BOYCE J F,HOSSACK W J. Moment invariants for pattern recognition[J]. Pattern Recognition Letters,1983,1(5):451 - 456.

[27] HU M K. Visual pattern recognition by moment invariants[J]. IRE Transactions on Information Theory,1962,8(1):179 - 187.

[28] WONG W H,SIU W C,LAM K M. Generation of moment invariants and their uses for character recognition[J]. Pattern Recognition Letters,1995,16:115 - 123.

[29] 刘进,张天序.不变矩构造方法的研究[J].华中科技大学学报,2003,31(3):1 - 3.

[30] FLUSSER J,SUK T. Pattern recognition by affine moment invariants[J]. Pattern Recognition,1993,26:167 - 174.

[31] FLUSSER J,SUK T. A moment-based approach to registration of images with affine geometric distortion[J]. IEEE Transactions on Geoscience and Remote Sensing,1994, 32:382 - 387.

[32] CHOI M,KIM W. A novel two stage template matching method for rotation and illumination

invariance[J]. Pattern Recognition,2002,35(1):119 – 129.

[33] KHOTANZAD A,HONG Y H. Invariant image recognition by Zernike moments[J]. IEEE Transactions on Pattern Analysis and Machine Intelligence,1990,12(5):489 – 497.

[34] 王珏,孙小惟. 基于圆投影及直方图不变特征的图像匹配方法[J]. 自动化技术与应用, 2007,26(8):80 – 83.

[35] 凌志刚,梁彦,潘泉,等. 一种鲁棒的红外与可见光多级景象匹配算法[J]. 航空学报, 2010,31(6):1185 – 1195.

[36] HO W P,YIP R K K. A dynamic programming approach for stereo line matching with structural information[C]//Proceedings of the l3th International Conference on Pattern Recognition,Vienna,1996:791 – 794.

[37] 刘亚文. 基于 TIN 的半自动多影像同名线段匹配算法研究[J]. 武汉大学学报(信息科学版),2004,29(4):342 – 345.

[38] 席学强,王润生. 基于直线特征的图像模型匹配算法[J]. 国防科技大学学报,2000,22 (6):70 – 74.

[39] 张叶,曲宏松,王延杰. 运用旋转无关特征线实现景象匹配[J]. 光学精密工程,2009,17 (7):1759 – 1764.

[40] EUGENIO F,MARCELLO J,MARQUES F. An automated multisensor satellite imagery registration technique based on the optimization of contour features[C]. Proceedings of IEEE International Geoscience and Remote Sensing Symposium,2004(04):1410 – 1413.

[41] HUI L,MANJUATH B S,MITRA S K. A contour-based approach to multisensor image registration[J]. IEEE Transactions on Image Processing,1995,4(3):320 – 334.

[42] ULLAH F,KANEKO S. Using orienatation codes for rotation invariant template matching[J]. Pattern Recognition,2004,37(2):201 – 209.

[43] YANG J,QIU J,WANG Y,et al. Feature-based image registration algorithm using invariant line moments[J]. ACTA PHOTONICA SINICA,2003,32(9):1114 – 1117.

[44] MAHMOUD I K,MOHAMED M B. Affine invariants for objeet recognition using the wavelet transform[J]. Pattern Recognition Letters,2002,23:57 – 72.

[45] XIAO L D,KHORRAM S. A feature-based image registration algorithm using improved chain-code representation combined with invariant moments[J]. IEEE Transactions on Geoscience and Remote Sensing,1999,37:2351 – 2362.

[46] 王鲲鹏,尚洋,于起峰. 影像匹配定位中的直线倾角直方图不变矩法[J]. 计算机辅助设计与图形学学报,2009(3):389 – 393.

[47] 安如. 基于角点特征的飞行器导航图像匹配算法研究[D]. 南京:南京大学,2005.

[48] DAVID G,LOWE. Object recognition from local scale-invariant feature[C]//International Conference on Computer Vision,Corfu,Greece,1999:1 – 8.

[49] DAVID G,LOWE. Distinctive image feature from scale-invariant keypoints[J]. International Journal of Computer Vision,2004,60(2):91 – 110.

[50] LINDGBERG T. Feature detection with automatic scale selection[J]. International Journal of Computer Vision,1998,30(2):79 – 116.

[51] BAY H , TUYTELAARS T,GOOL L V. SURF:speeded up robust features[J]. Proceeding of the 9th European Conference on Computer Vision,Springer LNCS,2006.

[52] 芮挺,王金岩,沈春林,等.Hausdorff 距离下的景象特征快速算法[J].光电工程,2005,32(6):20 - 23.

[53] HE F F,SUN J Y,GUO W P,et al. Forward-looking scene matching with RST invariant conformation based on fourier-mellin transform[C] //Proceedings of the International Conference on Wavelet Analysis and Pattern Recognition,2007(7):157 - 162.

[54] 彭双春,刘光斌,张健.烟雾干扰下的实时图滤波方法研究[J].红外与激光工程,2005,34(4):478 - 480.

[55] 桑农,张天序,汪国有,等.抗区域灰度变化的景象匹配算法研究[J].华中理工大学学报,1996,24(2):1 - 3.

[56] 李强,张钺.一种基于图像灰度的快速匹配算法[J].软件学报,2006,17(2):216 - 222.

[57] 韦官余,黄新生,郑永斌,等.基于灰度特征编码的快速景象匹配算法[J].箭弹与制导学报,2009,29(2):223 - 226.

[58] 王亦平,黄新生,李小雷,等.一种新的灰度变化不变矩[J].大连海事大学学报,2008,34(4):23 - 27.

[59] FLUSSER J,SUK T. Degraded Image Analysis:An Invariant Approach[J]. IEEE Transactions on Pattern Analysis and Machine Intelligence,1998,20(6):590 - 603.

[60] SUK T,FLUSSER J. Combined blur and affine moment invariants and their use in pattern recognition[J]. Pattern Recognition,2003,36:2895 - 2907.

[61] 陈冰,赵亦工,李欣.基于快速鲁棒性特征的景象匹配[J].系统工程与电子技术,2009,31(11):2714 - 2718.

[62] 陈方,熊智,许允喜,等.惯性组合导航系统中的快速景象匹配算法研究[J].宇航学报,2009,30(6):2308 - 2316.

[63] 饶俊飞.基于灰度的图像匹配方法研究[D].武汉:武汉理工大学,2005.

[64] 何鸣,刘光斌.一种抗区域强灰度变化的景象匹配算法研究[J].箭弹与制导学报,2006,26(2):1223 - 1225.

[65] 杨小冈,曹菲,缪栋,等.基于相似度比较的图像灰度匹配算法研究[J].系统工程与电子技术,2005,27(5):918 - 921.

[66] 吴晏,丁明跃,彭嘉雄.基于图像直方图的一维不变矩研究[J].华中理工大学学报,1996,24(2):66 - 68.

[67] 冯桂,卢健,林宗坚.图像直方图不变特征在影像匹配定位中的应用[J].计算机辅助设计与图形学学报,2000,12(2):146 - 148.

[68] 简剑锋,尹忠海,周丽华,等.基于直方图不变矩的遥感影像目标匹配方法[J].西安电子科技大学学报(自然科学版),2006,33(4):584 - 587.

[69] HUTTENLOCHER D P,KLANDERMAN G A,RUCHLIDGE W J. Comparing images using the Hausdorff distance[J]. IEEE Transactions on Pattern Analysis and Machine Intelligence,1993,15(9):850 - 863.

[70] 凌志刚,潘泉,张绍武,等.一种基于边缘测度的加权 Hausdorff 景象匹配方法[J].宇航

学报,2009,30(4):1633 - 1638.

[71] ZHANG ZJ,HUANG SB,SHI Z L. A fast strategy for image matching using Hausdorff distance[C]//IEEE International Conference on Robotics,Intelligent Systems and Signal Processing,2003:915 - 919.

[72] SANG H K,RAE H P. An efficient algorithm for video sequence matching using the modified Hausdorff distance and the directed divergence[J]. IEEE Transactions on Circuits and Systems for Video Technology,2002,7:592 - 595.

[73] ALHICHRI H S,KAMEL M. Image registration using the Hausdorff fraction and virtual circles[C]//International Conference on Image Processing,2001:367 - 370.

[74] YUE L,CHEW L T,HUANG WH,et al. An approach to word image matching based on weighted Hausdorff distance[C]//Sixth International Conference Proceedings on Document Analysis and Recognition,2001:921 - 925.

[75] DUBUISSON M P,JAIN A K. A modified Hausdorff distance for object matching[C]// Proceedings of the 12th International Conference on Pattern Recognition,Jerusalem,Israel:1994:566 - 568.

[76] SIM D G,KWON O K,PARK R H. Object matching algorithm usingrobust Hausdorff distance measures[J]. IEEE Transactions on Image Processing,1999,8(3):425 - 429.

[77] ZHAO C,SHI W,DENG Y. Anew Hausdorff distance for image matching[J]. Pattern Recognition Letters,2005,26(5):581 - 586.

[78] 曹炬,马杰,谭毅华,等.基于像素抽样的快速互相关图像匹配算法[J].宇航学报,2004,25(2):173 - 178.

[79] 侯志强,韩崇昭,王朝英,等.一种快速匹配算法在遥感图像中的应用[J].光电工程,2004,31(4):54 - 56.

[80] 张旭光,王明佳,王延杰.自适应选取阈值的三层快速匹配算法[J].光电工程,2005,32(6):83 - 85.

[81] 李海超,张广军.基于分层思想的快速边缘匹配方法及射影重建[J].光电工程,2007,34(7):54 - 58.

[82] 曹菲,杨小冈,缪栋,等.快速景象匹配算法控制策略[J].导弹与航天运载技术,2005,3:46 - 50.

[83] 章毓晋.图像工程:图像处理[M].上册.北京:清华大学出版社,2006.

[84] KWON O K,SIM D G,PARK R H. Nonparametric hierarchical Hausdorff distance matching algorithm[J]. Optical Engineering,2000,39 (7):1917 - 1927.

[85] KWON O K,SIM D G,PARK R H. Robust Hausdorff distance matching algorithms using pyramidal structures[J]. Pattern Recognition,2001,34 (7):2005 - 2013.

[86] 李俊韬,张海,范跃祖.金字塔结构的鲁棒 Hausdorff 距离快速匹配[J].光电工程,2006,33(8):17 - 21.

[87] 熊惠霖,张天序,桑农,等.基于小波多尺度表示的图像匹配研究[J].红外与激光工程,1999,28(3):1 - 4.

[88] 张敬敏,张志佳,王东疏.基于小波分解的塔式快速图像匹配算法[J]. 2007,24

(1):207-209.

[89] 张登荣,俞乐,蔡志刚.点特征和小波金字塔技术的遥感图像快速匹配技术[J].浙江大学学报,2007,34(4):46-468.

[90] 张国柱,王程,王润生.基于小波变换的多分辨率图像匹配方法[J].计算机工程与应用,2001,37(13):113-114.

[91] 曹闻,李弼程,邓子建.一种基于小波变换的图像配准方法[J].测绘通报,2004,2:16-19.

[92] 朱红,赵亦工.基于遗传算法的快速图像相关匹配[J].红外与毫米波学报,1999,18(2):145-150.

[93] 何仁芳,王乘,杨文兵.基于混沌遗传算法的图像匹配[J].红外与激光工程,2003,32(1):13-16.

[94] 黄玲玲,吴庆宪,姜长生.巡航导弹航迹控制中景象匹配快速算法研究[J].航空兵器,2006,5:43-48.

[95] 童卓,李霆.基于遗传算法的图象不变矩匹配[J].计算机工程与科学,2002,24(3):14-17.

[96] 孔华生,张斌.基于一种快速搜索策略的图像匹配[J].系统工程与电子技术,2006,28(11):1628-1630.

[97] HOEHFELD, MARKUS. Towards a theory of population-based incremental learning [C]//Proceedings of the IEEE conference on Evolutionary Computation,1997:1-5.

[98] 宋晓宇,刘云鹏,王永会.基于 PBIL 的快速图像匹配方法的研究[J].计算机工程与应用,2005,25:43-45.

[99] BARNEA D I,SIVERMAN H F. A class of algorithm for fast digital registration[J]. IEEE Transactions On Computers,1972,21(2):179-186.

[100] 刘婧,孙继银,朱俊林,等.蒙特卡罗估计改进 Hausdorff 距离的景象匹配方法[J].红外与激光工程,2008,37(2):289-291.

[101] 雷鸣,张广军.一种新颖的抗旋转快速图像匹配算法[J].光电子激光,2009,20(3):397-401.

[102] 孙卜郊,周东华.基于 NCC 的快速匹配算法[J].传感器与微系统,2007,26(9):104-106.

[103] 李卓,邱慧娟.基于相关系数的快速图像匹配研究[J].北京理工大学学报,2007,27(11):998-1000.

[104] 孙远,周刚慧,赵立初,等.灰度图像匹配的快速算法[J].上海交通大学学报,2000,34(5):702-704.

[105] 杜志国,薄瑞峰,韩炎.基于投影特征的图像匹配的快速算法[J].华北工学院测试技术学报,2000,14(1):18-20.

[106] 刘进,张天序.图像不变矩的轮廓链快速算法[J].华中科技大学学报,2003,31(1):67-69.

[107] CHEN C C. Improved moment invariants for shape discrimination[J]. Pattern Recognition,1993,26,(5):683-686.

[108] 吴均,朱重光,赵忠明.一种基于小波分析的旋转不变图像快速匹配方法[J].遥感学报,2002,6(5):339-342.

[109] 惠为君,王敬东.一种新的景象匹配的度量方法[J].盐城工学院学报(自然科学版),2003,16(2):19-21.

[110] 安萌,姜志国. 弹上下视景象目标快速匹配的技术实现[J]. 系统工程与电子技术,2008, 30(11):2142-2145.

[111] YAN K, RAHUI S. PCA-SIFT:A more distinctive representation for local image descriptors[J]. Proeeedings of International Conference on Pattern Recognition,2004 (4):506-513.

[112] MIEHAEL G,HELMUT G,HORST B. Fast approximated SIFT[C]//Proceedings of 7th Asian Conference on Computer Vision,2006:918-927.

[113] PEDRAM A,TAMIN A,RUDIER D. Combining Harris interest points and the SIFT descriptor for fast scale-invariant object recognition[C]//IEEE/RSJ International Conference on Intelligent Robots and Systems,USA,2009:4275-4280.

[114] 吕冀,高洪民,汪渤,等. 图像制导中的 SIFT 快速算法[J]. 系统工程与电子技术,2009, 31(5):1147-1151.

[115] 余清,李建华,王孙安. 基于改进的最优家族遗传算法的快速图像匹配[J]. 计算机应用, 2004,24:228-229.

[116] 罗钟铉,刘成明. 灰度图像匹配的快速算法[J]. 计算机辅助设计与图形学学报,2005,17 (5):966-970.

[117] 刘畅,向健勇,杨斌利. 一种新的基于梯度特征的快速相关匹配算法[J]. 激光与红外, 2004,34(4):305-307.

[118] 范俐捷,高鑫,王岩飞,等. 一种快速多模态图像匹配导航方案[J]. 电子与信息学报, 2008,30(12):2876-2880.

[119] 闫宇壮,王亦平,黄新生. 基于爬山法的快速图像匹配[J]. 科技导报,2008,26(20):72-75.

[120] 姜凯,陈海霞,汤建华. 一种快速图像匹配算法的设计与实现[J]. 计算机工程与应用, 2004,11:87-89.

[121] 李鹏. 一种快速景象匹配方法的研究[J]. 盐城工学院学报(自然科学版),2004,17(3): 23-25.

[122] 左峥嵘,杨卫东,张天序. 基于空间关系约束的雷达景象匹配算法研究[J]. 华中科技大学学报(自然科学版),2004,32(8):76-78.

[123] 张绍明,陈鹰,林怡. SAR 图像与光学图像多子区鲁棒匹配算法[J]. 同济大学学报(自然科学版),2009,37(1):121-125.

[124] SJAHPUTERA Q,KELLER J M,MATSAKIS P. Scene matching by spatial relationships[C]//The 22nd International Conference of the North American on Fuzzy Information Processing Society,2003:149-154.

[125] 黄锡山,陈慧津,陈哲. 景象匹配误匹配点的剔除算法[J]. 中国图象图形学报,2002,7 (8):783-787.

[126] CARR J R,SOBEK J S. Digital scene matching area correlator (DSMAC) [J]. Image Processing for Missile Guidance,1980,238:36-41.

[127] 殷飞,桑农. 一种新的序列图像匹配定位算法[J]. 红外与激光工程,2001,30(6):422-425.

[128] 王永明. N 帧连续景象匹配一致性决策算法[J]. 计算机学报,2005,28(6):1032-1035.

[129] 凌志刚. 无人机景象匹配导航与多级协同任务分配研究:[D]. 西安:西北工业大

学,2010.

[130] 韩先锋,李俊山,孙满囤,等.巡航导弹景象匹配算法适应性研究[J].微电子学与计算机,2005,22(7):53-57.

[131] 陈朝阳,张桂林.景象匹配算法的性能评估方法研究[J].红外与激光工程,1998,27(3):38-41.

[132] 杨小冈,缪栋,曹菲.一种实用的景象匹配仿真方法[J].系统仿真学报,2004,16(3):363-365.

[133] 郭文普,孙继银,何芳芳,等.基于数据库的景象匹配适应性分析平台[J].红外与激光工程,2006,35(6):738-741.

[134] 汪洪桥,赵宗涛,蔡艳宁,等.景象匹配算法适应性分析与仿真[J].计算机工程,2005,31(14):167-169.

[135] YOU J,PISSALOUX E,HELLEC J L,et al. A guided image matching approach using Hausdorff distance with interesting points detection[C]//IEEE Conference on Image Processing,1994:968-972.

[136] 宋琳.无人机飞行途中视觉导航关键技术研究[D].西安:西北工业大学,2015.

第 2 章　图像退化与复原

在图像获取和传输过程中,存在诸多造成图像模糊的因素,例如摄像机与物体之间的相对运动、大气湍流、噪声及相机离焦等,它们会造成图像的模糊和变形。通常把图像模糊的过程称为图像退化,把引起图像退化的因素称为退化函数。

2.1　图像退化一般模型

图像复原的目的是从观测到的模糊退化图像中重建原始的清晰图像,其本质是图像退化过程的逆过程。在图像复原中,通常需要知道图像的退化原因,利用图像退化的某种先验知识来重建或恢复原有的图像。图像复原的难易程度主要取决于对退化过程的先验知识掌握的精确程度。如果对退化的类型、过程和系统参量都很清楚,那么就可以根据图像退化的先验知识比较精确地估算出系统退化的点扩散函数(Point Spread Function,PSF),以此为基础,采用各种反退化处理的方法(如逆滤波、维纳滤波等)对图像进行复原。这一类图像复原称为经典的图像复原方法。但在无人机飞行过程中,通常无法获知图像的退化模型,也就很难确定退化系统的点扩散函数(PSF)。在这种情况下,就需要使用一些图像处理技术,从观测到的模糊图像中抽取出图像退化的信息,然后构建图像复原模型,恢复原始图像。将这类图像复原方法称为图像盲复原。

由于图像复原是图像退化的逆过程,因此图像复原处理的关键是对图像退化过程建立合理的数学模型。一般认为图像退化系统是线性空间不变的。设原始清晰图像为 $f(x,y)$,图像退化模型如图 2-1 所示。

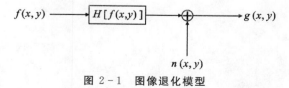

图 2-1　图像退化模型

退化过程的数学模型可用下式表示:

$$g(x,y) = H[f(x,y)] + n(x,y) \tag{2-1}$$

其中,$g(x,y)$ 为模糊图像;$f(x,y)$ 为清晰图像;$n(x,y)$ 为加性噪声;H 为退化函数。

常见的图像退化因素包括模糊及加性噪声。通常的模糊包含运动模糊、离焦模糊及大气湍流模糊等,噪声一般包括高斯噪声及成像系统固有的噪声等。

图 2-2(b)～(f)所示为不同模糊因素作用于原图像［见图 2-2(a)］后的仿真结果。其中,图 2-2(b)为采用模板尺寸为 10×10(未加特殊说明单位均为像素)进行均值模糊的结果,图 2-2(c)为采用模板尺寸为 10×10、方差为 3 的高斯模糊算子模糊后的结果,图 2-2(d)为摄像物体逆时针方向以 15°的角度运动了 20 个像素后的运动模糊图像,图 2-2(e)为采用离焦半径为 5 像素的离焦模糊图像,图 2-2(f)为加入方差为 0.05 的脉冲噪声后的图像。

(a)原图像　　　　　　　(b)均值模糊图像　　　　　　　(c)高斯模糊图像

(d)运动模糊图像　　　　　(e)离焦模糊图像　　　　　　(f)脉冲噪声图像

图 2-2　Lena 原始图像及其退化图像

2.2　噪 声 模 型

影响噪声的因素是多种多样的,因此不同的图像往往含有不同类型的噪声。例如加性高斯白噪声普遍存在于自然图像中,乘性的斑点噪声在医学超声图像及 SAR 图像中存在。噪声产生的原因很多,每种噪声的性质也不同,有些噪声有规律可循,有些噪声是随机存在的。根据噪声的随机特点和规律特点,可以用概率密度函数来表示噪声的数学特征。

下面介绍几种经常使用的噪声模型,并用概率密度函数来描述噪声的统计特性。

1. 均匀噪声

均匀噪声的概率密度函数可表示为

$$p(x) = \begin{cases} \dfrac{1}{b-a}, & a \leqslant x \leqslant b \\ 0, & \text{其他} \end{cases} \tag{2-2}$$

均匀噪声的均值为

$$\mu = \frac{a+b}{2} \tag{2-3}$$

方差为

$$\sigma^2 = \frac{(b-a)^2}{12} \tag{2-4}$$

2. 高斯噪声

高斯噪声是目前人们研究的最多的一种噪声模型,它的概率密度函数服从正态分布:

$$p(x) = \frac{1}{\sqrt{2\pi}} \exp\left[-\frac{(x-\mu)^2}{2\sigma^2}\right] \tag{2-5}$$

其中,μ 和 σ^2 分别代表正态分布的均值和方差。

3. 瑞利噪声

瑞利噪声的概率密度函数为

$$p(x) = \frac{x}{\alpha^2} \exp\left(-\frac{x^2}{2\alpha^2}\right), \quad x \geqslant 0 \tag{2-6}$$

其中,$\alpha > 0$ 且为常数。

4. 泊松噪声

泊松噪声是一种与信号相关的噪声,其概率密度函数为

$$p(x_i) = \frac{(\lambda f_i)^{x_i}}{x_i!} \exp(-\lambda f_i) \tag{2-7}$$

其中,x_i 为观测的数据;f_i 表示光照强度;λ 为噪声控制因子。

5. 脉冲噪声

脉冲噪声是在图像中产生黑点和白点相交的噪声,其概率密度函数可表示为

$$p(x) = \begin{cases} p_a, & x = a \\ p_b, & x = b \\ 1 - p_a - p_b, & \text{其他} \end{cases} \tag{2-8}$$

其中,参数 a 和 b 均表示随机变量的取值;p_a 表示随机变量为 a 时的概率密度值;p_b 表示随机变量为 b 时的概率密度值。

6. 指数噪声

指数噪声的概率密度函数为

$$p(x) = \begin{cases} a\mathrm{e}^{-ax}, & x \geqslant 0 \\ 0, & x < 0 \end{cases} \tag{2-9}$$

式中,a 表示当随机变量 x 为 0 时的概率密度,$a > 0$。该概率密度函数的均值为 $\mu = \frac{1}{a}$,方差为 $\sigma^2 = \frac{1}{a^2}$。

2.3 匀速直线运动模糊的退化模型

在无人机飞行过程中,运动模糊是造成无人机航拍图像退化的一个重要因素。运动模糊指在使用相机进行图像采集的过程中,在曝光时间内由于相机与目标景物之间发生了相对运动所造成的图像模糊。解决运动模糊的方法一般有两种:一种方法是通过减少曝光时间来减

少曝光时间内目标景物与相机间的相对运动,从而降低图像的模糊程度,但由于高质量的图片也需要充足的进光量使底片感光,因此不可能无限制地减少曝光时间,而且随着曝光时间的减少,所拍摄的图像信噪比减小,图像质量也降低,因此通过缩短曝光时间减少运动模糊这一方法的应用范围十分有限。另一种方法就是建立运动图像的复原模型,利用复原模型对模糊图像进行复原,这种方法具有普遍性,是目前研究解决运动模糊的主要手段。在实际应用中,很少能够完全知晓真正的退化函数,通常可以采用观察法、试验法和数学建模法确定退化函数。

运动模糊图像中的每个像素可看成是目标景物在运动方向上的多个物点反射能量的累加形式,它会破坏图像的边缘和细节信息,对图像的特征提取和分析产生非常不利的影响。运动模糊通常包含多种具体模糊,如一般的线性模糊、旋转模糊等。在所有的运动模糊中,由匀速直线运动造成的图像模糊的复原问题更具有一般性和普适性,因为变速的、非直线运动在某些条件下可以被分解为分段匀速直线运动。本节只讨论由水平匀速直线运动而产生的运动模糊。

设景物在 x 方向作匀速直线运动,t 表示运动时间,$f(x,y)$ 为原始图像,$g(x,y)$ 为因匀速直线运动造成的模糊图像,则有

$$g(x,y) = \int_0^t f[x - x_0(t), y] \mathrm{d}t \qquad (2-10)$$

因为对一幅实际的运动模糊图像,通常很难确切知道其相机曝光时间和景物运动的速度,而从物理现象上看,运动模糊图像实际上就是同一景物图像经过一系列的距离延迟后再叠加形成的图像,这样就可理解为运动模糊与时间无关,只与运动模糊的距离有关,即可用下式来模拟运动模糊:

$$g(x,y) = \frac{1}{L} \sum_{i=0}^{L-1} f(x-i, y) \qquad (2-11)$$

令

$$h(x,y) = \begin{cases} \dfrac{1}{L}, & 0 \leqslant x \leqslant L-1 \\ 0, & \text{其他} \end{cases} \qquad (2-12)$$

则式(2-11)可用卷积的方法表示为

$$g(x,y) = f(x,y) * h(x,y) \qquad (2-13)$$

其中,$h(x,y)$ 称为模糊算子或点扩散函数;"$*$"表示卷积。

若拍摄场景中的所有物体均以相同的速度移动,则式(2-12)的点扩散函数是空间移不变的,但若场景中某个物体的运动速度独立于所处的背景,可认为点扩散函数是空域变化的。

如果考虑噪声的影响,在式(2-13)的运动模糊退化模型中可增加一个噪声项 $n(x,y)$,即为

$$g(x,y) = f(x,y) * h(x,y) + n(x,y) \qquad (2-14)$$

将式(2-14)的空间域模型转换为频率域描述,即为

$$G(u,v) = H(u,v)F(u,v) + N(u,v) \qquad (2-15)$$

式中,$G(u,v)$,$H(u,v)$,$F(u,v)$ 及 $N(u,v)$ 分别为 $g(x,y)$,$h(x,y)$,$f(x,y)$ 及 $n(x,y)$ 的傅里叶变换。

2.4　运动模糊图像的经典恢复算法

图像复原算法一般是基于模糊图像退化模型,根据退化图像点扩散函数已知或未知两种情况划分为非盲复原算法[1-4]和盲复原算法[5-10]。非盲复原算法需要知道模糊图像的先验知识,根据先验知识来恢复图像;盲复原算法不需要知道图像的先验知识,直接对图像进行恢复。运动模糊图像复原主要是根据所获得的模糊图像及点扩散函数、噪声统计特性等先验知识来获取真实清晰的图像。传统算法如逆滤波算法、维纳滤波算法及最小二乘法等都属于非盲复原算法,这些算法能够解决特定环境复原问题。此外,近些年还出现了一些新兴的复原算法,如神经网络法、超分辨率法及最大熵法等盲复原算法,这些算法为图像复原领域开拓了新的方向。

每种算法都有其自身的优缺点,在工程应用中都有其特定的应用范围。下面介绍几种有代表性的图像复原算法。

1.逆滤波法

逆滤波算法是 20 世纪 60 年代进行图像复原处理的主要方法之一,主要用来处理卫星和航天飞机拍摄到的运动模糊图像,后来 Harris 首先采用逆滤波算法来求解运动模糊图像的点扩散函数,并对运动图像进行恢复,此后该算法的应用越来越普遍,成为图像恢复的标准算法之一。

逆滤波法是恢复退化图像最简单的方法,将式(2-15)进行傅里叶变换可得逆滤波公式为

$$F(u,v) = \frac{G(u,v) - N(u,v)}{H(u,v)} \qquad (2-16)$$

由式(2-16)可以看出,当系统噪声很小可以忽略时,在退化图像及系统的点扩散函数傅里叶变换已知的情况下,可以很方便地求出原始图像的傅里叶变换 $F(u,v)$,再对 $F(u,v)$ 进行傅里叶反变换即可得到原始图像。

图 2-3 所示为 Lena 图像的模糊与复原,其中图(a)为原始图像,图(b)为在频域用高斯函数进行退化后的图像,图(c)为采用滤波半径为 75(未加特殊说明单位均为像素)的逆滤波算法进行复原后的图像,图(d)为图(a)的运动模糊图像(角度 11°,距离 21),图(e)为图(d)逆滤波复原图像,图(f)为图(d)添加高斯噪声(均值为 0,方差为 0.005)后的图像,图(g)为在不知道噪声模型的情况下,直接使用逆滤波算法对图(e)进行复原后的图像,图(h)为知道图(e)噪声模型的情况下,去燥后再采用逆滤波进行复原后的图像。

（a）原始图像　　　　　　　　（b）高斯模糊图像　　　　　　　　（c）逆滤波复原图像

图 2-3　图像退化与复原

（d）运动模糊图像　　　　　　（e）运动模糊复原图像　　　　　　（f）"运动模糊+高斯噪声"
图像

（g）"运动模糊+高斯噪声"图像复原　　　　　　（h）"运动模糊+高斯噪声"图像复原
（噪声模型未知）　　　　　　　　　　　　　　（噪声模型已知）

续图 2-3　图像退化与复原

从图 2-3 的仿真情况可以看出,逆滤波对噪声非常敏感,除非知道噪声的分布情况,否则逆滤波几乎不可用。从图 2-3(g)可以看出,在不知道噪声模型的情况下,恢复图像的效果极差。但若知道噪声分布,图像则是可以完全复原的,图 2-3(h)所示即为在知道噪声模型的情况下对图 2-3(f)的复原效果。

在实际应用中,通常没有充分的有关噪声的信息来足够好地确定 $N(u,v)$,此时如果系统的噪声不可忽略,则会给图像的复原带来较大问题。但即使在无噪声的情况下,若点扩散函数对应的傅里叶变换 $H(u,v)$ 出现奇异点或最小值点,也无法精确地对图像进行复原。

2. 维纳滤波法

在用逆滤波法进行模糊图像复原时对噪声没有抑制作用,反而会引起噪声放大问题。维纳滤波可以在一定程度上对逆滤波引起的噪声放大进行抑制。

一般噪声源往往具有平坦的功率谱,其随频率升高而下降的速度也要比典型图像功率谱慢得多,因此,一般情况下,功率谱的低频部分以信号为主,而高频部分则主要为噪声所占据。因为逆滤波器的幅值通常随着频率的升高而升高,所以,在用逆滤波法进行模糊图像复原时会引起噪声放大问题。为此,提出了采用最小均方误差的方法进行模糊图像的复原。维纳滤波就是以最小均方误差为设计原则,其目标是使原始无失真图像与最终复原所得图像之间的误差最小。

频域维纳滤波器可用下式表示:

$$G(u,v)=\frac{1}{H(u,v)}\frac{|H(u,v)|^{2}}{|H(u,v)|^{2}+\gamma k}F(u,v) \qquad (2-17)$$

式中,$k=\dfrac{s_{n}(u,v)}{s_{f}(u,v)}$,$s_{f}(u,v)$ 及 $s_{n}(u,v)$ 分别为原始图像及噪声的功率谱。当 $\gamma=1$ 时为标准维纳滤波器,当 $\gamma\neq1$ 时为含参维纳滤波器,在实际应用时可以对该参数进行调整。当参数 k 值比较大时,对噪声有抑制作用但恢复的图像会偏暗;当参数 k 较小时,虽然恢复的图像效果还不错,但是对噪声抑制作用较弱,一般参数 k 值取为 0.01 比较合适。

图 2-4 所示为图 2-3(f)图像在不知道噪声模型的情况下,直接采用维纳滤波后的图像。可以看出,维纳滤波相比于逆滤波有较强的抗噪声性能。

图 2-4　维纳滤波复原

3.卡尔曼滤波法

卡尔曼滤波是一个最优化自回归数据处理算法,算法主要包括以下两个步骤:

(1) 将系统前一次的状态作为依据,预测当前状态。

(2) 根据观测图像数据使用均方误差准则更新变量的预测值,从而确定系统当前状态。

卡尔曼滤波和维纳滤波都是以均方误差最小化为准则解决预测及线性滤波问题,不同的是,卡尔曼滤波算法中,信号的当前值是由最近一个观测值与当前一个估计值进行估计而得的(有关卡尔曼滤波的详细内容请参照本书 11.1 节),而维纳滤波算法的信号当前值是由当前观测值及全部过去观测值计算而得的。

在对运动模糊图像进行清晰化处理时,最重要的是确定图像模糊的成因,而运动模糊核则是拍摄仪器与被拍摄景物之间相对运动产生的,因此,在复原过程中,如果仅知道观察到的运动模糊图像,要想对模糊核进行高精度的估算则会成为一个病态问题,因为运动模糊核与原始清晰图像之间存在着多种不同的组合。近年来,虽然多种图像去运动模糊方法被相继提出,但其中绝大部分算法计算复杂、速度缓慢、不能处理较大运动模糊核、需要多幅图像甚至辅助的硬件设备,且恢复的图像往往带有严重的振铃效应,很难在实际中得到应用。

2.5　本章小结

在景象匹配导航中,由于受气候条件、环境因素及图像传感器本身固有特性的影响,机载图像传感器所拍实测图存在与背景对比度较差、图像边缘模糊、噪声较大等缺点,会对匹配精度造成影响。因此,在匹配前通常需要对实测图像进行预处理或图像复原,以便获得更好的匹配精度。

图像复原的基本思路是弄清退化原因、建立退化模型,然后再反向推演恢复图像。图像复原技术是面向退化模型的,针对不同的退化因素应采用不同的图像复原技术。

【参考文献】

[1] AUBERT G,KOMPROBST P. Mathematical problems in image processing[M]. 2nd ed. New York:Springer Science ＋ Business Media,LLC,2009.

［2］ BELGE M,KILMER M E,MILLER E L,et al. Wavelet domain image restoration with a-daptive edge-preserving regularization ［J］. IEEE Transactions on Image Processing, 2000,9(4):597 − 608.

［3］ RICHARDSON W H. Bayesian-based iterative method of image restoration［J］. Journal of the Optical Society of America,1972,62(1):55 − 59.

［4］ LIU X. Augmented Lagrangian method for total generalized variation based Poissonian image restoration ［J］. Computers & Mathematics With Applications,2016,71(8):1694 − 1705.

［5］ MONEY J H,KANG S H. Total variation minimizing blind deconvolution with shock fil-ter reference［J］. Image and Vision Computing,2008,26(2):302 − 314.

［6］ LIAO H Y,LIAO HNG M K. Blind deconvolution using generalized cross-validation ap-proach to regularization parameter estimation ［J］. IEEE Transactions on Image Process-ing,2011,20(3):670 − 680.

［7］ 杨常星. 快速鲁棒的图像非参盲恢复方法研究［D］. 南京:南京邮电大学,2017.

［8］ 王宇桐,禹晶,肖创柏. 基于自相似性和低秩表示的有噪模糊图像盲复原算法［J］. 北京交通大学学报,2018,42(5):123 − 129.

［9］ 李喆,李建增,张岩,等. 混合特性正则化约束的运动模糊盲复原［J］. 中国图象图形学报,2018,23(7):994 − 1004.

［10］ 苏畅,付天骄,张星祥,等. 基于能量约束的自适应加权图像盲复原算法［J］. 光学学报,2018,38(2):111 − 118.

第3章 图像特征提取

　　图像特征是指图像中最显著的基本特征或特性,可以从多个角度对图像的内在含义进行描述,也可以对图像进行抽象的表达。

　　目前,几何特征、纹理特征和特征点在目标识别、运动估计和立体匹配等领域中均已得到了一定程度的应用。在实际应用中,图像经常会发生变化,提取具有较强鲁棒性的图像特征就显得尤为重要。导航系统实时性的要求,使图像特征提取算法成为了图像匹配预处理中的关键技术。本章主要介绍在景象匹配中常用的图像特征及其提取方法。

3.1　图像特征分类

　　一般来说,可以从多个角度对图像特征进行分类:按特征提取的区域大小可以分为图像的局部特征和全局特征,按特征在图像上的表现形式可以分为点特征、线特征和面特征(区域特征)。文献[1]按照图像特征的提取方法又分为视觉特征(包括图像的边缘、轮廓、形状、纹理和区域等)、统计特征(包括灰度直方图特征、矩特征,其中矩特征包括均值、方差、峰度及图像熵特征等)、变换系数特征(包括对图像进行各种数学变换,如傅里叶变换、离散余弦变换、小波变换等,可以将变换后的系数作为图像的一种特征)及代数特征(代数特征反映的是图像的某种属性,包括对图像进行的各种代数变换或者作各种矩阵分解,如 K-L 变换、矩阵的奇异值分解等都属于代数特征,也可以作为图像特征)。

　　下面主要依据特征在图像上的表现形式分别对点特征、线特征和面特征进行简要介绍。

　　1.点特征

　　点特征是图像特征中最常用和最重要的特征。目前主流的局部特征算法[2-3]都是基于点特征提出的。角点、边缘点、线重复点等均属于点特征,其中最具有代表性的点特征是角点。角点一般出现在图像边界方向发生剧烈变化处、两个或两个以上直线边缘按照一定的角度交叉处,及图像灰度梯度剧烈变化处,图像的角点包含着丰富的图像结构信息。

　　2.线特征

　　线特征在图像匹配技术中占有相当重要的地位,它可以理解为点特征的集合表示。线特征大多存在于图像中信息发生改变的地方,一般对灰度图像来讲,线特征常被归结为图像的轮廓或者是边缘。边缘是一种比较典型的线特征,是图像上灰度值变化相当剧烈的线段。线特征通常包括两种,即"边缘"和"线",在这里主要对边缘特征检测进行介绍。

对于边缘检测,近年来涌现出很多种算法,这些算法从思路的不同大致可以分为三类:第一类是借助于空域微分卷积或类似卷积的运算来实现检测(如:Roberts 算子、Prewitt 算子、Sobel 算子),这些方法大多是以将要处理的像素作为中心,而对其邻域进行灰度分析,实现对图像边缘的提取;第二类是从能量的角度考虑,以能量最小化为准则的提取方法,其中具有代表性的有松弛算法、神经网络分析法、Snake 算法等;第三类则是近几年发展起来的基于各种变换的提取方法,如小波变换等。

3. 面特征

面特征是由点和线特征构成的,体现的是立体的视觉感受,通常包含图像子块的丰富信息。面特征的提取一般是基于图像中明显的闭合子块进行的。图像的面积、周长、形心及各种矩特征都属于面特征。

3.2　图像边缘检测

图像边缘检测是图像处理与计算机视觉共同的基本课题。图像边缘是一种重要的视觉信息,是图像最基本的特征之一,它存在于目标与背景、目标与目标、区域与区域、基元与基元之间。Poggio 等人[1]指出"边缘或许对应着图像中物体的边界,或许并没有对应着图像中物体的边界,但是边缘具有十分令人满意的性质,它能大大减少所要处理的信息,但是又保留了图像中物体的形状信息"。图像边缘特征与其他特征相比,最能反映出物体(目标)的个体特征,包含了物体(目标)的独特的重要信息,因此边缘特征成为景象匹配中最常采用的图像特征之一。

3.2.1　边缘检测概述

从本质上说,图像边缘是图像局部特性不连续性的反映,主要表现为灰度的不连续性。找出灰度变化的边界的过程就是边缘提取。图像边缘标志着一个区域的终结和另一个区域的开始,因此在图像的边缘上,灰度的梯度幅值较大,可以通过计算梯度的局部极大值的方法提取边缘点。传统的边缘检测方法大多是通过对图像各像素点进行求微分或二阶微分来定位边缘像素点。如图 3-1 所示,根据图像灰度变化的特点,可将边缘分为以下 4 类[2]:

(1)斜坡边缘:从一个灰度到比它高很多的另一个灰度,一般用其高度、倾斜角和斜坡中点的水平坐标值来表述边缘的特性。只有当边缘的高度大于某一特定值时才认为此斜坡存在。理想情况下,边缘被标记为斜坡中点上的单一像素。

(2)阶跃边缘:如果一个斜坡边缘中的倾斜角度是 90°,则对应的边缘就称作阶跃边缘。在一个数字图像系统中,阶跃边缘仅存在于仿真图像中。

(3)屋顶边缘:屋顶型边缘的灰度是慢慢增加到一定程度再慢慢减小。

(4)线性边缘:线性边缘的灰度从一个级别跳到另一个灰度级别之后再跳回原来级别。

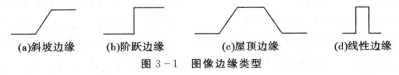

(a)斜坡边缘　　　(b)阶跃边缘　　　　(c)屋顶边缘　　　　(d)线性边缘

图 3-1　图像边缘类型

1.边缘检测过程

对于真实的图像往往会在采集或传输的过程中受到噪声的干扰,因此好的边缘检测方法既要检测出精确的边缘位置,又要平滑掉图像中的干扰噪声。通常情况下边缘检测包含滤波、增强、检测、定位四个主要步骤,如图3-2所示。

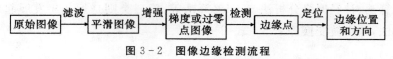

图3-2 图像边缘检测流程

(1)滤波:边缘和噪声同属图像中强度变化剧烈的部位,因此边缘检测算子对边缘和噪声都很敏感,因此必须使用滤波器来改善与噪声有关的边缘检测算子的性能。

(2)增强:增强边缘的基础是确定图像各点邻域强度的变化值。增强算法可以将邻域(或局部)强度之间有显著变化的点突显出来。从增强算法作用的空间来看,可将增强算法分为频域增强算法和空域增强算法,经过增强处理后,边缘特征得到显著表示。

(3)检测:在图像中有许多点的梯度幅值比较大,而这些点在特定的应用领域中并不都是边缘,因此应该用某种方法来确定哪些点是边缘点。由于最简单的边缘检测判据是利用梯度幅值的阈值作为判据的,所以在判定边缘像素之前必须先行设定阈值,从阈值设定所涉及的数据范围来看,阈值可分为全局阈值和局部阈值。全局阈值计算简单,局部阈值可以看作多阈值,因为在不同的区域,阈值是不相同的。

(4)定位:边缘定位即确定边缘点的具体位置,除此之外还应包括边缘细化、连接。经阈值检测后得到的是一个个边缘像素,它们可能是一些孤立的点,也可能是一些边缘片断,为了形成有意义的边缘,以便于后续的图像处理环节的进行,需要对检测出来的边缘像素点进行连接。从连接过程中涉及的区域来考虑,连接方法可分为局部边缘连接和全局边缘连接两种。

2.边缘检测难点

边缘检测的基本要求是检测精度高,抗噪声干扰能力强,不漏掉实际边缘,不产生虚假边缘。对于现实中的图像,往往很难达到这一目标,主要原因在于以下几点[3]:

(1)图像中的边缘表现为灰度不连续性。引起图像边缘灰度不连续性的物理过程可能是几何因素,也可能是光学因素。几何因素通常表现为灰度的不连续性、表面取向及颜色和纹理的不同等。光学因素主要有表面反射、非目标物体产生的阴影及内部倒影等。这些景物特性混在一起会使边缘呈现多样性而难于用统一的模型描述[4]。

(2)自然景物和人类世界本身的多样性和复杂性。自然景物和人类世界本身的多样性和复杂性使得边缘具有内在的不确定性和模糊性,这使得人们在判定边缘时易受到主观和客观因素的影响。

(3)在生成和传输图像过程中易受到噪声的干扰。在生成和传输图像过程中的噪声呈多样性,难以用统一的模型来描述。另外,在大多数情况下人们不能预知待处理的图像中所包含的噪声类型,这使得在边缘检测时消除同为高频信号的噪声变得十分困难,而且使得彻底消除噪声是不可能的。因为边缘检测精度与抗噪声能力这两者是相互制约的,即两者遵循"不确定原则",也就是边缘检测的精度和抗噪声能力不可能同时无限提高,只能在它们之间做一个折中。这表现在,为了具有较好的抗噪能力,首先要对图像进行平滑处理,而平滑处理结果必然是模糊边缘,造成定位精度低,这就是边缘检测的两难问题。

基于上述的原因,边缘检测的难点主要如下:

(1)滤波器尺度的选择。噪声的消除效果依赖于滤波器的尺度,尺度越大,算法的去噪能力越强,而细节边缘的损失也就越多。如何选择适中的滤波器尺度使得算法既能有效地消除噪声,又能较好地保留边缘细节是边缘检测领域的一个难点。

(2)阈值设定。在判断像素究竟是否是边缘时需要设定阈值,阈值过高会导致有效边缘的丢失,阈值过低则会虚报边缘。对于自然图像,有效边缘的特征值(梯度)不一定都比噪声、背景纹理等像素的特征值高,因此有效边缘的缺失和虚假边缘的出现是不可避免的。因此,设定一个合适的阈值以平衡有效边缘的缺失和虚假边缘的出现是边缘检测算法的又一难题。

(3)边缘连接。噪声的存在及边缘检测过程都可能使得部分边缘出现断裂,使用传统的边缘检测方法为了将断裂的弱边缘段检测出来,必须降低阈值,这必然导致虚假边缘的出现。因此在不降低阈值的前提下使得边缘检测算法具有越过间断检测弱边缘的能力是一个尚待解决的问题。

3.2.2　经典边缘检测方法

边缘检测算子是利用图像边缘的突变性质来检测边缘的。其主要分为两种类型:一种是以一阶导数为基础的边缘检测算子,通过计算图像的梯度值来检测图像边缘,如差分边缘检测、Robert 算子、Sobel 算子和 Prewitt 算子等;另一种是以二阶导数为基础的边缘检测算子,通过寻求二阶导数中的过零点来检测边缘,如 Laplacian 算子、LoG 算子、Canny 算子等。在对边缘求导时,需要对每个位置的像素进行计算,在实际检测中常用模板卷积的方法来近似计算。

1. Roberts 算子

Roberts 算子也称局部算子法,是一种利用局部差分寻找边缘的算子,因此也称为梯度交叉算子。其原理是任意一对相互垂直方向上的差分都可用来计算梯度。设当前像素点在坐标 (x,y) 处,Roberts 算子是在以 (x,y) 为中心 2×2 邻域上计算 x 和 y 方向的偏导数,即

$$\left.\begin{aligned}G_x&=|f(x+1,y+1)-f(x,y)|\\G_y&=|f(x+1,y)-f(x,y+1)|\end{aligned}\right\} \tag{3-1}$$

采用 1 范数衡量梯度的幅度,其梯度大小为

$$|G(x,y)|=|G_x|+|G_y| \tag{3-2}$$

其中,G_x 和 G_y 的卷积模板分别为 $\begin{bmatrix}-1&0\\0&1\end{bmatrix}$ 与 $\begin{bmatrix}0&-1\\1&0\end{bmatrix}$。

用以上模板与图像卷积运算后,按照式(3-2)可以求出图像的梯度幅值 $g(x,y)$,选择适当的阈值 T,如果在点 (x,y) 处有 $g(x,y)\geqslant T$,则此点为边缘点,否则为非边缘点。

由于 Roberts 算子通常会在图像边缘附近的局部区域内对噪声较敏感,图像处理后边缘不是很平滑,边缘定位精度较低。故必须对采用 Roberts 算子检测的图像边缘做细化处理。

Roberts算子对具有陡峭的低噪声图像响应最好。

2. Prewitt 算子

Prewitt 算子是基于一阶微分算子的边缘检测,利用像素点上下、左右相邻点的灰度差在边缘处达到极值进行边缘检测,可去掉部分伪边缘,对噪声具有平滑作用。该算子是在以(x, y)为中心的 3×3 邻域上计算 x 和 y 方向的偏导数,即

$$
\left.
\begin{aligned}
G_x &= [f(x-1, y+1) + f(x, y+1) + f(x+1, y+1)] - \\
&\quad [f(x-1, y-1) + f(x, y-1) + f(x+1, y-1)] \\
G_x &= [f(x+1, y-1) + f(x+1, y) + f(x+1, y+1)] - \\
&\quad [f(x-1, y-1) + f(x-1, y) + f(x-1, y+1)]
\end{aligned}
\right\}
\tag{3-3}
$$

采用∞范数衡量梯度的幅度,其梯度大小为

$$
|G(x, y)| \approx \max(|G_x|, |G_y|)
\tag{3-4}
$$

其中,G_x 和 G_y 的卷积模板分别为 $\begin{bmatrix} -1 & 0 & 1 \\ -1 & 0 & 1 \\ -1 & 0 & 1 \end{bmatrix}$ 和 $\begin{bmatrix} -1 & -1 & -1 \\ 0 & 0 & 0 \\ 1 & 1 & 1 \end{bmatrix}$。

用以上模板与图像卷积运算后,按照式(3-4)可以求出图像的梯度幅值 $g(x, y)$,选择适当的阈值 T,如果在点(x, y)处有 $g(x, y) \geq T$,则此点为边缘点,否则为非边缘点。

Prewitt 算子对灰度渐变和噪声较多的图像处理较好。

3. Sobel 算子

Sobel 算子与 Prewitt 算子类似,都是将局部平均与方向差分运算相结合的边缘检测方法,区别在于平滑部分的权值不同,它利用像素邻近区域的梯度值来计算一个像素的梯度,然后根据一定的阈值来取舍边缘点。Sobel 算子加大了边缘检测算子的模板,是在以(x, y)为中心 3×3 邻域上计算 x 和 y 方向的偏导数,即

$$
\left.
\begin{aligned}
G_x &= [f(x-1, y+1) + 2f(x, y+1) + f(x+1, y+1)] - \\
&\quad [f(x-1, y-1) + 2f(x, y-1) + f(x+1, y-1)] \\
G_y &= [f(x+1, y-1) + 2f(x+1, y) + f(x+1, y+1)] - \\
&\quad [f(x-1, y-1) + 2f(x-1, y) + f(x-1, y+1)]
\end{aligned}
\right\}
\tag{3-5}
$$

采用∞范数衡量梯度的幅度,其梯度大小为

$$
|G(x, y)| \approx \max(|G_x|, |G_y|)
\tag{3-6}
$$

其中,G_x 和 G_y 的卷积模板分别为 $\begin{bmatrix} -1 & 0 & 1 \\ -2 & 0 & 2 \\ -1 & 0 & 1 \end{bmatrix}$ 和 $\begin{bmatrix} -1 & -2 & -1 \\ 0 & 0 & 0 \\ 1 & 2 & 1 \end{bmatrix}$。

用以上模板与图像卷积运算后,按照式(3-6)可以求出图像的梯度幅值 $g(x, y)$,选择适当的阈值 T,如果在点(x, y)处有 $g(x, y) \geq T$,则此点为边缘点,否则为非边缘点。

由于 Sobel 算子结合了局部平均,根据像素点上下、左右相邻灰度加权差在边缘处达到极值这一现象进行边缘检测,对噪声具有平滑作用,其边缘检测结果不易受噪声影响,且能提供较为精确的边缘信息,但边缘定位精度不够高。如果选择更大的卷积模板,其抗噪声能力也会

随之增强,但计算量也会增长,并且检测到的边缘也会更粗。

　　Sobel 算子是在 Prewitt 算子的基础上改进的,在中心系数上使用一个权值 2。如果图像在每个点噪声都是相同的,那么用 Prewitt 算子是比较好的;如果靠近边缘的噪声是沿着边缘的两倍,那么用 Sobel 算子是比较好的,算子的好坏取决于噪声的结构。这两种算子对于含较低噪声的灰度图像的检测效果较好,而对于复杂噪声图像处理较差。

　　4. Canny 算子

　　Canny 于 1986 年提出,一个好的边缘检测算子应该满足以下三个准则:

　　(1)好的信噪比,即将非边缘点判为边缘点的概率要低,误检率要小,同时,将边缘点判为非边缘的概率要低,漏检率要小,评判参数信噪比越大越好。

　　(2)好的定位性能,即检测出的边缘点要尽可能在实际边缘的中心。

　　(3)边缘响应次数要少,保证对单一边缘仅有唯一响应,即单个边缘产生多个响应的概率要低,并且虚假响应边界应得到最大抑制。

　　Canny 算子就是本着以上准则推导出的最佳边缘检测算子,该算子是当前被普遍认可的一种较理想的边缘检测方法,在信噪比、定位精度和单边响应等方面满足最优准则。Canny 边缘检测算子的步骤如图 3 - 3 所示。

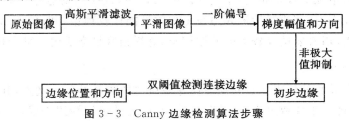

图 3 - 3　Canny 边缘检测算法步骤

　　(1)用高斯函数 $G(x,y)$ 对图像 $f(x,y)$ 进行平滑滤波以去除噪声,得到平滑图像 $g(x,y)$:

$$G(x,y) = \frac{1}{2\pi\sigma^2}\exp(-\frac{x^2+y^2}{2\pi\sigma^2}) \tag{3-7}$$

$$g(x,y) = f(x,y) * G(x,y) \tag{3-8}$$

　　(2)计算平滑图像 $g(x,y)$ 中每个像素点 (x,y) 的梯度强度和方向:

$$\nabla g(x,y) = \nabla[G(x,y) * f(x,y)] = \nabla G(x,y) * f(x,y) \tag{3-9}$$

利用高斯函数的可分性,将 ∇G 分解为两个一维的行、列滤波器:

$$\frac{\partial G}{\partial x} = kx\exp(-\frac{x^2+y^2}{2\sigma^2}) = h_1(x)h_2(y) \tag{3-10}$$

$$\frac{\partial G}{\partial y} = ky\exp(-\frac{x^2+y^2}{2\sigma^2}) = h_1(y)h_2(x) \tag{3-11}$$

其中

$$h_1(x) = \sqrt{k}x\exp(-\frac{x^2}{2\sigma^2}) \tag{3-12}$$

$$h_1(y) = \sqrt{k}y\exp(-\frac{y^2}{2\sigma^2}) \tag{3-13}$$

$$h_2(x) = \sqrt{k}\exp(-\frac{x^2}{2\sigma^2}) \tag{3-14}$$

$$h_2(y) = \sqrt{k}\exp(-\frac{y^2}{2\sigma^2}) \tag{3-15}$$

将式(3-10)和式(3-11)的一维行、列滤波器分别与图像 $f(x,y)$ 卷积,具体如下:

$$E_x = \frac{\partial G}{\partial x} * f(x,y) \tag{3-16}$$

$$E_y = \frac{\partial G}{\partial y} * f(x,y) \tag{3-17}$$

则图像 $g(x,y)$ 中每个像素点 (x,y) 的梯度强度 $\nabla g(x,y)$ 和梯度方向 $\theta(x,y)$ 分别为

$$|\nabla g(x,y)| = \sqrt{E_x^2(x,y) + E_y^2(x,y)} \tag{3-18}$$

$$\theta(x,y) = \arctan\frac{E_y(x,y)}{E_x(x,y)} \tag{3-19}$$

(3)寻找图像梯度中的局部极大值点,并且设置非局部极大值点为零,通过非极大值抑制使得图像边缘得到细化。

(4)用双阈值算法检测和连接边缘,其过程为设置 T_1 和 $T_2(T_1 > T_2)$ 两个阈值,T_1 的作用是找到每条边缘线段,T_2 是用来延伸这些线段以寻找边缘的断裂处,并对这些边缘进行连接。

在二维空间的情况下,Canny 算子抗噪声能力较强,且检测到边缘点具有方向性,有利于边缘检测的后续处理,使其边缘检测和边缘定位的性能比较理想。但是 Canny 算子为了使边缘检测结果较理想,通常要选择较大的滤波模板,这样很容易会丢失一部分边缘细节。

5. Laplacian 算子

图像灰度一阶导数的极大值点对应着图像灰度二阶导数的零交叉点,其左、右分别为一正一负两个峰值,因此二阶导数过零点检测也是一种有力的边缘检测手段。Laplacian 算子是最常见的一种二阶微分边缘检测算子,若只考虑边缘点的位置而不考虑周围的灰度差时可用该算子进行检测。对于一个连续函数 $f(x,y)$,它在位置 (x,y) 的 Laplacian 值定义为

$$\nabla^2 f = \frac{\partial^2 f}{\partial x^2} + \frac{\partial^2 f}{\partial y^2} \tag{3-20}$$

其离散 Laplacian 算子的计算公式为

$$\nabla^2 f(x,y) = f(x+1,y) + f(x-1,y) + f(x,y+1) + f(x,y-1) - 4f(x,y) \tag{3-21}$$

式(3-21)仅考虑了水平和垂直两个方向,如果再考虑 45°和 135°方向,Laplacian 算子进一步可用下式计算:

$$\begin{aligned}
\nabla^2 f(x,y) = &f(x-1,y-1) + f(x,y-1) + f(x+1,y-1) + \\
&f(x-1,y) + f(x+1,y) + f(x-1,y+1) + \\
&f(x,y+1) + f(x+1,y+1) - 8f(x,y)
\end{aligned} \tag{3-22}$$

式(3-21)和式(3-22)的 Laplacian 算子模板分别可用 $\begin{bmatrix} 0 & -1 & 0 \\ -1 & 4 & -1 \\ 0 & -1 & 0 \end{bmatrix}$,

$\begin{bmatrix} -1 & -1 & -1 \\ -1 & 8 & -1 \\ -1 & -1 & -1 \end{bmatrix}$ 表示。

当 Laplacian 算子输出出现过零点时就表明有边缘存在,其中忽略无意义的过零点(均匀零区)。Laplacian 算子的原理是图像在边缘点处的二阶导数出现零交叉,该算子定位精确,不仅可以准确地检测到图像的边缘,同时能尽量避免伪边缘的现象。另外,因为 Laplacian 算子考虑的方向比较全,如式(3-22)考虑了 8 个方向,而考虑方向全的另一个作用是缺少了方向性,同时使噪声成分得到加强,因此该算子对噪声极度敏感,容易检测出双像素宽度的边缘,不能提供边缘方向的信息。

6. LoG 算子

因为 Laplacian 算子是基于图像二阶倒数的零交叉点来求边缘点的,这种算法对噪声十分敏感,实际应用中很少直接用于边缘检测,通常需要在边缘增强前先滤除噪声。1980 年,D. Marr 和 E. Hildreth 提出了先对原始图像进行高斯平滑滤波,然后再运用 Laplacian 算子检测边缘,即 LoG(Laplacian of Gaussian,LoG)算子,它是在 Laplacian 算子的基础上实现的。LoG 算子有两种方式:一种是图像先与高斯滤波器进行卷积,再求卷积的 Laplacian 变换;另一种是先求高斯滤波器的 Laplacian 变换,再求与图像的卷积。这两种方法是等效的,其具体实现步骤如下:

(1)用高斯滤波函数 $G(x,y)$ 对图像 $f(x,y)$ 进行平滑滤波,将二者卷积可得到一个平滑的图像 $g(x,y)$:

$$g(x,y)=f(x,y)*G(x,y) \tag{3-23}$$

(2)对平滑后图像 $g(x,y)$ 进行 Laplacian 运算,即

$$h(x,y)=\nabla^2[f(x,y)*G(x,y)] \tag{3-24}$$

(3)检测 Laplacian 图像中的过零点作为边缘点。由于对平滑图像 $g(x,y)$ 进行 Laplacian 运算可等效为 $G(x,y)$ 的 Laplacian 运算与 $f(x,y)$ 的卷积,故式(3-24)变为

$$h(x,y)=f(x,y)*\nabla^2 G(x,y) \tag{3-25}$$

对图像的高斯平滑滤波和 Laplacian 微分运算可以结合成一个卷积算子,其表达式为

$$\nabla^2 G(x,y)=\frac{1}{2\pi\sigma^4}(\frac{x^2+y^2}{\sigma^2}-2)\exp(-\frac{x^2+y^2}{2\sigma^2}) \tag{3-26}$$

式中,$\nabla^2 G(x,y)$ 称为 LoG 算子,又称为高斯拉普拉斯微分算子。

(4)以 $\nabla^2 G(x,y)$ 对原始灰度图像进行卷积运算后提取的零交叉点作为边缘点。

对于 LoG 算子来说,σ 的大小很重要,它具有控制平滑的作用。σ 值大时,高斯平滑模板大,对较高频率的噪声有很大的抑制作用,从而避免了假边缘点的检出,平滑噪声的能力比较强,但会漏检一部分边缘点,且会使定位到的边缘位置发生偏移,边缘定位精度不高;σ 值小时,边缘定位较精准,但噪声的滤波能力较弱,信噪比不理想。因此大的滤波器可以用来检测图像的模糊边缘,小的滤波器可以用来聚焦良好的图像细节。

因此在实际应用中,为了能够得到最佳的检测效果,对于 σ 的选取、边缘强度和方向、模板尺度 N 的确定、提取边界的精度等问题要给予充分的考虑,针对不同的图像选择不同的参数。

典型的 LoG 算子卷积模板为 $\begin{pmatrix} 0 & 0 & -1 & 0 & 0 \\ 0 & -1 & -2 & -1 & 0 \\ -1 & -2 & 16 & -2 & -1 \\ 0 & -1 & -2 & -1 & 0 \\ 0 & 0 & -1 & 0 & 0 \end{pmatrix}$。

为了对上述边缘提取算子提取边缘的效果进行比较,以 MATLAB 为平台对同一幅图像进行边缘提取,结果如图 3-4 所示,其中图(a)原始图像,图(b)~(f)分别为采用 Roberts 算子、Prewitt 算子、Sobel 算子、Canny 算子和 LoG 算子进行边缘提取的结果。

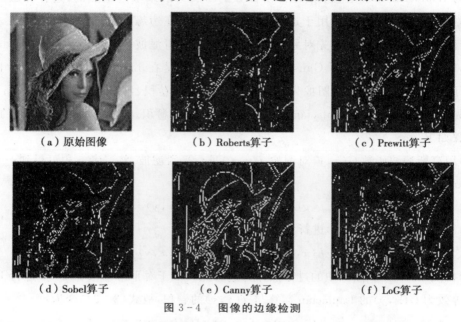

| （a）原始图像 | （b）Roberts算子 | （c）Prewitt算子 |

| （d）Sobel算子 | （e）Canny算子 | （f）LoG算子 |

图 3-4　图像的边缘检测

从以上各种算法的公式及仿真检测结果可以看出:Roberts 算子简单直观,但边缘检测图里存在伪边缘,同时检测出来的边缘线较粗;Prewitt 算子、Sobel 算子能够检测出更多的边缘,对灰度渐变和噪声较多的图像处理效果较好,但存在伪边缘;Canny 算子和 LoG 算子能够检测出图像更多的细节边缘,但仍然有伪边缘存在。

3.2.3　新的边缘检测方法

因为图像边缘特征检测的两难问题,对新的边缘检测算法的研究一直没有停止,近年来,随着图像处理的发展和新兴技术的不断出现,很多新的边缘检测算子不断地涌现,如基于小波边缘检测算子、基于广义模糊边缘检测算子、基于神经网络的边缘检测算子及基于数学形态学的边缘检测算子等。

1. 小波边缘提取算法

由于光照和物理等原因,图像中的边缘通常产生在不同的尺度范围内,用单一尺度的边缘检测算子检测出所有边缘是非常困难的,而小波对图像信号的多分辨率分析非常适合检测信号的局部特征,所以小波是图像边缘提取的一种有力工具。

小波多尺度边缘提取的基本思想是,选择较大尺度过滤噪声,识别边缘;选择较小的尺度实现边缘的准确定位;综合不同尺度下的边缘图像得到提取结果。(有关小波变换的边缘检测可参考本书第 6.5 节)

2．基于人工智能的边缘提取算法

人工神经网络系统是由大量的同时也是很简单的处理单元(神经元),通过广泛地互相连接而形成的复杂网络系统。由于人工神经网络强大的非线性映射功能及学习能力,近年来用神经网络提取图像边缘已成为边缘检测研究的一个新分支[5-6],其基本思想是先将输入图像映射为某种神经元网络,然后输入一定先验知识如原始边缘图再进行训练,直到学习过程收敛或用户满意为止。遗传算法是一种新发展起来的基于自然选择和遗传学的优化算法,具有计算简单、功能强的特点,已经成功应用到边缘检测领域[7-8]。另外,近年来发展起来的基于统计学习理论的支持向量机,作为新的数据分类和函数估计工具也逐步被用于边缘检测[9]。

3．基于广义模糊边缘检测算子

由于噪声、畸变等因素的影响,边缘检测实质上是一个不确定性推理问题。为了解决不确定问题,用不精确的知识表达事件,人们提出了模糊集合的概念。模糊集合理论能较好地描述人类视觉中的模糊性和随机性,当目标边界与背景之间像素灰度是逐渐过渡的时候,会导致边缘具有一定的模糊性,因此能否将模糊理论引入图像边缘检测中,成为了一个发展方向。Pal 和 King 等人最先将模糊理论的思想用于图像的边缘检测算法中,提出了一种图像边缘检测模糊算法[10],该算法用模糊理论增强边缘图像,再对隶属度矩阵进行逆变换,最后采用"最小"及"最大"算子来提取边缘。后续又出现了一些改进算法[11-12]。

4．形态学边缘提取算子

数学形态学是一种非线性滤波方法,即 Minkowski 结构和/差运算,可以用来解决噪声抑制、特征提取、边缘检测等图像处理问题。基于数学形态学边缘提取的基本原理是将图像看成点的集合,用具有一定形态的结构元素来描述边缘形态,通过结构元素在图像集合中进行移位、交、并等运算来实现边缘信息的收集,从而实现边缘的检测。

数学形态学能反映图像的几何结构和形状特征等非线性因素,弥补线性系统的缺陷,它能在保持图像边缘信息的基础上有效地消除噪声的影响。与传统的微分算子方法相比较,一方面,基于数学形态的边缘检测方法具有算法简单、运算速度快、效果好的特点,能通过对结构元素的简单控制来间接控制所要提取边缘的基本特征,较好地解决了边缘检测精度与抗噪声性能的矛盾,具有一些传统方法没有的性质;另一方面,它的检测效果受到结构元素的形态和大小的影响,适应性较差。

基于数学形态学的边缘检测方法可分为两种:二值图像边缘检测和灰度图像边缘检测。在二值图像边缘检测中,其基本运算是腐蚀和膨胀。先腐蚀后膨胀的过程称为"开"运算,它具有消除细小物体,在纤细处分离物体和平滑较大物体边界的作用。先膨胀后腐蚀的过程称为"闭"运算,具有填充物体内细小空洞,连接临近物体和平滑边界的作用。图 3-5 所示为基于腐蚀运算进行边缘提取的结果,其中图(a′)为图(a)的检测结果,图(b′)为图(b)的检测结果。

可以看出,当图像背景中的灰度与目标对象接近时,会被当做噪声存在,难以全部去除。

(a)   (a′)   (b)   (b′)

图 3-5　基于形态学边缘提取算子的边缘检测

　　总之,由于每一种边缘检测算法都存在一定的局限性,为了克服各自的不足,进而出现了多种理论结合在一起的边缘检测方法,如小波理论与 Canny 算子融合的边缘检测方法[13]、基于小波变换与数学形态学的图像边缘检测方法[14]、模糊理论与多分辨分析结合的边缘检测方法[15-16]、支持向量机和元胞自动机相结合的图像边检测方法[17]、基于云空间和模糊熵的边缘检测算法[18]等。相对而言,这些算法的检测效果较好,但复杂度也都更高。在实际应用中,应根据使用需求选取合适的边缘提取算法。

3.3　角　点　检　测

　　角点作为图像稳定的稀疏特征,属于图像的局部特征,它包含图像中的重要结构信息,在计算机视觉和图像处理中起着关键和不可替代的作用。迄今为止,角点还没有严格的数学定义。通常认为角点是二维图像亮度变化剧烈的点,或图像边缘曲线的曲率局部极大值点,或多条边缘曲线交汇点。

　　图像中的角点含有很高的信息量,可以反映图像的局部特征,为图像的进一步处理提供了重要的信息。角点检测被广泛应用在图像匹配、图像拼接和摄像机标定等图像处理技术中。

　　角点检测算法根据实现方法不同,大致可以分为三类:基于灰度强度的方法、基于边缘轮廓的方法及基于角点模型的方法。

　　基于灰度强度的算法主要是通过检查图像局部灰度值的变化来检测角点,其中最典型的算法是 1988 年 Harris 和 Stephens[19] 提出的 Harris 算法。基于边缘轮廓的算法主要是通过分析图像边缘形状特性来检测角点,首先提取图像的边缘轮廓,然后从边缘中提取封闭或非封闭的轮廓曲线,最后通过搜索轮廓线上的曲率值、梯度方向变化或利用多边形逼近查找交点来提取角点,其中较著名的是 Mokhtarian 和 Suomela[20] 在 1998 年提出的 CSS 角点检测算法。基于模型的角点算法的基本框架是利用建立不同类型的角点参数化模型对图像进行匹配滤波,其中比较著名的是 1997 年 Smith 和 Bardy[21] 提出的 SUSAN 算法。

　　近年来,机器学习理论、优化方法和非线性偏微分方法等被应用于角点检测中,改善了角点检测算法的性能。目前,基本上所有的角点检测方法都是基于不同的出发点和目的,对于所要达到的不同目的及背景,每一种算子都有其实用价值。

　　本节主要介绍 Moravec 算子、Harris 算子和 SUSAN 算子。

3.3.1　Moravec 角点检测

Moravec 角点检测算子是 Moravec H. P. 在 1977 年提出的,它是一种基于灰度方差的角点检测算子。其主要原理是通过计算图像中各个像素的垂直、水平、对角线与反对角线四个不同方向的平均灰度,然后在其中选取最小的灰度方差,并将其视为角点响应函数,即兴趣值,然后再在邻域范围内将角点响应函数最大值的像素点定义为角点。其原理如图 3-6 所示。

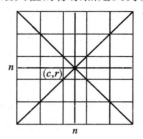

图 3-6　Moravec 角点检测算子原理示意图

该算法的具体运行步骤如下:

(1)计算初始图像中各个像元的兴趣值,即角点响应函数。

以初始图像像素点 (c,r) 为中心、$n\times n$ 为窗口大小,计算水平、垂直、对角线及反对角线四个方向的相邻像素灰度差的平方和,表达式如下:

$$V_1 = \sum_{i=-k}^{k-1} (f_{c+i,r} - f_{c+i+1,r})^2 \tag{3-27}$$

$$V_2 = \sum_{i=-k}^{k-1} (f_{c+i,r+i} - f_{c+i+1,r+i+1})^2 \tag{3-28}$$

$$V_3 = \sum_{i=-k}^{k-1} (f_{c,r+i} - f_{c,r+i+1})^2 \tag{3-29}$$

$$V_4 = \sum_{i=-k}^{k-1} (f_{c+i,r-i} - f_{c+i+1,r-i-1})^2 \tag{3-30}$$

其中,f 为初始图像像素点的灰度值;V_1,V_2,V_3,V_4 分别为初始图像水平、垂直、对角线与反对角线四个方向上的相邻像素灰度的平方和;$k = \mathrm{INT}(n/2)$,INT 指取整数。然后取 V_1,V_2,V_3,V_4 最小的作为初始图像像元 (c,r) 的兴趣值,即有以下形式:

$$IV_{c,r} = \min(V_1,V_2,V_3,V_4) \tag{3-31}$$

(2)给定阈值并确定候选点。首先选取经验阈值,要求能很好地使其候选点包含所有特征点,尽量少地丢失原有的特征信息,从而降低误检测率,并将其兴趣值集合内大于规定阈值的点作为候选角点。

(3)通过抑制局部非最大进行角点选择。首先在规定窗口大小内(6×6 或 7×7 等)将每个候选点的响应函数分别进行大小比对,将角点响应函数最大值的候选点设为特征点,并剔除其余非最大候选点。

Moravec 角点检测算子通过一个滑动窗口来寻找图像中灰度变化的极大值,计算量小,运算速率快且实时性好,为后续很多角点检测算法奠定了基础。但该方法存在方向各异性,它对噪声、图像旋转十分敏感,尤其是边缘区域的检测效果并不理想,该算子的主要缺点如下:

(1)只检测了窗口函数在 8 个基本方向上移动时的强度变化,不能准确提取出全部角点;

(2)没有对图像进行降噪处理,因此其响应对噪声敏感;

(3)对边缘响应很敏感。

3.3.2　Harris 角点检测

人眼对角点的识别通常是在一个局部的小区域或小窗口完成的。如果在各个方向上移动这个特定的小窗口,窗口内区域的灰度发生了较大的变化,那么就认为在窗口内遇到了角点;如果当这个特定的窗口在图像各个方向上移动时,窗口内图像的灰度没有发生变化,那么窗口内就不存在角点;如果当窗口在某一个方向移动时,窗口内图像的灰度发生了较大的变化,而在另一些方向上没有发生变化,那么,窗口内的图像可能就是一条直线段。

Harris 角点检测是对 Moravec 角点检测的扩展,实质上就是对 Moravec 算子的改良和优化,Harris 算子是一种联合角点和边缘检测的算子,同时解决了 Moravec 算子的上述缺点,其主要思想是:设定一个很小的测试窗口,以图像中任一像素为中心,使用测试窗口在中心像素处沿各个方向进行微小的移动,计算窗口内的平均灰度变化。如果灰度变化值大于设定的阈值,则窗口中的中心像素点被认为是角点。

在 Harris 角点检测算法中,通过计算微分算子和自相关矩阵来检测角点。Harris 角点检测用公式表示如下:

$$E(x,y) = \sum_{u,v} W_{u,v} \left[I(x+u, y+v) - I(x,y) \right]^2 \tag{3-32}$$

其中,W 为高斯窗口函数;$W_{u,v}$ 是在 (u,v) 处的系数;$I(x+u,y+v)$ 表示窗口平移后的灰度值;$I(x,y)$ 表示原始图像灰度值;$E(x,y)$ 表示窗口内的图像灰度变化值。

令 $A = \dfrac{\partial^2 I}{\partial x^2} * \omega(x,y)$,$B = \dfrac{\partial^2 I}{\partial y^2} * \omega(x,y)$,$C = \dfrac{\partial^2 I}{\partial x \partial y} * \omega(x,y)$,高斯函数 $\omega(x,y) = \dfrac{1}{2\pi} e^{\frac{x^2+y^2}{2}}$,则式(3-32)可写为

$$E(x,y) = Ax^2 + By^2 + 2Cxy = \begin{bmatrix} x & y \end{bmatrix} \begin{bmatrix} A & C \\ C & B \end{bmatrix} \begin{bmatrix} x \\ y \end{bmatrix} \tag{3-33}$$

其中,$\boldsymbol{M} = \begin{bmatrix} A & C \\ C & B \end{bmatrix}$ 称为自适应矩阵。

角点响应函数定义为

$$R = \det(\boldsymbol{M}) - k \times \mathrm{tr}(\boldsymbol{M})^2 \tag{3-34}$$

设 λ_1、λ_2 表示自适应矩阵 $\boldsymbol{M}$ 的特征值,$\det(\boldsymbol{M})$ 表示矩阵 $\boldsymbol{M}$ 的行列式,$\mathrm{tr}(\boldsymbol{M})$ 表示矩阵的迹,则有 $\det(\boldsymbol{M}) = \lambda_1 \cdot \lambda_2$,$\mathrm{tr}(\boldsymbol{M}) = \lambda_1 + \lambda_2$,$k$ 为经验值,一般取 0.04 ~ 0.06。角点响应函数 R 值大于给定的阈值,则认为该点为角点。

从上述过程可以看出,若在某一点处,λ_1 和 λ_2 的值都很小或一个值大一个值小,则其灰度变化不大,说明该点处在平坦区域或边界上;若该点处 λ_1 和 λ_2 的值都非常大,灰度变化值在各方向变化都很明显,说明该点的局部自相关函数存在峰值,即可认为该点为角点。

利用 Harris 进行角点检测的步骤可归纳如下:

(1)由图像 I 计算梯度图像 I_x 和 I_y,计算得到 I_x^2、I_y^2、$I_x I_y$,并进行高斯滤波。

（2）对目标像素点构造相关矩阵 $\boldsymbol{M}$ 。

（3）构造角点响应函数 R 。

（4）对 R 进行非极大值抑制，保留大于阈值 T 且为局部极大值的点作为角点。

Harris 算子取局部范围内有极大兴趣值的点为特征点，该算子是一种比较有效的特征点检测算子，其优点可以总结如下[22]：

（1）计算简单：Harris 算子不涉及阈值的选择，自动化较高。

（2）提取到的特征点均匀且合理：Harris 算子在像素点的邻域内选择最优的点；

（3）有足够的稳定性和鲁棒性：受图像旋转、灰度变化及噪声的影响较低。

Harris 角点检测算法虽然较 Moravec 算子稳定，提取的角点也比较均匀合理，但也存在不足之处：该算法定位精度较差，在实际操作中经常会漏掉一部分真实的角点，而且检测出的角点冗余性较大。另外，算法中使用的高斯平滑窗口的大小不容易控制，当高斯窗口较大时，会导致角点的偏移位置较大，而当高斯窗口过小时，又会出现较多的伪角点，影响算法的结果，在一些需要非常精确定位的实际应用中并不能满足要求。

3.3.3　SUSAN 角点检测

SUSAN 原则是 SUSAN 角点检测的基石，它基于 USAN(Univalue Segment Assimilating Nucleus,USAN)"核值吸收区域"的定义。如图 3-7 所示，当一个圆形模板在图像上滑动时，可以利用模板所覆盖区域内像素与中心点处像素灰度值的差异寻找角点。将模板内与中心像素差异小于某个阈值的像素点组成的区域定义为 USAN 区域。可以发现，当模板中心处于平坦区域时，USAN 面积最大；当模板中心处于边界上时，USAN 面积约为最大值的 1/2；当模板中心位于角点处时，USAN 面积约为最大值的 1/4，也就是说，USAN 面积越小，其为角点的概率就越大，因此将这种算法称为 SUSAN(Smallest Univalue Segment Assimilating Nucleus,SUSAN)。

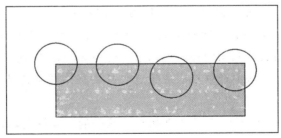

图 3-7　USAN 区域说明

SUSAN 角点检测在使用圆形模板对图像进行处理时，将模板圆心的灰度值作为参考，取模板内一点的灰度值与模板的圆心灰度值作比较，若两者灰度之差在一定的亮度范围内，则认为该点与圆心是相似的，模板中全部与圆心相似的点的集合形成了 USAN 区域。USAN 区域的大小、中心和二阶矩能够反映图像的局部结构特征，进而检测边缘和角点，这种特征检测方法的最大优点在于不计算图像梯度，因而对噪声没有放大作用。

利用 SUSAN 检测角点的步骤如下：

（1）使用一个圆形模板在图像上滑动，目标像素与模板中心重叠，比较模板内各像素灰度

值与目标像素灰度值的差异,构成 USAN 区域,如下:

$$c(x,y) = \begin{cases} 1, & |I(x,y) - I(x_0,y_0)| < t \\ 0, & \text{其他} \end{cases} \tag{3-35}$$

其中,$I(x_0,y_0)$ 为模板中心对应的图像灰度值;$I(x,y)$ 则为模板覆盖的其他灰度值。当某像素与中心像素间差异低于阈值 t 时,则将其归入 USAN 区域。

(2)计算 USAN 区域的面积:

$$n(x_0,y_0) = \sum_{x,y} c(x,y) \tag{3-36}$$

(3)计算角点响应值:

$$R(x_0,y_0) = \begin{cases} g - n(x_0,y_0), & n(x_0,y_0) < g \\ 0, & n(x_0,y_0) \geqslant g \end{cases} \tag{3-37}$$

其中,g 为阈值。

由式(3-37)可以看出,$n(x_0,y_0)$ 的值越大,$R(x_0,y_0)$ 的值越小,也就是说随着 USAN 区域的面积变大,边缘响应变大,角点的响应值就会变小;而当 USAN 区域的面积变小时,边缘响应变小,角点的响应值就会变大。阈值 g 的作用是控制角点的尖锐程度。

(4)对角点响应值做非极大值抑制。上一步计算出的角点响应值中非零值所对应的位置即为候选角点,在以每个候选角点为中心的一定大小的窗口内,只保留局部极大值点作为最终选择的点。

相较于其他的角点检测算法,SUSAN 算法有以下特点:

(1)SUSAN 算法不需计算微分来对角点进行检测,这使 SUSAN 算法具有较好的抗噪声能力。

(2)SUSAN 算法达到的边缘准度不依附于样板尺寸,也就是说对于最小的 USAN 区域面积的计算与样板的尺寸没有任何关系,因此 SUSAN 算法的性能不会受到样板尺寸的任何影响。

(3)SUSAN 算法对于参数的选择较简便且随意性较小。

总之,SUSAN 算法具有较强的抗噪能力,其角点检测算法计算中不需要进行求导和梯度运算,具有积分特征,它是直接利用图像灰度信息进行检测的方法,定位比较准确。但该算子稳定性差,对阈值依赖性较大,阈值选择过大或者过小都会直接影响特征点检测的结果,也存在漏检与误检情况。

为了比较 Harris 算子和 SUSAN 算子在角点检测中的不同特点,本节进行了仿真实验,仿真结果如图 3-8 和图 3-9 所示。其中图 3-8 为没有噪声的情况,图 3-9 为添加了脉冲噪声后的情况。

(a)原始图像　　　　　　(a′)Harris检测结果　　　　　(a″)SUSAN检测结果

图 3-8　无噪声图像的角点检测

（b）原始图像　　　　　（b'）Harris检测结果　　　　　（b"）SUSAN检测结果

续图 3-8　无噪声图像的角点检测

从图 3-8 可以看出,在没有噪声的情况下,Harris 算子定位效果较好,所得到的特征点比较合理;SUSAN 算子的定位精度较高,但容易提取到不必要的假点。

（a）原始图像　　　　　　　　　　　　　　（b）加脉冲噪声后的图像

（c）Harris检测结果　　　　　　　　　　　（d）SUSAN检测结果

图 3-9　含噪声图像的角点检测

从图 3-9 可以看出,在图像含有脉冲噪声时,如果阈值选择合适,则 SUSAN 算子抑制噪声的能力比 Harris 算子抗噪能力强。

3.4　SIFT 描述子及其改进算法

尺度不变特征转换(Scale-Invariant Feature Transform,SIFT)由 David Lowe 在 1999 年提出,在 2004 年加以完善[23]。SIFT 的提出也是局部图像特征描述子研究领域一项里程碑式的工作。由于 SIFT 描述子对尺度、旋转及一定视角和光照变化等都具有不变性,并且具有很强的可区分性,自它提出以来,很快在目标识别、图像分类、图像拼接和图像配准等领域广泛应用[24-29]。同时,该描述子在计算机视觉领域内也得到了更加广泛的关注,许多研究者对 SIFT 进行了改进,诞生了 SIFT 的一系列变种。

3.4.1　SIFT 特征提取

SIFT 算法基本思想就是用不同尺度(标准差)的高斯函数对图像进行平滑,然后比较平滑后图像的差别,差别大的像素就是特征明显的点。SIFT 算子在图像匹配中有广泛的应用,能适合不同的匹配场景,并可同时处理亮度、平移、旋转、尺度的变化。特征点的检测、特征点的描述是基于 SIFT 描述子的匹配算法的核心。SIFT 算法的具体实现包括以下 5 个步骤。

1. 构建多尺度空间,检测极值点,获得尺度不变性

SIFT 特征的提取是建立在 Gaussian 尺度空间上的,多尺度空间的构建是为了模拟人眼视觉对景物成像的"由近及远"特性,小尺度对应的是细节信息,而大尺度对应的是整体信息。

尺度空间方法的基本思想:在视觉信息(图像信息)处理模型中引入一个被视为尺度的参数,通过连续变化尺度参数获得不同尺度下的视觉处理信息,然后综合这些信息以深入地挖掘图像的本质特征。尺度空间方法将传统的单尺度视觉信息处理技术纳入尺度不断变化的动态分析框架中,因此更容易获得图像的本质特征。

假使在不同的尺度下一幅图像可被检测到相同的特征点,那么这个特征点就具备了一定的尺度不变性。为了寻求到具有尺度不变性的点,必须先构建尺度空间。尺度空间的获取需要使用高斯模糊来实现,Lindeberg 等人已证明高斯卷积核是实现尺度变换的唯一变换核,并且是唯一的线性核。尺度空间的建立通过寻找不断变换的参数实现对原图像的尺度度量,其具体方法就是将图像与不同尺度的卷积核函数进行卷积生成不同尺度的图像,生成的图像就构成了基于原图像的多尺度空间,并以此实现特征点的检测。SIFT 算法利用高斯金子塔实现图像尺度空间的建立,形成的各层图像分辨率依次降低,并按照金字塔形状展开,SIFT 算法搜索所有尺度上的图像位置,通过高斯微分函数来识别潜在的对于尺度和旋转不变的兴趣点。

SIFT 算法首先对图像进行高斯核卷积来建立尺度空间,图像的尺度空间 $L(x,y,\sigma)$ 定义为一个尺度变化的高斯核函数 $G(x,y,\sigma)$ 与原图像 $I(x,y)$ 的卷积,即二维图像 $I(x,y)$ 的尺度空间为

$$L(x,y,\sigma) = G(x,y,\sigma) * I(x,y) \qquad (3-38)$$

其高斯核为

$$G(x,y,\sigma) = \frac{1}{2\pi\sigma^2}\exp\left[-\frac{\left(x-\frac{m}{2}\right)^2 + \left(y-\frac{n}{2}\right)^2}{2\sigma^2}\right] \qquad (3-39)$$

其中,m,n 表示高斯模板的维度;x,y 代表图像的像素位置;σ 是尺度空间因子,大值对应低分辨率,小值对应高分辨率;大的 σ 值对应于图像的概貌特征,即小的 σ 值对应于图像的细节特征。

为了检测到图像中能够提高匹配精度且较为稳定的特征点,需要建立图像金字塔,SIFT 算法建立了高斯差分(Difference of Gaussian,DoG)尺度空间。所谓差分尺度空间,即利用不同尺度因子 σ 的高斯核函数与图像卷积得到不同尺度空间表达码,再两两做差即可得高斯差分空间。

具体做法:由高斯金字塔中每组图像相邻层之间建立的差值图像,通过与不同尺度的高斯差分得到。其计算公式为

$$D(x,y,\sigma) = (G(x,y,k\sigma) - G(x,y,\sigma)) * I(x,y) = L(x,y,k\sigma) - L(x,y,\sigma) \qquad (3-40)$$

尺度空间在实现时使用高斯金字塔表示,如图 3-10 所示。Lowe 先对原始图像进行升采

样,将尺寸拓展一倍以便增加特征点数量,以此作为第 1 塔 Octave1。然后以逐渐增大的 Gaussian 核($\sigma, k\sigma, k^2\sigma, \cdots, k^{s-1}\sigma$)对图像进行卷积,设第 1 塔 Octave1 里共有 s 层,则 $k = 2^{\frac{1}{s}}$(在每塔内进行多尺度空间建立时用乘数 $k = 2^{\frac{1}{s}}$ 是为了保证塔之间尺度空间变化的连续性),然后对最顶层尺度空间图像进行 $L(x, y, k^{s-1}\sigma)$ 降 2 采样,得到第 2 塔 Octave2 上的最低尺度空间图像,类似地以逐渐增大的 Gaussian 核($2\sigma, 2k\sigma, 2k^2\sigma, \cdots, 2k^{s-1}\sigma$)同图像卷积得到该塔内的不同分辨率图像。依次类推,可得到第 $3, 4, \cdots, n$ 塔的多尺度空间。总的塔数 n 和每塔内的层数 s 需要根据原始图片的尺寸来确定。

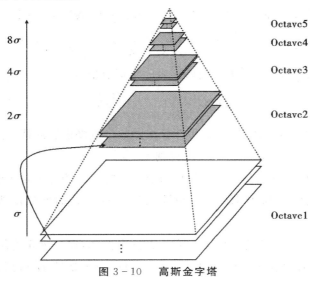

图 3-10   高斯金字塔

在实际计算时,先构建高斯金字塔(见图 3-10),然后使用高斯金字塔每组中相邻上、下两层相减,得到高斯差分图像,这样依次对高斯金字塔中的每组图像进行操作就可以得到 DoG 空间。DoG 空间的主要目的是描述图形中目标的轮廓,起到一定意义上的区域划分作用。通过高斯图像金字塔观测到目标像素的变化情况,发现图像中某一点的像素变化不大或者没有变化,则这个像素点为特征点的概率就比较小。

2. 局部极值点的检测

多尺度空间构建完成后,需要在连续变化的尺度上搜索极值点作为备选点,其主要过程为将差分金字塔中的每一个像素点与周围的 26 个像素点进行灰度值比较,若该点满足局部极大或极小,则把该点作为图像在当前尺度的一个备选点。假使某一像素点的差分值是其上、下层相同位置 18 个像素点及其邻域内的 8 个像素点共 26 个像素点中的最小或最大值,则该像素点就可被选为该尺度空间中的一个极值点,也就是一个具备了尺度不变性的特征点。

3. 对备选点过滤并进行精确定位,剔除不稳定的点及边缘点

考虑到高斯差分值对噪声和边缘比较敏感,上述步骤 2 中检测到的极值点会产生两种误差:一种是低对比度的极值点,另一种是边缘奇异点。极值点定位就是对上面 DoG 尺度空间中检测到的极值点进行进一步的检验,剔除掉边缘的不稳定点及对比度较差的点。

(1)低对比度点的剔除。SIFT 算法中采用的是 Brown[30] 提出的拟合三维二次函数的方法

来剔除低对比度点,它是尺度空间函数 $D(x,y,\sigma)$ 的 Taylor 展开,公式如下:

$$D(\boldsymbol{X}) = D + \frac{\partial \boldsymbol{D}^{\mathrm{T}}}{\partial \boldsymbol{X}}\boldsymbol{X} + \frac{1}{2}\boldsymbol{X}^{\mathrm{T}}\frac{\partial^2 \boldsymbol{D}}{\partial \boldsymbol{X}^2}\boldsymbol{X} \tag{3-41}$$

其中,$\boldsymbol{X} = (x,y,\sigma)^{\mathrm{T}}$ 包含的是特征点的位置及尺度信息量。当它在任一维度上的偏移量大于 0.5 时(即 x 或 y 或 σ),意味着插值中心已经偏移到它的邻近点上,所以必须改变当前关键点的位置,同时在新的位置上反复插值直到收敛(也有可能超出所设定的迭代次数或者超出图像边界的范围,此时这样的点应该删除)。

对式(3-41)求导并让导数等于零,可以得到极值点的偏移量(通常也称为修正值)为

$$\hat{\boldsymbol{X}} = -\frac{\partial \boldsymbol{D}^{\mathrm{T}}}{\partial \boldsymbol{X}}\left(\frac{\partial^2 \boldsymbol{D}}{\partial \boldsymbol{X}^2}\right)^{-1} \tag{3-42}$$

将式(3-42)带入式(3-41)中得到修正后的特征点值为

$$D(\hat{\boldsymbol{X}}) = D + \frac{1}{2}\frac{\partial \boldsymbol{D}^{\mathrm{T}}}{\partial \boldsymbol{X}}\hat{\boldsymbol{X}} \tag{3-43}$$

利用式(3-43)剔除低对比度点,如果计算得到某个点修正后的特征点值小于 0.03,则认为这个点就是低对比度点,从而将这个点进行剔除。

(2)消除边缘响应。仅剔除低对比度的极值点对于特征点的稳定是不够的,DoG 函数在图像边缘有较强的边缘响应,利用 Hessian 矩阵的迹和行列式的比值减少 DoG 函数的边缘效应。

DoG 函数的峰值点在横跨边缘的方向有较大的主曲率,而在垂直边缘的方向有较小的主曲率。主曲率可以通过计算在该点位置尺度的 2×2 Hessian 矩阵 $\boldsymbol{H}$ 得到,即

$$\boldsymbol{H} = \begin{bmatrix} D_{xx} & D_{xy} \\ D_{xy} & D_{yy} \end{bmatrix}$$

D 的主曲率和 $\boldsymbol{H}$ 的特征值成正比,为了避免直接的计算这些特征值,而只是考虑它们之间的比率,令 α 为最大特征值,β 为最小特征值,这两个特征值代表 x 和 y 方向的梯度,令 $\alpha = r\beta$(其中 r 是最大特征值与最小特征值之间的倍数),则有

$$\mathrm{tr}(\boldsymbol{H}) = D_{xx} + D_{yy} = \alpha + \beta \tag{3-44}$$

$$\det(\boldsymbol{H}) = D_{xx} \cdot D_{yy} - D_{xy}^2 = \alpha\beta \tag{3-45}$$

$$\frac{\mathrm{tr}(\boldsymbol{H})^2}{\det(\boldsymbol{H})} = \frac{(\alpha+\beta)^2}{\alpha\beta} = \frac{(r\beta+\beta)^2}{r\beta^2} = \frac{(r+1)^2}{r} \tag{3-46}$$

式(3-46)中,$\mathrm{tr}(\boldsymbol{H})$ 表示矩阵 $\boldsymbol{H}$ 对角线元素之和,$\det(\boldsymbol{H})$ 表示矩阵 $\boldsymbol{H}$ 的行列式。由式(3-46)可以看出,主曲率与特征值之间的比率与 r 的大小有关,比值随着 r 的增大而增大,值越大,说明两个特征值的比值越大,即在某一个方向的梯度值越大,而在另一个方向的梯度值越小,而边缘恰恰就是这种情况。因此为了剔除边缘响应点,需要让该比值小于一定的阈值,因此,为了检测主曲率是否在某域值 r(一般建议 $r=10$),只需检测:

$$\frac{\mathrm{tr}(\boldsymbol{H})^2}{\det(\boldsymbol{H})} \leqslant \frac{(r+1)^2}{r} \tag{3-47}$$

式(3-47)成立时将关键点保留,反之认为该点为边缘奇异点进行剔除。

4.关键点主方向的确定

上述步骤 1 通过尺度不变性求极值点,可以使其具有缩放不变的性质,为了使描述符具有旋转不变性,需要利用图像的局部特征给每一个关键点分配一个基准方向。SIFT 算法使用图像梯度的方法求取局部结构的稳定方向,对于在 DoG 金字塔中检测出的关键点,采集其所在高斯金字塔图像 3σ 邻域窗口内像素的梯度和方向分布特征。梯度的模值和方向如下:

$$m(x,y) = \sqrt{[L(x+1,y)-L(x-1,y)]^2+[L(x,y+1)-L(x,y-1)]^2} \quad (3-48)$$

$$\theta(x,y) = \tan^{-1}\left[\frac{L(x,y+1)-L(x,y-1)}{L(x+1,y)-L(x-1,y)}\right] \quad (3-49)$$

其中,L 为关键点所在的尺度空间值。

在完成关键点的梯度计算后,使用直方图统计邻域内像素的梯度和方向。首先以特征点为中心,将周围邻域采样点的梯度方向统计成直方图,以中心特征点 10° 为间隔旋转,并将得到的梯度分别添加到直方图对应的角度中,然后由直方图确定出特征点的主方向,以此保证特征点的旋转不变性。如图 3-11 所示,梯度直方图将 0° ~ 360° 的方向范围分为 36 个柱(bins),其中每柱 10°。直方图的峰值方向代表了关键点的主方向,为了简化,图中只画了 8 个方向的直方图。

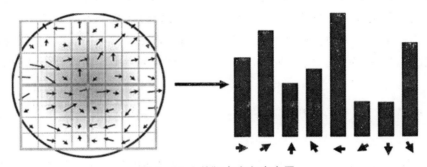

图 3-11　特征点方向直方图

方向直方图的峰值则代表了该特征点处邻域梯度的方向,以直方图中最大值作为该关键点的主方向。为了增强匹配的鲁棒性,只保留峰值大于主方向峰值 80% 的方向作为该关键点的辅方向。因此,对于同一梯度值的多个峰值的关键点位置,在相同位置和尺度将会有多个关键点被创建但方向不同,仅有 15% 的关键点被赋予多个方向,但可以明显地提高关键点匹配的稳定性。

至此检测出的含有位置、尺度和方向的关键点即是该图像的 SIFT 特征点。

如图 3-12 为 SIFT 算子提取特征点过程的仿真截图,其中图(a)为进行局部极值点检测的结果,图(b)为在图(a)基础上剔除不稳定点后的结果,图(c)为特征点主方向确定后的结果。

（a）　　　　　　　　（b）　　　　　　　　（c）

图 3-12　SIFT 特征提取过程

5.生成特征描述子

通过以上步骤，每一个关键点拥有三个信息，即位置、尺度及方向，接下来就是为每个关键点建立一个描述符。描述子采用一组向量将这个关键点描述出来，使其不随各种变化如光照变化、视角变化等而改变。该描述子不但包括关键点，也包含关键点周围对其有贡献的像素点，并且描述子有较高的独特性，便于提高特征点的正确匹配概率。

Lowe 建议 SIFT 描述子为在关键点尺度空间内 4×4 的窗口中计算的 8 个方向的梯度信息所得到的一个种子点，共 $4 \times 4 \times 8 = 128$ 维向量来表征。具体步骤如下：首先将坐标轴的横轴方向旋转到与特征点的主方向保持一致；然后以关键点为中心选取 4×4 大小的邻域块，并将此块再分为相等的 4×4 个子块，再在每一子块中分别统计 8 个方向上像素点的梯度方向，接着合并所有块的 8 个方向的梯度方向直方图，即可生成 $8 \times 16 = 128$ 维的特征描述符。该特征描述符就具有尺度不变性；最后再采用归一化方法消减光照变化对特征点的影响，归一化公式为

$$\overline{\boldsymbol{D}} = \frac{\boldsymbol{D}}{\sqrt{\sum\limits_{i=1}^{128} d_i^2}} = (\overline{d}_1 \overline{d}_2 \cdots \overline{d}_{128}) \tag{3-50}$$

在应用 SIFT 特征点进行匹配时，常利用两幅图像的 SIFT 描述子之间的欧氏距离作为相似性度量。先分别对两幅图像建立关键点描述子集合，通过对两点集内的关键点描述子进行比对来匹配或识别目标。关键点匹配通常采用穷举匹配，即用一幅图像中的一个关键点与另一幅图像中的关键点一一匹配，直到匹配成功，再换下一个关键点进行匹配。因此，基于 SIFT 描述子的传统匹配方法非常耗时，存在算法复杂度高实时性较差，且对边缘光滑的目标无法准确提取特征点等缺点，而且往往由于图像之间某处相似性较高而导致误匹配。为此，学者们提出了很多改进算法，其中最具代表性的算法即 PCA - SIFT 算法和 SURF(Speeded Up Robust Features,SURF) 算法[3-32]。PCA-SIFT 是对传统 SIFT 算法在描述子构建上作了改进，主要是将统计学中的主成分分析应用于对描述子向量的降维，以提高匹配效率。PCA 算法可以分析多元事物，来得到其主要影响因子，可以使复杂的问题变得简单。该算法由 Yan 等人[33]提出，文献中采用 PCA 把 SIFT 特征描述子从 128 维降到了 20 维，优化了描述子占用的内存，同时提高了匹配的准确性。SURF 是 SIFT 的改进版也是加速版，提高了检测特征点的速度，综合性能要优于 SIFT。与 SIFT 特征点匹配类似，SURF 也是通过计算两个特征点间的欧式距离来确定

匹配度,欧氏距离越短,代表两个特征点的匹配度越好。不同的是 SURF 还加入了 Hessian 矩阵迹的判断,如果两个特征点的矩阵迹正、负号相同,代表这两个特征具有相同方向上的对比度变化,如果不同,说明这两个特征点的对比度变化方向是相反的,此时即使相似性度量的欧氏距离为 0,也直接予以排除。

3.4.2　PCA - SIFT 特征

PCA - SIFT 算法是在 SIFT 算法的基础上进行的改进,大量实验表明,在光照变换下该算法在匹配精度和时间效率上都要优于 SIFT 算法。

1. PCA 算法基本思想

PCA 即主成分分析(Principal Component Analysis,PCA),将多个变量通过线性变换以选出较少个重要变量的一种多元统计分析方法,又称主分量分析,是数学上用来降维的一种常用方法。

在用统计分析方法研究多变量的课题时,变量个数太多就会增加课题的复杂性。人们自然希望变量个数较少而得到的信息较多。在很多情形下,变量之间是有一定的相关关系的。当两个变量之间有一定相关关系时,可以解释为这两个变量反映此课题的信息有一定的重叠。主成分分析是:对于原先提出的所有变量,将重复的变量(关系紧密的变量)删去多余,建立尽可能少的新变量,使得这些新变量是两两不相关的,而且使这些新变量在反映课题的信息方面尽可能保持原有的信息。

PCA 假设数据服从高斯分布,假设数据间是线性关系,将原始存在相关性的特征重新组合成新的少数几个线性无关的特征,使得投影后的特征子空间每个维度上的数据方差达到最大,新形成的子空间特征即主成分,各个主成分互不相关,且数量比原始特征少,按照所在方向的方差贡献率降序排列,主成分包含了原来变量的大多数信息,所包含的信息更精炼,这样也能更好抓住问题的关键核心,揭示事物特征的本质。

2. PCA - SIFT 特征提取

PCA - SIFT 是对传统 SIFT 算法的改进,由 Yan 等人在"PCA-SIFT:A More Distinctive Representation for Local Image Descriptors"中采用 PCA 把 SIFT 特征描述子从 128 维降到了 20 维,优化了描述子占用的内存,同时提高了匹配的准确性。

PCA - SIFT 和 SIFT 在计算特征点位置、尺度和主方向都是一致的,唯一不同的是描述子的生成,PCA - SIFT 在描述子生成前会计算一个投影矩阵 $\boldsymbol{A}$,这个变换矩阵需要大量的数据来生成,其生成过程如下:

(1)提取大量 SIFT 特征,这些特征包含了位置、尺度和主方向,假设提取的特征数量为 n。

(2)找到每个特征对应的尺度空间图,在该图上找到该特征周围 41×41 邻域。

(3)在这些邻域上求取在 x 方向和 y 方向上的梯度值,得到 $2 \times 39 \times 39 = 3\,042$ 维向量。

(4)将这 n 个向量组成一个矩阵 $\boldsymbol{M}_{n \times 3\,042}$,求取该矩阵的特征向量和特征值。

(5)根据特征值的大小排序,选择对应的前 m 个特征向量(Yan 等人在论文中建议 $m = 20$

）组成一个矩阵 $A_{m\times 3\,042}$，这个矩阵即为投影矩阵。

得到投影矩阵 $A_{m\times 3\,042}$ 后，将其存储作为一个已知量，在提取 PCA - SIFT 的特征描述子时将该特征值对应尺度空间图 41×41 邻域的 3 042 维梯度向量与该投影矩阵相乘即可，此时得到的特征向量维度明显减少，因此 PCA - SIFT 比原始的 SIFT 更快，基于 PCA - SIFT 的景象匹配导航系统的实时性也会更好（由于求取投影矩阵可以在线下进行，所以可以不考虑其对实时性的影响）。

3.4.3 SURF 特征提取

计算机视觉中，引入尺度不变的特征，主要思想是每个检测到的特征点都伴随着对应的尺度因子。在匹配不同图像时，经常会遇到图像尺度不同的问题，造成不同图像中特征点的距离不同，而如果修正特征点的大小，又会造成强度不匹配。为了解决这个问题，通常需要在计算特征点时能将尺度因素考虑进去，前文介绍的 SIFT 特征就是在特征提取时考虑了尺度因素。快速鲁棒特征（Speeded Up Robust Features，SURF）是在 SIFT 特征的基础上进行的改进算法，在 2006 年由 Bay 提出，其算法与 SIFT 算法相似。SIFT 算法比较稳定，检测特征点更多，但是复杂度较高。与 SIFT 算法相比，可认为 SURF 算法是 SIFT 算法的加强版，标准的 SURF 算子比 SIFT 算子快好几倍，并且在多幅图像时具有更好的鲁棒性。

SURF 特征主要用了积分图、Haar - like 特征、用盒子滤波器替换 LoG 算子等方式提高速度，虽然在不变性性能方面要弱于 SIFT 算法，但是由于其大大加速了特征点的提取，所以是景象匹配中常用的特征描述算子。SURF 算法包括以下的步骤[34]：

（1）计算积分图。

（2）创建 Hessian 矩阵行列式图。

（3）确定极值点位置。

（4）确定特征点方向。

（5）计算特征描述子。

下面分步骤介绍 SURF 特征提取过程。

1. 计算积分图

设图像 $I(x,y)$ 在位置 M 点 (x,y) 的积分图像值为 $I_{\sum}(M)$，则有

$$I_{\sum}\big[M(x,y)\big]=\sum_{i=0}^{i\leqslant x}\sum_{j=0}^{j\leqslant y}I(i,j)=\sum_{i=0}^{i\leqslant x-1}\sum_{j=0}^{j\leqslant y}I(i,j)+\sum_{i=0}^{i\leqslant x}\sum_{j=0}^{j\leqslant y-1}I(i,j)-$$
$$\sum_{i=0}^{i\leqslant x-1}\sum_{j=0}^{j\leqslant y-1}I(i,j)+I(x,y) \tag{3-51}$$

由式（3-51）可以看出，对于有 n 个像素的原始图像而言，其任意一个点的积分图可以由其左边点的积分图像值加上上面点的积分图像值再减去左上对角线点的积分图像值，最后加上当前点的灰度值获得。

2. 创建 Hessian 矩阵行列式图

构建 Hessian 矩阵的目的是生成图像稳定的边缘点（突变点），跟 Canny、Laplacian 边缘检

测的作用类似,为后文的特征提取做好基础。构建 Hessian 矩阵的过程对应于 Sift 算法中的高斯卷积过程。在 SURF 特征提取过程中,Bay 直接使用了 Hessian 矩阵的行列式图进行特征点检测。

在创建 Hessian 矩阵的行列式图时,Bay 使用了盒子滤波器替代了 SIFT 中的高斯滤波器 LoG 算子,在建立 Hessian 矩阵行列式金字塔图时,与 SIFT 利用降采样和高斯模糊建立金字塔图不同,SURF 是改变盒子滤波器的大小来实现不同的尺度图像。盒式滤波器之所以能够提高运算速度,主要是积分图的使用,将对图像的滤波转化为计算图像上不同区域间像素和的加减运算问题。

3.确定极值点位置

在 SURF 极值点检测时,首先设定一个阈值,如果像素值小于这个阈值,对这个点将不做极值点的后续检测,直接判定为不是极值点;然后在 $3\times3\times3$ 邻域上进行比较,将比较得到的位置保留;最后将保留得到的位置进行插值,将偏移量大于 0.5 的点向偏移量方向偏移得到最终的极值点。

4.确定特征点方向

在圆形区域内,计算各个扇形范围内 x、y 方向的 haar 小波响应,找出模最大的扇形方向作为主方向。

5.计算特征描述子

以特征点为中心,沿主方向 $20\sigma\times20\sigma$ 将图像区域划分为 4×4 的子区域,在每个子区域找 5×5 个采样点,计算采样点的 haar 小波响应,记录 $\sum dx,\sum dy,\sum|dx|,\sum|dy|$ 一共 $4\times4\times4=64$ 个数据,将这些数据组成一个向量,即得到该点的特征描述子。

3.5　本章小结

图像特征提取属于图像分析的范畴,是数字图像处理的高级阶段,同时也是图像识别的开始。对于图像而言,每一幅图像都具有能够区别于其他类图像的自身特征,有些是可以直观地感受到的自然特征,如亮度、边缘、角点、纹理和色彩等,有些则是需要通过变换或处理才能得到的,如矩、直方图、主成分及各种特征描述子等。要提高图像匹配算法的适应性,关键是提取能够适合各种匹配场景的具有强鲁棒性的图像特征。当前,基于图像特征的景象匹配方法是无人机视觉导航中最重要和最常采用的方法。提取对光照、旋转、比例变化具有不变性的描述子是无人机景象匹配的重要研究内容,直接影响到匹配导航的精度及适用范围。

【参考文献】

[1] POGGIO T . A regularized solution to edge detection[J]. Journal of Complexity,1985,4 (2):106－123.

［2］邓鲁华,张延恒等.数字图像处理[M].北京:机械工程出版社,2005.

［3］磨少清.边缘检测及其评价方法的研究[D].天津:天津大学,2011.

［4］郑南宁.计算机视觉与模式识别[M].北京:国防工业出版社,1998.

［5］卫洪春.基于改进神经网络的图像边缘分割技术[J].现代电子技术,2018,41(16):112 – 115.

［6］张定祥,谭永前.基于卷积神经网络和边缘检测的自然纹理合成算法[J/OL].激光与光电子学进展:1 – 13[2019 – 02 – 28]. http://kns. cnki. net/kcms/detail/ 31. 1690. TN. 20190202. 2033. 002. html.

［7］李震,吴俊君,高强.基于改进遗传算法的微小图像边缘特征快速识别研究[J].机械设计与制造工程,2019,48(01):102 – 106.

［8］朱陈柔玲,张达敏,张慕雪,等.遗传算法在图像处理中的应用[J].通信技术,2017,50(7):1401 – 1406.

［9］王福斌,孙海洋,TU P.边缘扩展的皮带撕裂支持向量机视觉检测[J/OL].中国机械工程:1 – 6 [2019 – 02 – 28]. http://kns. cnki. net/kcms/detail/42.1294. TH. 20190228. 0828. 004. html.

［10］ PAL S K,KING R A. On edge detection of X-ray images using fuzzy sets[J]. IEEE TRANSACTIONS ON Pattern Analysis and machine Intelligence,1983,5(1):69 – 77.

［11］陈武凡,鲁贤庆,陈建军,等.彩色图像边界检测的新算法[J].中国科学（A 辑）,1995,25(2):219 – 225.

［12］李国友,李惠光,董敏,等.应用 Otsu 改进广义模糊算子的边缘检测新方法[J].光电工程,2005(2):80 – 83.

［13］白婷婷,邓彩霞,耿英.基于小波变换与 Canny 算子融合的图像边缘检测方法[J].哈尔滨理工大学学报,2010,15(1):44 – 47.

［14］李颖莹,魏连鑫.基于小波变换与数学形态学的图像边缘检测方法[J].软件工程,2018,21(11):21 – 24.

［15］ AKBARI A S,SORAGHAN J J. Fuzzy-based multi-scale edge detection[J]. Electronics Letters,2003,39(1):30 – 32.

［16］ WU J B,YIN Z P,XIONG Y L. The fast multilevel fuzzy edge detection of blurry images[J]. IEEE Signal Processing Letters,2007,14(5):344 – 347.

［17］赵雪峰,殷国富,尹湘云,等.支持向量机和元胞自动机相结合的图像边缘检测方法[J].四川大学学报(工程科学版),2011,43(1):137 – 142.

［18］王佐成,张飞舟,薛丽霞.基于云空间和模糊熵的边缘检测算法[J].计算机科学,2010,37(8):253 – 256.

［19］ HARRIS C,STEPHENS M. A combined corner and edge detector[C]//Alvey Vision Conference,1988:147 – 151.

［20］ MORHTARIAN F,SUOMELA R. Robust image corner detectionthrough curvature scale space[J]. IEEE Trans. PAMI,1998，20(12) :1376 – 1381.

[21] SMITH S M,BARDY M. SUSAN:a new approach to low level image processing[J]. International Journal of Computer Vision,1997，23(1) :45 – 78.

[22] 李玲. 数字图像点特征及边缘特征提取方法的研究与实现[D]. 西安:西安科技大学,2012.

[23] DAVID L. Distinctive image features from scale-invariant keypoints[J]. International Joumal of Computer Vision,2004,60(2):91 – 110.

[24] SCOVANNER P,ALI S,SHAH M. A 3-dimensional sift descriptor and its application to action recognition[C]//Proceedings of the 15th international conference on Multimedia. ACM,2007:357 – 360.

[25] BELCHER C,DU Y. Region-based SIFT approach to iris recognition[J]. Optics and Lasers in Engineering,2009,47(1):139 – 147.

[26] 霍春雷,周志鑫,刘青山,等. 基于 SIFT 特征和广义紧互对原型对距离的遥感图像配准方法[J]. 遥感技术与应用,2007,22(4):524 – 530.

[27] 刘健,张国华,黄琳琳. 基于改进 SIFT 的图像配准算法[J]. 北京航空航天大学学报,2010 (9):1121 – 1124.

[28] PARK S H,LEE J H,KIM K T. Performance analysis of the scenario-based construction method for real target ISAR recognition[J]. Progress In Electromagnetics Research,2012,128:137 – 151.

[29] 党建武,宗岩,王阳萍. 基于 SIFT 特征检测的图像拼接优化算法研究[J]. 计算机应用研究,2012,29(1):329 – 332.

[30] 陈裕. 基于 SIFT 算法的无人机遥感图像配准[D]. 长沙:中南大学,2009.

[31] BAY H,TUYTELAARS T,GOOLI L V. SURF:speeded up robust features[C]//European Conference on Computer Vision,2006.

[32] BAY H,ESS A,TUYTELAARS T,et al. Speeded-Up Robust Features (SURF)[J]. Computer Vision and Image Understanding,2008,110(3):346 – 359.

[33] YAN K,RAHUL S. PCA-SIFT:A more sistinctive representation for local image descriptors[C]//Proceedings of the 2004 IEEE Computer Society Conference on Computer Vision and Pattern Recognition,2004:506 – 513.

[34] 杨维. 面向场景理解的景象匹配方法研究[D]. 成都:电子科技大学,2017.

第4章　景象匹配适配区的选择

景象匹配造配区的选取工作是影响景象匹配系统性能的重要因素。如何建立一个适应性强、匹配性高的景象匹配区选取准则是景象匹配技术中研究的重点问题。本章主要介绍匹配区选择的一般方法和评价机制。

4.1　引　言

景象匹配过程中，由于实测图与基准图的拍摄时间及条件等差异，实测图与基准图之间存在灰度差异、几何形变及图像子块自相似性等因素，依据匹配算法相似性测度的度量值所得出的匹配位置有可能偏离实测图在基准图中的真实位置。为了提高在基准图对应的区域进行景象匹配的匹配概率，可以从算法的完善和基准图的选取两方面进行努力。在一个适合于进行景象匹配的区域进行匹配具有较高的匹配成功率，即具有较高的匹配概率，因此，景象匹配适配区选择又被理解为选择具有较高匹配概率的区域。

景象区域适配性分析和评价的最终目的是从原始基准图上选出符合给定匹配概率和匹配精度指标要求的特定尺寸的候选适配区域图像作为适配基准图。适配区选择过程中涉及四类不同属性的景象图，分别为原始基准图、候选适配区图像、实时观测图和适配基准图。它们之间的关系为原始基准图是对大面积区域进行成像并经过几何与辐射校正的景象图源，常为卫星影像；所有的候选适配区都对应于原始基准图中的部分区域；模拟实时观测图是对候选适配区进行适配性评价时引入的对应于各个位置并符合特定尺寸要求的观测图；适配基准图是指候选适配区图像中满足景象区域适配性指标要求的一幅或若干幅景象图，即最佳候选适配区。

在景象匹配辅助导航系统中，景象区域数据的信息内容是影响匹配定位性能的最重要因素，如果选择的景象匹配区是单一纹理自相似的景象区域，如水平面或平坦的沙漠地带，则无论基准地图的制备精度多高、实时图测量误差有多小、匹配算法有多好，都很难期望景象匹配辅助导航系统在这样的区域上有良好的匹配定位性能[1]。同样，在景象匹配末制导技术中，匹配区的选取是决定导弹能否有效打击预定目标的重要因素，在飞行航迹上选取特征明显、信息量大、匹配性高、大小满足基准图要求的景象图像作为制导基准图，是实现精确打击的重要保障。

4.2　景象匹配适配区选择研究现状

对景象区域适配性的研究是伴随着景象匹配在组合导航中应用的深入而发展起来的，它是遥感图像处理、成像传感器与组合导航三个领域的综合交叉，其核心问题是典型特征的提取与综合评价，其理论基础是图像处理、模式分类与多属性决策，同时广泛涉及信息融合和优化理论,且与具体应用密切联系,是一项富有挑战性的技术。随着景象匹配问题研究的深入,匹配区的自动选择逐渐发展成精确匹配中独立的关键技术[2]。景象匹配区选择是对指定景象区域的匹配定位性能进行评估、分析,从而确定该区域是否可作为合适的景象匹配区的方法。

目前的景象匹配区选取主要靠人工,但是,当景象匹配数据量过大时,人工选取匹配区工作量大,速度慢,而且受操作人的知识水平、经验等主观因素的影响,往往难以找出令人满意的匹配区。国内外一些学者对匹配区的选取进行了一些有益的探索研究,最初提出了运用景象子区相似性、灰度方差、相关长度、互相关峰特征、纹理能量比、信息熵和多分辨率自相似测度等图像描述特征参数为依据进行景象匹配区的选择,如刘杨等人[3]首次通过对大量的真实图像进行匹配试验,综合研究了匹配概率与独立像元数、方差、互相关峰特征、纹理能量比的关系,并通过试验结果验证了这些参数在适配区选择中的有效性。但这些方法大多研究单个因素对试验指标的影响,而将影响试验指标的其他因素固定,从而导致景象匹配区选择准则适应性差,抗干扰性不强。最新的一些研究已经开始考虑多个因素的综合影响,如付文兴等人[4]提出了一种基于综合考虑景象信息量、稳定性和重复模式三个因素影响的快速适配区选择方法,江标初等人[5]提出了由粗到细的层次景象匹配区选取准则,首先选出信息量足够多的匹配区,再从中筛选出信息量足够强的匹配区,最后利用唯一性的判断,排除匹配区相关面多峰值的情况,最终选出最佳匹配区。杨朝辉等人[6]将支持向量机引入景象匹配区的选择中,通过选择合适的代表图像信息的多个测度参数,使用非线性变换将样本特征空间的划分问题转换为高维特征空间的线性分类问题,再利用有限的支持向量点的线性组合建立分类决策函数并选择景象匹配区。

4.3　景象匹配适配区选择的依据及方法

高性能的适配区选取算法与景象匹配算法都是为了图像的匹配精度与匹配概率有所提高。不同的是,适配区选取是在景象匹配之前完成的,而匹配算法则是匹配定位中的最终任务,所以适配区选取在某种程度上能够看成是匹配算法应用的前提,是为匹配算法的实现服务的。不一样的匹配算法所需要的景象信息也是不一样的,比如基于边缘特征的匹配算法所需要的是图像中典型边缘特征的对应关系信息,而基于灰度的匹配算法则是需要景象图中每个点的灰度值的对应关系。因此,景象匹配区的选择必须基于某种特定的景象匹配算法,通过研究景象特征、成像畸变与匹配性能特别是匹配概率的关系,得出统计结论,判断哪些图像区域能够作为匹配区域(即选为基准图)、哪些图像区域不能作为匹配区域。

景象的特征通常以图像统计特征来表征,常用的图像统计特征包括灰度方差、相关长度、独立像元数、纹理频谱分布特征、图像尺寸和相关面统计特征等。成像畸变指的是基准图与实测图成像之间的差异,包括传感器噪声、视角差异、不同传感器成像、景物变化等,通常用相应的模型参数来表征,比如用噪声均值和方差来表征高斯噪声,以缩放、旋转及平移因子来表征刚体变换。

匹配性能指的是算法的匹配概率、匹配精度及匹配耗时等。在匹配区选择中,最终关注的是正确匹配概率。因此,匹配区域的选择是与匹配算法性能评估中匹配适应性分析紧密联系的,是建立在匹配算法性能评估系统基础上的。匹配算法对适配区选择的方法起决定性作用,由于匹配的方法不一样,对适配区的特性选择就会不一样,每个特性的影响大小也会不一样,所以获得的结果就会不一样。

现有的景象匹配区选择方法大都是针对基于灰度相关的景象匹配算法的,选择的依据主要有灰度方差、自相似性、小波能量、图像信息熵和图像边缘强度、独立像元数、相关面最高峰尖锐度、相关面最高峰 8 邻域峰值比等图像特征指标。下面简单介绍几种典型的图像特征指标。

4.3.1　图像特征指标

在实际的景象匹配区选取工作中,基准图的大小是事先确定的,实时图的大小和信噪比也是由传感器的性能确定的,因此图像区域本身的特征是影响匹配性能的最根本因素。表征图像特征的指标有很多个,可分为:信息量指标(包括图像方差、图像信息熵)、稳定性指标(包括 Frieden 灰度熵、边缘密度)和重复性指标(自相似度、独立像元数)等。

1. 图像灰度方差

图像灰度方差反映了各像元灰度值与图像平均灰度值的离散程度,是度量图像灰度空间分布,即灰度起伏程度的一个参数。对于实测图和基准图来说,方差反映了景物图像围绕其灰度均值变化的平均动态范围。方差大,则表示以均值为中心的图像灰度波动较大,预示着其信息量也会较大。计算公式如下:

$$V_{ar} = \sqrt{\frac{1}{mn-1} \sum_{i=1}^{m} \sum_{j=1}^{n} \left[f(i,j) - \overline{f} \right]^2} \tag{4-1}$$

式中,f 表示图像的灰度分布;$\overline{f}$ 为图像的灰度均值;m,n 分别为图像的行、列像元数。

方差能够直观地反映图像的信息含量,假若图像上的景物分布是均匀的,则方差小,反映在景物上说明景物特征差异不明显或地形起伏平缓,则图像的匹配性能就差。基于方差进行景象匹配区选择就是从大范围的图像中选择出和基准图尺寸大小相同的方差符合要求(一般是大于某个阈值)的子图作为景象匹配基准图,然后可在所选出的基准图所对应的区域进行景象匹配。

2. 图像自相似度

所谓子图自相似块是指与实测图大小相当的子图在基准图像中重复出现的区域,通常称为基准图的子图自相似块。在景象匹配过程中,如果景象适配区存在这种子图自相似块,则匹配算法(不论是基于灰度相关或灰度特征的匹配方法)将无法或很难区分它们所出现的正确匹配位置,容易造成误匹配。

设基准图大小为 $M \times N$,基准子图大小为 $m \times n$,分别用数组 R 和 S 表示,定义子图 S 相对于基准图的自相似度为

$$\alpha = \sum_{i=0}^{M-m+1} \sum_{j=0}^{N-n+1} f(R_{i,j}, S) \tag{4-2}$$

这里 $R_{i,j}$ 表示从 (i,j) 点起大小为 $m \times n$ 的窗口图像。

$$f(R_{i,j}, S) = \begin{cases} 1, & \text{当 } R_{i,j} \text{ 与 } S \text{ 的相似度大于给定阈值 } T \text{ 时} \\ 0, & \text{其他} \end{cases} \quad (4-3)$$

式 $(4-3)$ 中相似度的计算采用景象匹配时所用的相似性度量方法。基准图自相似度从一定程度上刻画了预选基准图的全局二维相关特性,其值越大,该基准图的自匹配性越强,用作基准图时越容易出现误匹配。因此,图像的自匹配系数也是影响图像可匹配性的重要检验参数。图像自相似度符合条件(一般是小于某个阈值)的图像子块可作为景象匹配基准图,可在选出的基准图对应的区域进行景象匹配。

3. 相关长度与独立像元数

图像相关长度[7] 是基于图像的灰度特征计算得到的,其能较好地描述图像内部灰度的相关性,其值由自相关系数确定。图像自相关系数定义为

$$\rho(i) = \frac{\sum_{x=1}^{M_p} [S_p(x+i) - \overline{S_p(x+i)}] \times [S_p(x) - \overline{S_P}]}{\sqrt{\sum_{x=1}^{M_p} [S_p(x+i) - \overline{S_p(x+i)}]^2} \sqrt{\sum_{x=1}^{M_p} [S_p(x) - \overline{S_p}]^2}} \quad (4-4)$$

式中,M_p 表示图像扫描方向上的搜索宽度;$S_p(x)$ 是图像以 $(x,0)$ 作为起点的扫描范围。图像的相关长度定义为当图像自相关系数 $\rho(i) = \dfrac{1}{e} = 0.368$ 时所对应的位移增量 i 的值,并认为两个像元只要相隔长度为相关长度时就不相关。

图像的独立像元数的定义建立在相关长度概念的基础之上,一幅大小为 $M \times N$ 图像中独立像元数的定义为

$$N = \frac{N_x}{L_x} \times \frac{N_y}{L_y} \quad (4-5)$$

式中,N_x、N_y 表示灰度图像在横向和纵向上的像元个数;L_x、L_y 分别表示相对于横向和纵向上的相关长度。

独立像元数[7] 从统计角度反映了图像中包含的独立景物的多少。直观而言,独立像元数的数值越大,图像中包含的能够明显分辨的景物就越多,表明图像中独立景物越多,其匹配成功的概率就会较高。

4. 图像信息熵

在图像处理中,信息熵表示的是信源的不确定度,体现了图中所具有的平均信息量的大小,是景象信息的一种度量。在适配区选取时,信息熵用来在基准图中选择景象信息量较大的区域,去除平滑的沙漠、农田或者海洋等缺乏景象信息的区域。图像熵反映的是图像所含信息量的大小,图像熵可以用来描述图像的性质。基准图信息熵是一个反映图像全局信息丰富程度的特征。对于有 L 个灰度级的图像,Shannon 信息论定义的图像自信息量 I 和灰度熵 H 分别为

$$I = -\log_2 p(k) \quad (4-6)$$

$$H = \sum_{k=0}^{L-1} -p(k) \log_2 p(k) \quad (4-7)$$

其中,$p(k)$ 表示图像中灰度值为 k 的像素点的数目与图像像素点总数的比值。

式(4-7)定义的信息熵代表了图像区域信息量的多少,同时,因为图像信息熵是由图像整个区域所决定的,单独一个像素的值并不会对其产生大的作用,且对 $p(k)$ 进行归一化操作具有降低噪声的功能,因此,图像信息熵不易受噪声的影响。另外,图像中一定限度的几何失真对信息熵的影响也比较小。所以,根据图像信息熵所选择的适配区对辐射失真与几何失真的抵抗能力较强,有利于图像匹配。

基准图中基准子图的局部信息熵作为衡量景象匹配性能的特征量时,通常图像局部熵符合条件(一般是大于某个阈值)的图像子块可作为景象匹配基准图,可在选出的基准图对应的区域进行景象匹配。

5. Frieden 灰度熵

图像的信息熵表征了图像一维灰度直方图的灰度级分部信息,但这种灰度级的概率表征与图像中像素点的分布及局部特征无关,故无法准确反映图像的稳定或清晰程度。Frieden 灰度熵[8] 不但可以体现景物内容的多少,还可以用来表示二维图像灰度像素的分布特点。

Frieden 灰度图像自信息量 I_F 和灰度熵 H_F 的定义分别为

$$I(p) = \mathrm{e}^{1-p} \tag{4-8}$$

$$H_F = \sum_{i=0}^{m-1} \sum_{j=0}^{n-1} p_{ij} \mathrm{e}^{1-p_{ij}} \tag{4-9}$$

其中,$p_{i,j} = \dfrac{f(i,j)}{\sum\limits_{i=1}^{m} \sum\limits_{j=1}^{n} f(i,j)}$ 表示图像中点 (i,j) 处灰度值占图像总灰度值的比值。

式(4-9)定义的灰度熵不仅反映了二维数字图像信息量的大小,而且可以描述图像灰度值的分布特点,在一定程度上可以表征图像特征的锋利程度和清晰程度。当图像比较尖锐、清晰时,图像中边缘、角点等局部灰度值会有剧烈变化,此时灰度值信息量多,Frieden 灰度熵值小,而当图像比较模糊时,图像灰度值变化比较平滑,信息量少,Frieden 灰度熵值则较大,据此在适配区选取时就可以剔除模糊图像或特征不稳定的图像。在景象适配区选取时加入 Frieden 灰度熵这个参数,能够选出图像中景物明显且稳定的区域,可提高图像的适配性能。

6. 图像边缘密度

边缘表示了信号的突变,包含了图像中的大量信息。基于边缘对图像进行处理降低了数据的处理量,同时保留了图像(灰度图像)中的主要信息。边缘密度可作为对图像信息含量的度量,是判定图像中边缘特征分布是否密集的一个指标。例如,一幅图像中相对突出的边缘区,其边缘密度值较大,对于平滑区,边缘密度值较小,一个区域边缘数量的多少在一定程度上反映了该区域信息量的多少。因此,可用其代表影像的信息量。图像的边缘密度 ρ_{edge} 定义为

$$\rho_{\mathrm{edge}} = \frac{\sum\limits_{i=1}^{M} \sum\limits_{j=1}^{N} \mathrm{edge}(i,j)}{M \times N} \tag{4-10}$$

式中,$\mathrm{edge}(x,y)$ 是图像进行边缘提取后的边缘图像;$M \times N$ 为图像大小。

用基准图中基准子图的边缘密度作为衡量景象匹配性能的特征量时,通常图像子块的边

缘密度符合条件(一般是大于某个阈值)的可作为景象匹配基准图,可在选出基准图对应的区域进行景象匹配。

7. 图像小波能量

小波分析作为一种信号多尺度分析方法在图像处理领域得到广泛的应用。通过小波变换可以对图像的纹理特征进行分析,而图像的纹理结构与图像匹配概率有着直接的关系,因此,可以从考察图像小波能量方面对景象的适配性进行分析,对于小波能量满足某个条件的景象区域可作为匹配适配区。

上述这些图像特征指标构成了区域适配性特征指标集,在进行适配区选择时,通常是融合多个特征指标来选取匹配区。

4.3.2　景象区域适配性评价指标

在景象匹配辅助导航系统中,匹配精度和匹配概率是评价某景象区域适配性能的基本指标。在保证匹配区高匹配概率的前提下不断提高匹配精度是景象区域适配性研究追求的目标。区域的适配性与区域景物特征、传感器成像特性、实时图尺寸、匹配方法等相关,通常用匹配概率和匹配精度来表示。

1. 匹配概率

匹配概率研究一直是景象匹配研究的重要内容,其用途主要表现在两个方面,一是将匹配概率用于对匹配算法的性能评估中,二是将匹配概率用于匹配区选取的分析中。在这些应用中,匹配概率的合理、准确计算是根本前提。目前对于匹配概率的计算方法可以分为两类:一类是基于匹配仿真统计试验的方法,该方法依据试验的总次数及正确匹配的次数直接计算匹配概率;另一类是通过仿真试验,建立匹配概率与匹配过程中产生的图像特征值之间的统计关系模型,利用图像的特征值对匹配概率进行预测。

匹配概率是针对特定尺寸的候选匹配区而言的,表示当相对较小的实测图处于该区域范围内时,其真实位置能够通过匹配算法正确检测的概率。关于匹配概率的确切定义形式,目前还未形成统一的标准,大致分为基于实验的方法与基于仿真的方法。

(1) 基于实验的定义方法。通过导引头挂飞和飞行器飞行试验来获得匹配概率是最准确、最客观的,但试验的时间历程很长,经费花费巨大。文献[9]用捕获位置分布概率密度函数 $P_d(m,n)$ 来描述匹配位置的随机性,再结合由多次飞行试验中的匹配成功率得出的正确捕获概率,给出一种理论上较为合理的匹配概率 P 的定义,即

$$P = \sum_m \sum_n P_p(m,n) P_d(m,n) \tag{4-11}$$

式中,(m,n) 为飞行器在候选匹配区上的捕获位置;$P_d(m,n)$ 为对应于 (m,n) 处实时图窗口 w_{mn} 的捕获概率,且有 $P_d(m,n) = \dfrac{n_z}{N_z}$,其中,$N_z$ 为对实时图窗口 w_{mn} 做的试验总次数,n_z 为正确配准 w_{mn} 的次数;$P_p(m,n)$ 为飞行器在 (m,n) 处出现的概率。在实际情况下,难以在不同捕获位置对基准图所处区域进行拍摄,观测图处于任意位置 (m,n) 的概率可能不满足均匀分布,即使能够对这一区域进行多位置拍摄,其每个拍摄位置的成像环境也很难与真实飞行试验时

的成像环境完全相同,故难以获得 $P_p(m,n)$ 的精确值,因此上述理论难以在实际任务中得到应用。目前应用最为普遍的匹配概率定义是基于仿真试验统计的定义方法。

(2) 基于仿真的定义方法。基于试验统计的匹配概率的定义表达式为

$$P = \frac{n}{N} \tag{4-12}$$

式中,N 表示试验总次数,n 表示正确匹配的次数,采用的配准率的定义是在以相关匹配算法为基础,对大量仿真实验结果进行的统计之上获得的,因此,即使是同一个图像对,采用不同的匹配算法也将得到不同的匹配概率。试验次数越多,该方法所得的配准率就越接近于真实情况,因此,该方法在对大量仿真实验结果统计分析的基础上,能够比较真实地反映图像的匹配性能。与基于实验的定义方法相比,易于操作,在实际中应用广泛。

2. 匹配精度

在图像配准过程中,不管是实时图还是基准图,都存在一定的噪声和畸变或其他误差因素,使得估计的匹配点和真实的配准点之间会存在一定的像素差,这种偏差是随机的,称之为匹配误差。匹配误差是针对单次试验的概念,而精度是针对多次试验的概念,匹配精度可以通过对匹配误差进行统计分析来定义和计算。

匹配精度不仅是重要的景象区域适配性评价指标,还是合理定义匹配概率的基础,只有满足所规定精度要求的匹配才被认为是成功的。

匹配精度常以像素为单位进行度量。在实时图与基准图不存在形变并且匹配采用相关算法时,实时图位置偏差可以用其上任意一点的位置偏差来表示,此时匹配精度可以简单地定义为匹配所得位置中心与理想位置中心的距离,但在遥感景象中,往往会因各种全局和局部畸变造成实时图与基准图本身无法准确对应,这时匹配精度度量就变得较为复杂。目前典型的度量方法包括各个对应匹配控制点的均方差度量及基于控制点的检测点误差度量[10-11],但其前提是存在可靠的特征定位和准确的变换模型。

目前景象区域适配性研究中匹配精度的度量常采用下式进行度量,这主要是由于现有景象区域适配性分析多基于相关匹配,实测图通过基准图添加噪声来模拟:

$$\delta = \| X - X_0 \| \tag{4-13}$$

式中,X 表示实际匹配结果,X_0 表示真实位置。

随着景象区域适配性研究的深入,应当结合所采用匹配算法的特点和所提取的特征度量匹配精度[12]。

4.3.3 景象匹配区选择方法

景象区域适配性分析和评价的最终目的是从原始基准图上选出符合给定匹配概率和匹配精度指标要求的特定尺寸的候选适配区域图像作为适配基准图。目前,对于景象匹配区选择的研究根据应用场景的不同主要分为两类:①国外相关研究主要是在确定的地理区域内通过特征变换等方法获取感兴趣的特征图像,主要集中在目标跟踪背景下基于特定兴趣区域的特征提取与特征选择[13];②国内则把重点放在选择感兴趣的地理区域上。

研究景象区域适配性时首先应当选取能够全面反映区域适配性能的特征集并量化形成特

征指标,然后对各种特征指标进行信息融合形成综合特征量,而对某一候选匹配区适配性的综合评价建立在对综合特征量的评价基础上,同时必须考虑减小区域适配性研究过程中大量大尺度图像数据处理的计算时间。因此,景象区域适配性研究的关键技术可划分为综合特征量中特征指标的确定、基于综合特征量的景象区域适配性评价方法及对适配性评价方法有效性的度量[13]。

　　景象匹配区选择过程如图 4-1 所示[13],整个过程中涉及四类不同属性的景象图,分别为原始基准图、候选匹配区域图、实时观测图和适配基准图。在输入原始基准图、适配性指标、匹配区的尺寸、实时图的尺寸、传感器成像特性参数的基础上,进行候选匹配区适配性分析,对匹配区进行评价确定并最终确定匹配区,最后再对选取的各个匹配区进行适配性指标的评价。

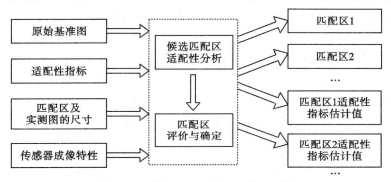

图 4-1　景象匹配区选取过程示意图

　　单一的图像特征指标往往只能反映图像适配性能的某一方面,景象区域适配性是受多方面因素共同影响的,因此对景象区域适配性的合理评价应当基于对图像中多个特征指标的综合评价,即需要构建能够全面反映适配性的综合特征量。

　　目前各种基于综合特征量的适配性评价方法采用的理论不同,但总体可以分为两类[13]:一是基于多属性决策理论的景象区域适配性评价方法[14-16],二是基于模式分类理论的景象区域适配性评价方法[17-18]。前者的基本思想是将适配性评价过程抽象成一个决策过程,将各特征指标作为决策的基本属性,通过特定的决策模型构造好函数组成综合特征量,这类方法中综合特征量以显式选好指标的形式给出,其计算值与区域适配性评价结果间呈同态关系;后者的基本思想是将各个特征指标值作为感知信息,按照预先选定的分类准则设计或者训练分类器,从而将匹配概率估计问题转化为对像素或区域的分类问题,这类方法中综合特征量被隐式地反映在分类过程中。

4.4　本 章 小 结

　　景象区域适配性技术是面向组合导航的景象匹配中的一项关键技术。如何建立一个适应性强、可匹配性高的选取准则一直是景象匹配技术中研究的重点问题。本章简要介绍了目前景象匹配适配区选择研究现状,归纳了用于衡量景象匹配性能的各种常用的图像特征量,介绍了基于综合特征量的两种适配性评价方法,希望为面向应用的景象区域适配性技术的发展作铺垫。

【参考文献】

[1] 张国忠,沈林成,常文森,等.互相关景象匹配系统的正确匹配概率研究[J].宇航学报, 2002(1):30.

[2] 沈振康.地形(地图)匹配系统[M].长沙:国防科技大学出版社,1984.

[3] 刘扬,赵峰伟,金善良.景象匹配区选择方法研究[J].红外与激光工程,2001(3):168-170,229.

[4] 付文兴,王建民,金善良.一种实用的景象匹配区选择方法[J].宇航学报,2003(4):348-353.

[5] 江标初,陈映鹰.层次景象匹配区选取准则[J].同济大学学报(自然科学版),2007(6):830-833.

[6] 杨朝辉,陈映鹰.基于支持向量机的景象匹配区选择方法[J].同济大学学报(自然科学版),2009,37(5):690-695.

[7] 刘中华,王晖,陈宝国.景象匹配区选取方法研究[J].计算机技术与发展,2013,23(12):128-133.

[8] BENAVENT A P,RUIZ F E,MARTINEZ J M. An entropy-based EM algorithm for gaussian mixture models[C]//Proc. of the 18th International Conference on Pattern Recognition,2006:451-455.

[9] 肖轶军,丁明跃,周成平.基于捕获位置分布的导航参考图适配性分析及快速计算[J].红外与激光工程,1999,28(5):26-29.

[10] FITZPATRIK J M. Detection failure,assessing success. Medical image registration[M]. Baton Rouge,Florida:CRC Press,2001.

[11] FITZPATRIK J M,WEST J B. Predicting error in rigid-body point-based registration [J]. IEEE Transactions on Medical Imaging ,1998,17(5):694-702.

[12] 沈林成,卜彦龙,徐昕,等.景象匹配辅助组合导航中景象区域适配性研究进展[J].航空学报,2010,31(3):553-563.

[13] PLAZA A LEMOIGNE J,NETANYAHU NS. Automated image registration using morphological region of interest feature extraction[C]// Proceedings of IEEE International Geoscience and Remote Sensing Symposium . 2007:99-103.

[14] 王鹏,吴美平,阮晴,等.多属性决策方法在地磁图适配性分析中的应用[J].兵工自动化,2011,30(8):65-68.

[15] YAKOWITZ D S,WEDWICK S J,WELTZ M A. Computing multiple attribute value function ranges under a hierarchy of the attributes with application to environmental decision making[C] //Proceeding s of IEEE International Conference on Systems,Man and Cybernetics,1997:323-328.

[16] FAN Z P,MA J,ZHANG Q. An approach to multiple attribute decision making based on fuzzy preference information on alternatives[J]. Fuzzy Sets and Systems,2002,131(1):101-106.

[17] 李俊,杨新,杨莉.基于简化 Mumf ord-Shah 模型的导航基准图适配区分割方法[J].自动化学报,2004 ,30(1):45-56.

[18] 杜菁,张天序.景象匹配区的选择方法[J].红外与激光工程,2003 ,32(4):368-369.

第 5 章　基于智能优化算法的景象匹配

　　图像匹配过程可以看作是一个寻找模板图像在待匹配原图像中的最优位置的搜索过程。传统图像匹配方法的搜索策略是搜寻区域上的所有点,效率很低,因为有大量的搜索时间浪费在非目标点上。因此,选择合适的搜索策略或改进搜索策略有助于提高算法的执行效率,对提高匹配实时性有重要意义。

　　对传统匹配算法来说,图像匹配的时间和精度是一对矛盾统一体。一般来说,对于遍历式精细匹配搜索方法,匹配开始于搜索空间的左上角,匹配子图像在图像的每一行每一个像素上移动。利用遍历式搜索的匹配算法的精度是最好的,但其计算量较大,耗时较长,很难满足景象匹配导航对实时性的要求。为了加快匹配速度,学者们将各种优化算法应用在匹配搜索过程中。本章重点介绍智能优化算法在图像匹配中的应用。

　　遗传算法作为一种非遍历性寻优方法,在图像匹配技术中具有广阔的发展前景。近几年,遗传算法已经在图像复原、图像特征提取、图像校准、图像分割、图像识别、图像压缩及图像检索等方面得到了广泛应用。

5.1　典型智能优化算法

　　优化算法可以分为无约束优化算法、约束优化算法及智能算法等。常见的无约束优化算法包括坐标轮换法、最速下降法、牛顿法、共轭梯度法、Powell 法、变尺度法及单纯形法等;约束优化算法包括在优化过程中直接考虑约束条件的优化方法,如 Monte Carlo 法、随机试验法、随机搜索法及复合型法等,及将约束问题直接转换为无约束优化问题的间接法,如可行方向法、罚函数法及序列二次规划法等。智能优化算法包括局部搜索法、模拟退火算法、遗传算法、禁忌搜索算法、粒子群算法及人工神经网络法等。

　　传统优化算法对于简单的问题通常可以得到理想的结果,对于复杂求解问题其所需要的计算时间急剧上升,对问题进行求解的效率越来越低,在对实时性要求较高的匹配导航系统中,其计算时间可能长得无法接受甚至会出现算法失效的情况。为了高效地解决这些问题,模拟自然界中的生物群体及自然环境中的进化现象,发展出了许多不同的拥有学习能力和进化性的智能优化算法[1]。在景象匹配导航系统中,使用智能优化算法能够在保持图像处理准确性与精度的同时大幅度降低其时间复杂度。

　　智能优化算法是模仿自然现象及自然界生物系统中种群的行为、结构、特征及进化过程的智能计算方法。大部分的智能优化算法是一类不确定性的概率型的全局搜索算法。在算法的迭代计算过程中,每个个体的每个过程的发生与否都有很大的不确定性,而整体地表现出共同协作提高对环境的适应能力。

根据智能优化算法的仿生来源及行为模式可将其大致分为进化算法（Evolutionary Algorithm，EA）和群智能算法（Swarm Intelligence Algorithm，SIA）两大类。

（1）进化算法，如差分进化算法（Differential Evolution Algorithm，DEA）[2-3]、遗传算法（Genetic Algorithm，GA）[4]、免疫优化算法[5]等，具有较好的全局优化能力。

（2）群智能算法，如粒子群算法（Particle Swarm Optimization Algorithm，PSOA）[6]、蚁群优化算法（Ant Colony Optimization，ACO）[7]、人工蜂群算法（Artificial Bee Colony Optimization，ABCO）[8]、人工鱼群算法（Artificial Fish Swarm Optimization Algorithm，AFSOA）[9]、果蝇优化算法（Fruit fly Optimization Algorithm，FOA）[10]和灰狼优化算法（Grey Wolf Optimizer，GWO）[11]等，则拥有良好的寻优速度和收敛能力。

5.1.1 模拟退火算法

模拟退火算法（Simulated Annealing，SA）是基于 Monte-Carlo 迭代求解策略的一种随机寻优算法，最早的思想是由 Metropolis 等人[1]于 1953 年提出。1983，Kirkpatrick 等人成功地将退火思想引入到组合优化领域，其出发点是基于物理中固体物质的退火过程与一般组合优化问题之间的相似性。表 5-1 对物理退火和组合优化之间的相似性进行了归纳。

表 5-1　组合优化过程与物理退火过程比较

组合优化	物理退火	组合优化	物理退火
解	粒子状态	Metropolis 抽样过程	等温过程
最优解	能量最低态	控制参数的下降	冷却
设定初温	溶解过程	目标函数	能量

模拟退火算法实质上也是一种贪心搜索算法，最简单的贪心搜索算法即是爬山算法。爬山算法每次从当前解的临近空间中选择一个最优解作为当前解，直到达到一个局部最优解。

爬山算法很容易实现，但其主要缺点是会陷入局部最优解，而不一定能搜索到全局最优解。如图 5-1 所示，假设 A 点为当前解，爬山算法搜索到 C 点这个局部最优解就会停止搜索，这是因为在 A 点无论向哪个方向小幅度移动都不能得到更优的解。因此，爬山法是完完全全的贪心法，每次都选择一个当前最优解，故而只能搜索到局部的最优值。而模拟退火算法在搜索过程引入了随机因素，在迭代更新可行解时，以一定的概率来接受一个比当前解要差的解，因此有可能会跳出这个局部的最优解，达到全局的最优解。在如图 5-1 中，模拟退火算法在搜索到局部最优解 C 后，不是就此结束，而是会以一定的概率接受相右的移动，也许经过几次这样的不是局部最优的移动后会到达全局最优点 E，于是就跳出了局部最优值，最终会得到全局最优值。

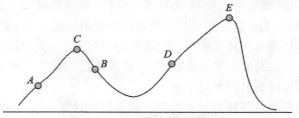

图 5-1　爬山搜索算法示意图

模拟退火算法的基本流程如图 5-2 所示。

（1）初始化：初始温度 T（充分大），初始解 x（算法迭代的起点）及目标函数 $f(x)$，每个 T 值的迭代次数 L。

（2）对 $K=1,\cdots,L$ 做第（3）～（6）步。

（3）扰动产生新解 x_{new}，并计算目标函数 $f(x_{\text{new}})$。

（4）计算增量 Δ。

（5）若 $\Delta<0$，则接受 x_{new} 作为新的当前解，否则以概率 $p=\exp\left(-\dfrac{\Delta}{T}\right)$ 接受 x_{new} 作为新的当前解。

（6）如果达到迭代次数 L 且满足终止条件，则输出当前解作为最优解，结束程序（终止条件通常取为连续若干个新解都没有被接受时终止算法）；否则，转第（7）步。

（7）T 逐渐减少，且 $T>0$，然后转第（2）步。

由上述步骤及模拟退火算法原理可以看出，模拟退火算法从某一较高初温出发，伴随温度参数的不断下降，结合概率突跳特性在解空间中随机寻找目标函数的全局最优解，即在局部最优解能以某种概率跳出并最终趋于全局最优。

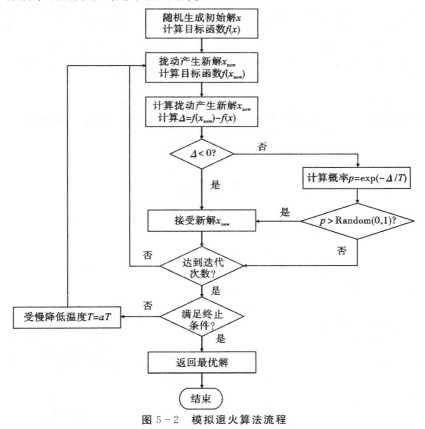

图 5-2　模拟退火算法流程

模拟退火算法具有以下特点：

（1）算法搜索结果与初始值无关，算法求得的解与初始解状态即算法迭代的起点无关。

（2）模拟退火算法具有渐近收敛性，已在理论上被证明是一种以概率 1 收敛于全局最优解的全局优化算法。

(3)模拟退火算法局部搜索能力强,运行时间较短,具有并行性。

模拟退火算法是一种通用的随机搜索算法,是局部搜索算法的扩展,现已广泛用于超大规模集成电路设计、图像识别和神经网计算机的研究。

5.1.2 遗传算法

1.遗传算法基本思想及工作流程

遗传算法是模拟达尔文生物进化论的自然选择和遗传学机理的生物进化过程的计算模型,是一种通过模拟自然进化过程搜索最优解的方法。它最早是由美国密执安大学 Holland 教授提出,起源于 20 世纪 60 年代对自然和人工自适应系统的研究。20 世纪 70 年代 De Jong 基于遗传算法的思想在计算机上进行了大量的纯数值函数优化的计算实验。在一系列研究工作基础上,20 世纪 80 年代由 Goldberg 进行归纳总结形成遗传算法的基本框架。

遗传算法极大地体现了自然界中"物竞天择、适者生存"进化过程。与自然界相似,遗传算法对求解问题的本身一无所知,它所需要的仅是对算法所产生的每个染色体进行评价,把问题的解表示成染色体,并基于适应值来选择染色体,使适应性好的染色体有更多的繁殖机会。

遗传算法在其运行过程中,在执行遗传算法之前,给出一群染色体,也即是假设解。然后,把这些假设解置于问题的"环境"中,也即一个适应度函数中来评价,并按适者生存的原则,从中选择出较适应环境的染色体进行复制,淘汰低适应度的个体,再通过交叉、变异过程产生更适应环境的新一代染色体群。对这个新种群进行下一轮进化,直到最适合环境的值,该值即为问题的解。

如图 5-3 所示为遗传算法工作的一般流程。其主要步骤如下:

(1)初始化问题参数,如问题空间、群体大小、交叉方式和变异方式等参数。

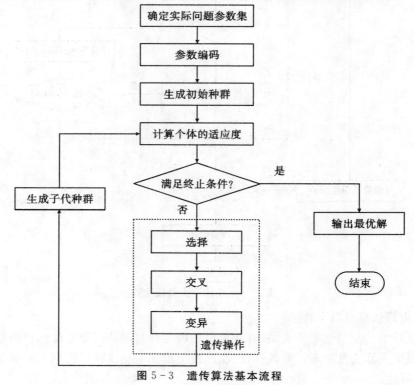

图 5-3 遗传算法基本流程

(2)选择编码策略,将可行解用向量进行编码,将问题域转化为向量组成的群体。

(3)初始化种群。

(4)计算种群中每个个体的适应度,通常将个体的目标值作为适应度值,作为个体优劣的评价指标。

(5)执行选择操作,将群体中适应度高的个体保留下来,将适应度低的个体淘汰。

(6)执行交叉操作,确定交叉点,产生两个新个体。

(7)执行变异操作,确定变异基因的位置并进行基因值的突变,产生新个体,增加种群的多样性。

(8)判断群体是否满足终止条件,如果满足则输出结果终止程序;否则转入第(4)步继续迭代直至终止条件满足。

从以上步骤可以看出,遗传算法是从代表问题可能潜在的解集的一个种群开始的,而一个种群则由经过基因编码的一定数目的个体组成。初代种群产生之后,按照适者生存和优胜劣汰的原理,逐代演化产生出越来越好的近似解,在每一代,根据问题域中个体的适应度大小选择个体,并借助于自然遗传学的遗传算子进行组合交叉和变异,产生出代表新的解集的种群。这个过程将导致种群像自然进化一样的后生代种群比前代更加适应于环境,末代种群中的最优个体经过解码,可以作为问题的近似最优解。

2.遗传算法关键技术

在遗传算法的设计中,编码,适应度函数及选择、交叉、变异等遗传操作是其中的关键技术。

(1)编码。遗传算法不能直接处理问题空间的参数,必须把它们转换成遗传空间的由基因按一定结构组成的染色体或个体,这一转换操作就叫做编码,也可以称作问题的表示。如何将问题的解编码成为染色体是遗传算法使用中的关键问题。遗传算法正是通过这种对个体编码的操作,不断搜索出适应度较高的个体,并在群体中逐渐增加其数量,最终寻求出问题的最优解或近似最优解。针对每一个具体应用问题,如何设计一种完美的编码方案一直是遗传算法的应用难点之一,也是遗传算法的一个重要研究方向。可以说目前还没有一套既严密又完整的指导理论及评价准则。De Jong 曾经提出以下两条操作性较强的实用编码原则:

1)应使用能易于产生与所求问题相关的且具有低阶、短定义长度模式的编码方案。

2)应使用能使问题得到自然表示或描述的具有最小编码字符集的编码方案。

De Jong 提出的上述编码原则只是给出了设计编码方案的一个指导性大纲,对于实际应用问题,必须结合遗传算法的其他部分统一考虑。

评估编码策略常采用以下 3 个规范:

1)完备性:问题空间中的所有点(候选解)都能作为遗传算法空间中的点(染色体)表现。

2)健全性:遗传算法空间中的染色体能对应所有问题空间中的候选解。

3)非冗余性:染色体和候选解一一对应。

目前的几种常用的编码技术有二进制编码、浮点数编码、格雷码编码和字符编码等。其中二进制编码以其简单易行、符合最小字符集编码原则、便于模式定理进行分析等优点成为目前遗传算法中最常用的编码方法。其是由二进制字符集{0,1}产生通常的 0,1 字符串来表示问题空间的候选解。

(2)适应度函数。进化论中的适应度,是表示某一个体对环境的适应能力,也表示该个体繁殖后代的能力。遗传算法的适应度函数也叫评价函数,是用来判断群体中的个体的优劣程度的指标。适应度计算函数与给定的问题有关,一般取给定问题的目标函数作为适应度。

遗传算法中,适应值较高的个体遗传到下一代的概率较大,而适应度较低的个体遗传到下一代的概率相对小一些。在实际应用中,有些遗传算法收敛得较快,而有些算法则较慢,这与适应度函数的选择有关,因此,如何确定适应度对遗传算法性能有较大的影响。

适应度函数在遗传算法的进化过程中扮演非常重要的角色。遗传算法在搜索进化过程中一般不需要其他外部信息,仅用评估函数来评估个体或解的优劣,并作为以后选择、交叉、变异等遗传操作的依据。由于在遗传算法中,适应度函数要比较排序并在此基础上计算选择概率,所以适应度函数的值要取正值。通常情况下,需要将目标函数转换成函数最大值的形式且要求函数值非负。

适应度函数设计主要满足以下条件:

1)单值、连续、非负、最大化。

2)合理、一致性:要求适应度值反映对应解的优劣程度。

3)计算量小:适应度函数设计应尽可能简单,这样可以减少计算时间和空间上的复杂性,降低计算成本。

4)适用性强:适应度对某类具体问题,应尽可能通用,最好无需使用者改变适应度函数中的参数。

在具体应用中,适应度函数的设计要结合求解问题本身的要求而定。适应度函数设计直接影响到遗传算法的性能。

(3)遗传操作。在遗传算法运行过程中,选择、交叉、变异统称为遗传操作。

1)选择。选择操作是根据个体的适应度,按照一定的规则或方法,从当代群体中选择出优良的个体(或解)直接遗传到下一代或通过配对交叉产生新的个体再遗传到下一代群体中的过程。选择操作是建立在群体中个体的适应度基础上的,引导着种群的发展方向。目前常用的选择操作的方法有很多,如轮盘赌选法、随机遍历抽样法、局部选择法、锦标赛选择法等。其中轮盘赌选择法是最简单也是最常用的选择方法,在该方法中,各个个体的选择概率和其适应度值成比例。个体适应度越大,其被选择的概率就越高。选择是遗传算法中的主要算子之一,其主要目的是获得更好的解。

2)交叉。在自然界生物进化过程中起核心作用的是生物遗传基因的重组(加上变异)。同样,遗传算法中起核心作用的是遗传操作的交叉算子。所谓交叉是指把两个父代个体的部分基因加以替换重组而生成新个体的操作,也叫基因重组。交叉操作是为了能够在下一代产生新的适应性更强的优良个体。通过交叉,遗传算法的搜索能力得以飞速提高。

交叉算子根据交叉率将种群中的两个个体随机地交换某些基因,能够产生新的基因组合,期望将有益基因组合在一起。作为遗传算法获取新的高性能个体的最主要的手段,交叉也有很多的方法,如单点交叉、两点交叉、均匀交叉和基于实向量算术运算的交叉等。其中,最常用的交叉算子为单点交叉。其具体操作是:在个体串中随机设定一个交叉点,实行交叉时,该点前或后的两个个体的部分结构进行互换,并生成两个新个体。

3)变异。变异是交叉之后子代的变异。该算子是模拟自然系统生物体进化过程中染色体中某个位置上的基因发生突变,从而改变染色体的结构,进而改变生物的物理性状的现象。

遗传算法引入变异的目的有两个:一是使遗传算法具有局部的随机搜索能力。当遗传算法通过交叉算子接近最优解邻域时,利用变异算子的这种局部随机搜索能力可以加速向最优解收敛。显然,此种情况下的变异概率应取较小值,否则接近最优解的积木块会因变异而遭到破坏。二是使遗传算法可维持群体多样性,以防止出现未成熟收敛现象。目前常用的变异算子有基本位变异算子、均匀变异算子及高斯变异算子等。其中基本位变异算子是最常用的,具体操作是对群体中的个体码串随机挑选一个或多个基因座并对这些基因座的基因值以变异概率做变动。

综上所述,在遗传算法中,选择和交叉基本上完成了遗传算法的大部分搜索功能,而变异则是通过增加种群的多样性来提高遗传算法的寻优能力。交叉算子因其全局搜索能力而作为主要算子,变异算子因其局部搜索能力而作为辅助算子。遗传算法通过交叉和变异这对相互配合又相互竞争的操作而使其具备兼顾全局和局部的均衡搜索能力。所谓相互配合,是指当群体在进化中陷于搜索空间中某个超平面而仅靠交叉不能摆脱时,通过变异操作可有助于这种摆脱。所谓相互竞争,是指当通过交叉已形成所期望的积木块时,变异操作有可能破坏这些积木块。如何有效地配合使用交叉和变异操作,是目前遗传算法的一个重要研究内容。

5.1.3　粒子群算法

粒子群算法属于群智能优化算法的一种,是通过模拟鸟群捕食行为设计的,也称粒子群优化算法(Particle Swarm Optimization,PSO)或鸟群觅食算法,是近年来由 Kennedy 和 Eberhart[13]开发的一种新的进化算法,其基本思想是通过群体中个体之间的协作和信息共享来寻找最优解。和模拟退火算法相似,它也是从随机解出发,通过迭代寻找最优解,也是通过适应度来评价解的品质,但它比遗传算法规则更为简单,没有遗传算法的"交叉"和"变异"操作,通过追随当前搜索到的最优值来寻找全局最优。这种算法以其实现容易、精度高、收敛快等优点引起了学术界的重视,并且在解决实际问题中展示了其优越性。但粒子群算法的缺点是陷入局部最优的可能性相对较大,算法通常需要额外的行为来增加其跳出局部最优的能力及搜索能力。

粒子群算法的思想可以这样来理解:假设区域里就只有一块食物(即通常优化问题中所讲的最优解),鸟群的任务是找到这个食物源。鸟群在整个搜寻的过程中,通过相互传递各自的信息,让其他的鸟知道自己的位置,通过这样的协作,来判断自己找到的是不是最优解,同时也将最优解的信息传递给整个鸟群,最终,整个鸟群都能聚集在食物源周围,即我们所说的找到了最优解,也就是问题收敛。

1. 问题抽象

在粒子群算法中,鸟被抽象为没有质量和体积的微粒(点),并延伸到 n 维空间,粒子 i 在 n 维空间的位置表示为矢量 $x_i = (x_1\ x_2\ \cdots\ x_n)$,每一个粒子的位置代表了待求解问题的一个候选解,每一个粒子的位置在空间内的好坏由该粒子的位置在待求解问题中的适应度值决定。粒子飞行速度表示为矢量 $v_i = (v_1\ v_2\ \cdots\ v_n)$,其速度决定了粒子每次飞行的方向和距离。粒子的飞行速度则由其当前位置、粒子自身所到过的最优位置、群体所到过的最优位置及粒子此时的速度共同决定,每一个粒子在下一代的位置由其在这一代的位置与其自身的速度矢量决定,在飞行过程中,粒子会记录下自己所到过的最优位置 P_{best} 和现在的位置 x_i,这个可以看作是粒子自己的飞行经验。群体也会更新群体所到过的最优位置 G_{best},这个可以看作是粒子同伴的经验。粒子通过自己的经验和同伴中最好的经验来决定下一步的运动。

2. 更新规则

粒子群优化算法初始化为一群随机粒子(随机解),然后通过迭代找到最优解。在每一次的迭代中,粒子通过跟踪两个"极值(P_{best},G_{best})"来更新自己。在找到这两个最优值后,粒子通过下面的公式来更新自己的速度和位置:

$$v_i^k = v_i^{k-1} + c_1 \times \text{rand}() \times (P_{best_i} - x_i^{k-1}) + c_2 \times \text{rand}() \times (G_{best_i} - x_i^{k-1}) \quad (5-1)$$

$$x_i^k = x_i^{k-1} + v_i^{k-1} \quad (5-2)$$

式中,k 为迭代次数,$i = 1,2,\cdots,n$,n 是此群中粒子的总数;v_i^k 是粒子的速度;ω 为粒子自身的惯性因子,其值非负;$\text{rand}()$ 是介于$(0,1)$之间的随机数;x_i^k 是粒子的当前位置;c_1 和 c_2 是学习因子;P_{best_i} 和 G_{best_i} 分别表示微粒群的局部和全局最优位置。

式(5-1)求和项的第一部分称为"记忆项",表示粒子上次速度大小和方向的影响,求和项的第二部分称为"自身认知项",是从当前点指向粒子自身最好点的一个矢量,表示粒子的动作来源于自己经验的部分,求和项的第三部分称为"群体认知项",是一个从当前点指向种群最好点的矢量,反映了粒子间的协同合作和知识共享。

式(5-1)和式(5-2)为PSO的标准形式。

3. 标准PSO算法流程

标准PSO算法的流程如图5-4所示,具体步骤如下:

(1) 初始化一群微粒(群体规模为 n),惯性因子为 1,$c_1 = c_2 = 2$,最大迭代次数为 T,在解空间内随机初始化每个粒子的位置,在每个方向的最大飞行速率范围内随机初始化每个粒子的初始速度。

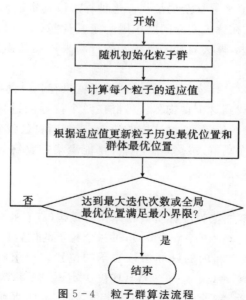

图 5-4 粒子群算法流程

(2) 评价每个微粒的适应度。

(3) 对每个微粒,将其适应值与其经过的最好位置 P_{best} 作比较,如果较好,则将其作为当前的最好位置 P_{best}。

(4) 对每个微粒,将其适应值与其经过的最好位置 G_{best} 作比较,如果较好,则将其作为当

前的最好位置 G_{best}。

（5）根据式（5 - 1）和式（5 - 2）调整微粒速度和位置。

（6）未达到结束条件则转第（2）步。

迭代终止条件根据具体问题一般选为最大迭代次数或（和）微粒群迄今为止搜索到的最优位置满足预定最小适应阈值。

由上述步骤可以看出，粒子群算法原理简单，可调整参数只有三个：惯性因子 ω、学习因子 c_1 和 c_2，因此实现起来相对简单。同时我们可以看出粒子群算法并没有跳出局部最优的操作，即当种群陷入局部最优解时，粒子群将收敛于此。

由式（5 - 1）可以看出，当 $c_1 = 0$ 时，则粒子没有了对自身的认知能力，变为只有社会的模型，称为全局粒子群优化算法（Particle Swarm Optimization，PSO），此时粒子有扩展空间的能力，具有较快的收敛速度，但由于缺少局部搜索，对于复杂问题比标准 PSO 更易陷入局部最优。当 $c_2 = 0$ 时，则粒子之间没有社会信息，模型变为只有认知模型，也称为局部 PSO 算法，由于个体之间没有信息的交流，整个群体相当于多个粒子进行盲目的随机搜索，收敛速度慢，所以得到最优解的可能性小。

4. PSO 算法参数分析及设置

在粒子群算法中，除了可调整的惯性因子、学习因子参数外，还包括群体规模、最大速度、最大迭代次数等参数。

（1）群体规模：一般取 20～40，对较难或特定类别的问题可以取到 100～200。

（2）最大速度：决定当前位置与最好位置之间的区域的分辨率（或精度）。如果太快，则粒子有可能越过极小点；如果太慢，则粒子不能在局部极小点之外进行足够的探索，会陷入到局部极值区域内。这种限制可以达到防止计算溢出、决定问题空间搜索的粒度的目的。当粒子的初始速度较大时，若惯性权重为 1，将导致在算法后期，粒子对自身最优位置的学习与粒子对群体最优位置的学习对当前速度的影响过小，导致粒子无法精确搜索。

（3）惯性因子 ω：惯性因子使粒子保持着运动惯性，使其具有扩展搜索空间的趋势，有能力探索新的区域。如果 $\omega = 0$，则速度只取决于当前位置和历史最好位置，速度本身没有记忆性。假设一个粒子处在全局最好位置，它将保持静止，其他粒子则飞向它的最好位置和全局最好位置的加权中心，粒子将收缩到当前全局最好位置，在加上第一部分后，粒子有扩展搜索空间的趋势，这也使得 ω 的作用表现为针对不同的搜索问题，调整算法的全局和局部搜索能力的平衡。当 ω 较大时具有较强的全局搜索能力，当 ω 较小时具有较强的局部搜索能力。

（4）学习因子 c_1 和 c_2：c_1 和 c_2 代表将每个粒子推向 P_{best} 和 G_{best} 位置的统计加速项的权值。较低的值允许粒子在被拉回之前可以在目标区域外徘徊，较高的值导致粒子突然地冲向或越过目标区域。通常设 $c_1 = c_2 = 2$。1998 年 Shi 等人[14]对前面的公式进行了修正，引入惯性权重因子，权重因子值较大，全局寻优能力强，局部寻优能力弱，值较小反之。在初始时，Shi 将惯性权重因子取为常数，后来实验发现，动态的能够获得比固定值更好的寻优结果。动态权重因子可以在 PSO 搜索过程中线性变化，也可根据 PSO 性能的某个测度函数动态改变。目前，采用较多的是 SHI 建议的线性递减权值（Linearly Decreasing Weight，LDW）策略，递减公式为

$$\omega_t = (\omega_{start} - \omega_{end})\left(\frac{T_{max} - t}{T_{max}}\right) + \omega_{end} \tag{5 - 3}$$

式中，ω_{start} 和 ω_{end} 分别是初始值和最终值；t 是当前迭代次数；T_{max} 是最大迭代次数；$\omega_t \in [0,1]$

是第 t 次迭代中的惯性因子。

由式(5-3)可以看出,惯性因子从一些大的初始值开始,然后线性地减小到一些较小的最终值。

前文所述的智能优化算法包括了基于进化思想的算法和基于群体智能的算法。两种算法有许多共同的特性。以遗传算法和粒子群算法为例,两种算法都有一组随机生成的样本群;两种算法都使用匹配值评估样本,都会更新种群,并采用随机技术搜索最佳值;两种方法都不能保证一定可以寻找到全局最优值。两种算法的主要区别如下[15]:

(1)粒子群优化算法中每个粒子都有一个位置(候选解决方案的内容)和速度,而在进化计算中通常仅具有候选方案的内容。

(2)在进化计算中群体智能算法计算和基于群体智能的优化方法都有各自的特点,在实际应用中,应根据具体问题选择合适的优化算法。

(3)它们最关键的区别是生成创新的驱动力不同。在进化计算中,新解来源于匹配度的竞争;在群体智能中,创新来源于个体之间的互动。

在实际应用中,应根据具体应用选择合适的优化算法。第5.2节将以遗传算法为例,研究遗传算法在景象匹配中的具体应用。

5.2 基于遗传算法的快速景象匹配方法

图像匹配过程可以看作是一个寻找模板图像在待匹配源图像中的最优位置的搜索过程。对于导航用的景象匹配算法,实时性是衡量匹配算法性能的一个重要指标。遗传算法作为一种模拟自然进化过程来搜索最优解的方法在提高景象匹配速度方面有重要应用。景象匹配过程中应用遗传算法进行搜索匹配,其流程如图5-5所示,主要步骤如下:

(1)定义适应度函数。

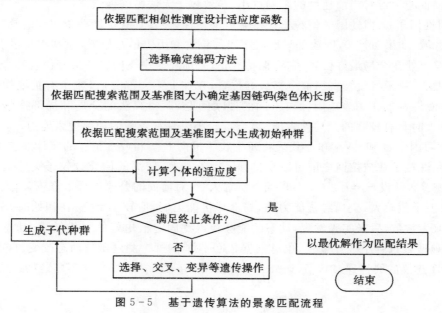

图5-5 基于遗传算法的景象匹配流程

（2）选择编码策略：根据遗传算法搜索范围，确定编码方法。

（3）确定遗传策略：包括选择群体规模，选择、交叉、变异方法，及确定交叉概率、变异概率等遗传参数。

（4）生成初始种群：这个过程是随机的。

（5）计算群体中个体的解码后的适应度值，用以判断个体的适应度优劣。

（6）按照遗传策略，运用克隆选择、交叉和变异算子作于种群，形成新一代种群。

（7）判断是否满足终止条件，如果满足终止条件则输出结果，算法结束；如果不满足终止条件，则将当前代作为父代，返回步骤（6）继续进行遗传操作，直到满足终止条件为止。

在上述步骤中，与景象匹配应用直接关联的主要有两个问题：一是将问题的解编码到基因串中，二是适应度函数的设计。这两个问题也是遗传算法能否成功应用于景象匹配的关键所在。下面主要介绍在景象匹配过程中，遗传算法的编码方法和适应度函数的选择设计。

5.2.1　编码策略及方法

编码是应用遗传算法时要解决的首要问题，也是设计遗传算法的一个关键步骤。一方面，编码方法除了决定个体的染色体排列形式之外，还决定了个体从搜索空间的基因型变换到解空间的表现型时的解码方法；另一方面，编码方法也影响到交叉算子、变异算子等遗传算子的运算方法。由此可见，编码方法在很大程度上决定了如何进行群体的遗传进化运算及遗传进化运算的效率。

针对一个具体应用问题，如何设计一种完美的编码方案一直是遗传算法的应用难点之一，也是遗传算法的一个重要研究方向。可以说目前还没有一套既严密又完整的指导理论及评价准则能够帮助我们设计编码方案。作为参考，De Jong 曾提出了两条操作性较强的实用编码原则（又称为编码规则）：① 有意义积木块编码原则，即应使用能易于产生与所求问题相关的且具有低阶、短定义长度模式的编码方案；② 最小字符集编码原则，即应使用能使问题得到自然表示或描述的具有最小编码字符集的编码方案。

由于遗传算法应用的广泛性，迄今为止人们已经提出了许多种不同的编码方法。总体来说，这些编码方法可以分为四大类：二进制编码法、格雷码编码法、浮点编码法及符号编码法。

1. 二进制编码方法

二进制编码方法是遗传算法中最常用的一种编码方法，它使用的编码符号集是由二进制符号 0 和 1 所组成的二值符号集 $\{0,1\}$，它所构成的个体基因型是一个二进制编码符号串。

（1）编码。假设某一参数的取值范围是 $[\mu_{max}, \mu_{min}]$，用长度为 λ 的二进制编码符号串来表示该参数，则它总共能够产生 2λ 种不同的编码，参数编码时的对应关系如下：

$$00000000\cdots00000000 = 0: \quad \mu_{min}$$
$$00000000\cdots00000001 = 1: \quad \mu_{min} + \delta$$
$$\cdots$$
$$11111111\cdots11111111 = 2^{\lambda-1}: \quad \mu_{max}$$

二进制编码的编码精度为

$$\delta = \frac{\mu_{max} - \mu_{min}}{2^{\lambda} - 1} \tag{5-4}$$

（2）解码。假设某一个体的编码为

$$x = b_\lambda b_{\lambda-1} b_{\lambda-2} \cdots b_2 b_1 \qquad (5-5)$$

则对应的解码公式为

$$x = \mu_{min} + \left(\sum_{i=1}^{\lambda} b_i 2^{i-1} \right) \frac{\mu_{max} - \mu_{min}}{2^\lambda - 1} \qquad (5-6)$$

（3）景象匹配中基于遗传算法的二进制编码。生物的性状是由生物的遗传基因来决定的。在使用遗传算法时需要把问题的每一个解编码为一个基因链码。这样，一个基因链码就代表问题的一个解。

在景象匹配中，问题的最终解为实测图在基准图中的匹配位置，因此景象匹配的基因链码对应的是匹配位置。图像匹配位置的搜索范围随模板和待匹配图像的大小而变化。

设基准图大小为 $M \times N$，实测图大小为 $m \times n$，则匹配位置的范围为 $(M-m) \times (N-n)$，即为遗传算法的搜索范围，因此需要对 $(M-m) \times (N-n)$ 范围进行编码，该范围也是初始种群中个体的分布范围。其中决策变量的取值范围为 $1 \leqslant x < M-m, 1 \leqslant y < N-n$。

由于二进制编码比实数编码的搜索能力强，交叉、变异等遗传操作也更易于实现，因此，在景象匹配过程中常采用二进制编码来表示匹配位置。二进制所使用的编码符号集是由二进制符号 0 和 1 所组成的二值符号集 $\{0,1\}$，它所构成的个体基因型是一个二进制的编码符号串。二进制编码符号串的长度与问题所要求的解精度有关。

假设某一参数的取值范围是 $\{\mu_{min}, \mu_{max}\}$，二进制编码串的长度为 L，则该编码串总共能产生 2^L 个不同的编码，编码精度 δ 可按照式（5-4）计算，计算结果为匹配算法的最高精度，解码可按照式（5-6）完成，一般景象匹配算法的匹配精度达到像素级即可。

设基准图大小为 400×400，实测图大小为 80×80，则初始种群中个体的分布范围为 320×320，决策变量的取值范围为 $1 \leqslant x, y < 320$，以实测图在基准图中移动时左上角坐标作为匹配点 (u, v)，若采用二进制编码，因为 $2^8 \leqslant 320 \leqslant 2^9$，则匹配点每个坐标值只需 9 位长度的二进制即可，而基因链码即染色体的总长度为 18 位。其中，以低 8 位表示 u，高 8 位表示 v。根据式（5-4）计算的匹配精度为 $\delta \approx 0.626$，能够满足一般景象匹配对匹配精度的要求。一般只需将遗传算法的求解精度精确到整数部分即可。

（4）二进制编码方法的优、缺点。二进制编码方法具有编码、解码操作简单易行，交叉、变异等遗传操作便于实现，符合最小字符集编码原则（使用能使问题得到自然表示或描述的具有最小编码字符集的编码方案）及便于利用模式定理对算法进行理论分析等优点。二进制编码也存在以下缺点：首先，二进制编码在连续函数离散化时存在映射误差，当个体编码串的长度较短时可能达不到精度要求，而当个体编码串的长度较长时，虽然能提高编码精度，但却会使遗传算法的搜索空间急剧扩大。其次，二进制编码不便于反映所求问题的特定知识，这样也就不便于开发针对问题专门知识的遗传运算算子，不便于处理非平凡约束条件，另外，对于一些连续函数的优化问题，其随机性使得其局部搜索能力较差，如对于一些高精度的问题（如上面例子），当解迫近于最优解后，由于其变异后表现型变化很大，不连续，所以会远离最优解，达不到稳定。而格雷码能有效地防止这类现象。

2. 格雷码编码方法

格雷码（Gray Code，GC）是 1880 年由法国工程师 Jean-Maurice-Emlle.Baudot 发明的，起初主要应用于模/数转换。格雷码是一种具有反射特性和循环特性的单步自补码，其循环、单步特性消除了随机取数时出现重大误差的可能，其反射、自补特性使得求反非常方便。格雷码属于可靠性编码,是一种错误最小化的编码,所以它大大地减少了由一个状态到下一个状态时电路中的混淆。由于该编码相邻的两个码组之间只有一位不同,所以在用于模／数转换中,当模拟量发生微小变化而可能引起数字量发生变化时,格雷码仅需改变一位,而其他编码可能需要同时改变两位或多位,因而采用格雷码可以降低出错的可能性,也更加可靠。

在遗传算法中,新一代群体的产生主要是依靠上一代群体之间的随机交叉重组来完成的,其局部搜索能力不强,即使已经搜索到最优解附近,而想要达到这个最优解,却要费一番功夫。对于二进制编码方法表示的个体,变异操作有时虽然只是一个基因座的差异,而对应的参数值却是相差较大,也就是说相邻整数的二进制编码可能具有较大的 Hamming 距离,例如 15 和 16 的二进制表示为 01111 和 10000,因此,遗传算法要从 15 改进到 16 则必须改变所有的位,这一缺点有时称为"Hamming 悬崖",这种缺陷会将降低遗传算子的搜索效率。因此对于一些连续函数优化问题,通常采用格雷码。若使用格雷码来对个体进行编码,则编码串之间的一位差异,对应的参数值也只是微小的差别,这样就相当于增强了遗传算法的局部搜索能力,便于对连续函数进行局部空间搜索。

对于遗传算法,采用格雷码的主要优点有以下几项:
(1) 便于提高遗传算法的局部搜索能力;
(2) 交叉、变异等遗传操作便于实现;
(3) 符合最小字符集编码原则;
(4) 便于利用模式定理对算法进行理论分析。

5.2.2　适应度函数的选择

适应度函数是遗传算法的关键,也是景象匹配的依据,遗传算法只根据所求问题的目标函数值来得到下一步的有关搜索信息,因此其设计的好坏直接影响匹配算法的性能。

适应度函数的构造方法有多种,大多是将所求解的问题转化成函数极值问题来构造适应度函数。景象匹配是以相似性测度作为匹配依据的,其过程就是找出相似度最大的匹配点的过程,因此,常以相似性测度为基础来构造景象匹配中遗传算法的适应度函数。

例如在以距离测度作为相似性测度的景象匹配中,距离测度越小,相似性越强,匹配度越高。此时图像匹配问题可以转化为求目标函数(适应度函数)最小值问题。在遗传算法中,为了正确计算各种情况下每个个体的遗传概率,要求适应度函数须单值、连续、非负和最大化,为了满足这一条件,同时考虑在匹配点处距离可能为 0,一般要对相似性度量函数进行改进,比如,对应求目标函数最小值的优化问题,理论上只需简单地对其增加一个负号就可以将其转换为求目标函数的最大值问题。

随着遗传算法的不断完善和逐渐成熟,不管是应用于解决实际问题还是用来数学建模,其应用范围都在不断扩大。近几年,与最初由 Holland 教授所提出的算法相比,人们对遗传算法的许多研究已经有了很大改进,这些改进的遗传算法或是改进遗传操作表达式,应用不同的交叉和变异算子,或者引入特殊算子及各种选择和复制方法,所有这些改进方法都是在自然界生物进化的基础上产生的。

5.2.3　遗传算法参数的选择

遗传算法的参数选择包括群体规模、个体染色体编码串长度、交叉概率、变异概率和终止条件等。这些参数的选择关系到遗传算法的求解精度、可靠性和计算时间等诸多因素,并且影响到结果的质量和系统性能[16-17]。

1. 群体规模

群体规模表示群体中所含个体的数量。当群体规模取值较小时,可提高遗传算法的运算速度,但却降低了群体的多样性,有可能会引起遗传算法的早熟现象;而当群体规模取值较大时,虽然算法可以处理更多的解,因而更容易找到全局最优解,但其缺点是增加了每次迭代的时间,导致算法运行效率低下。一般群体规模建议的取值范围是 20 ～ 100。

2. 个体染色体编码串长度

个体染色体编码串的长度随编码方法的不同而有所差异。使用二进制编码来表示个体时,编码串长度的选取与问题所要求的求解精度有关;使用浮点数编码时,串长与决策变量的个数相等;使用符号编码时,编码串长度由问题的具体编码方式确定。另外,也可以使用变长度的编码来表示个体。

3. 交叉概率

交叉概率的选择决定了交叉操作的频率。频率越高,可以越快地收敛到最有希望的最优解区域,因此一般选取较大的交叉概率。但若取值过大,它又会破坏群体中的优良模式,反而对算法运算产生不利影响;若取值过小,产生新个体的速度又较慢。一般建议的取值范围是 0.4 ～ 0.99,也可以采用自适应的思想来确定交叉概率。

4. 变异概率

变异概率的选取一般受到种群大小、染色体长度等因素影响,通常选取很小的值。若变异概率较大,虽然能产生较多的新个体,但也有可能破坏很多较好的模式。若变异概率取值太小,则变异操作产生新个体的能力和抑制早熟现象的能力会较差。一般建议的取值范围是 0.000 1 ～ 0.1,也可以采用自适应的思想来确定。

5. 终止条件

终止条件用得较多的是最大世代数,它表示遗传算法运行到指定的进化代数之后就停止运行,并将当前群体中的最佳个体作为所求问题的最优解输出。一般建议的取值范围是 100 ～ 1 000。当然,遗传算法的终止条件还可以利用某种判定准则,当判定出群体已经进化成熟且不再有进化趋势时就可以终止算法的运行过程。

5.2.4 遗传算法的改进

在景象匹配导航中,由于地物的相似性,匹配相关面可能会出现多峰值的情况,为了能够找到全局最优解,通常需要对简单遗传算法(Simple Genetic Algorithm,SGA)进行改进,SGA 也称为标准遗传算法。因为 SGA 的交叉完全是随机的,这种随机化的交叉形式在寻优的初期保持了解的多样性,但在进化的后期,大量个体集中在某一极值点附近,它们的后代造成了近亲繁殖,这会使得在求解多峰值函数的优化问题时经常只能找到个别的几个最优解,且常常是局部最优解。为了找出问题的全局最优解,可在遗传算法中引进小生境技术。

小生境技术就是将每一代个体划分为若干类,在每个类中选出若干适应度较高的个体作为一个类的优秀代表组成一个种群,再在种群中及不同种群之间通过交叉、变异产生新一代个体群,同时采用预选择机制或排挤机制或共享机制完成选择操作。基于这种小生境技术的遗传算法可以更好地保持解的多样性,同时具有很高的全局寻优能力和收敛速度,特别适合于复杂多峰值函数的优化问题。

模拟小生境的方法主要建立在对常规选择操作进行改进的基础上,其中比较常用的是共享选择机制,其基本思想是:构造一个能够反映个体之间相似程度的共享函数,用它来调整群体中各个个体的适应度,使得在以后的群体进化过程中,算法能够依据这个调整后的新适应度来进行选择运算,以维护群体的多样性,创造出小生境的进化环境[18]。

随着应用领域的扩展,遗传算法与机器学习、神经网络、人工智能等的结合越来越多地受到了人们的重视。基于遗传算法的机器学习把遗传算法从离散的搜索空间的优化搜索算法扩展到具有独特的规则生成功能的崭新的机器学习算法,这一新的学习机制对于解决人工智能中知识获取和知识优化精炼的瓶颈难题带来了希望。遗传算法和神经网络、模糊推理及混沌理论等其他智能计算方法相互渗透和结合,对开拓新的智能计算技术将具有重要的意义。遗传算法和人工生命研究领域的不断渗透,将使遗传算法在这方面发挥一定的作用。另外,并行处理的遗传算法的研究十分活跃,这一研究不仅对遗传算法本身的发展,而且对于新一代智能计算机体系结构的研究都是十分重要的。总之,随着人们对遗传算法的深入研究及遗传算法与其他学科的相互渗透,遗传算法在智能领域中的地位必将越来越重要。

5.3　本章小结

景象匹配过程实质上是一个寻找模板图像在待匹配源图像中的最优位置的搜索过程。基于景象匹配导航系统对实时性的要求,以智能优化搜索算法代替传统遍历搜索算法可以缩短匹配耗时,提高系统实时性能。其中,遗传算法和粒子群算法是图像匹配领域最常采用的搜索算法。本章简要介绍了几种经典智能优化算法的基本思想和实施步骤,以遗传算法为例,介绍了进化计算在景象匹配中的具体应用。

【参考文献】

[1] 王正志,薄涛. 进化计算[M]. 长沙:国防科技大学出版社,2000.

[2] STORN R,PRICE K. Differential evolution:a simple evolution strategy for fast optimization[J]. J. Glob. Optim. ,1997(11):341 – 359.

[3] SUTTON, ANDREW M, LUNACEK, et al. Differential evolution and non-separability:Using selective pressure to focus search[C]//Genetic and Evolutionary Computation Conference,2007:1428 – 1435.

[4] JOHN H. HOLLAND. Adaption in natural and artificial systems[M]. Ann Arbor,1975.

[5] 舒万能. 人工免疫算法的优化及其关键问题研究[D]. 武汉:武汉大学,2013

[6] KENNEDY J,EBERHART R C. Particle swarm optimization[C]//In IEEE international Conference on Neural Networks. IEEE Press,1995:1942 – 1948.

[7] 夏小云,周育人. 蚁群优化算法的理论研究进展[J]. 智能系统学报,2016,11(1):27 – 36.

[8] KARABOGA D,BASTURK B. A powerful and efficient algorithm for numerical function optimization:artificial bee colony[J]. J. Glob. Optim. ,2007,39(3):459 – 471.

［9］赵敏,殷欢,孙棣华,等. 基于改进人工鱼群算法的柔性作业车间调度［J］. 中国机械工程,2016,27(8):1059 - 1065.

［10］ISCAN H,GUNDUZ M. A survey on fruit fly optimization algorithm［C］//International Conference on Signal-Image Technology & Internet-Based Systems. 2015.

［11］SEYEDALI M,SEYED M M,ANDREW L. Grey wolf optimizer［J］. Advances in Engineering Software,2014,69:46 - 61.

［12］STEINBRUNN M,MOERKOTTE G,KEMPER A. Heuristic and Ran2 domized optimization for the join ordering problem［J］. The VLDB Journal,1997,6(3):8 - 17.

［13］KENNEDY J,EBERHART R. Particle swarm optimization［C］//:IEEE International Conference on IEEE Neural Networks,2002:1942 - 1948.

［14］SHI Y,EBERHART R. A modified particle swarm optimizer［M］// Advances in Natural Computation. Springer Berlin Heidelberg,1998:69 - 73.

［15］KORDON A K. 应用计算智能:如何创造价值［M］. 程国建,等译. 北京:国防工业出版社,2016.

［16］陈建安,郭大伟,徐乃平,等. 遗传算法理论研究综述［J］. 西安电子科技大学学报,1998,25(3):363 - 368.

［17］赖志柱. 长模式遗传算法及其应用［D］. 重庆:重庆大学,2008.

［18］GOLDBERG D E,RICHARDSON J. Genetic algorithms with sharing for multimodal function optimization［C］//Proc. of the 2nd Int. Conf. on Genetic Algorithms,Cambridge,MA. USA,July 1987,LawrenceErlbaum Associates,1987,41 - 49.

第6章　基于小波变换的景象匹配预处理

6.1　小波分析的形成及发展

小波分析是 20 世纪 80 年代后期迅速发展起来的一门新兴的数学分支,它是在傅里叶变换的基础上发展起来的一种新的时频分析方法,已广泛应用在信号分析与图像处理等领域中,是景象匹配前期图像去噪、边缘特征提取及实现快速匹配常用的一种技术。

在信号与图像处理技术中,除了时间和空间域的处理方法外,一个更重要的方法是变换域处理方法。通过某种变换对应关系,将原始信号从时间和空间域映射到变换域上,使得信号的某些特征更加明显,使处理更加简单。变换域编码就是将通常在时域描述的信号(如声音信号)或空域信号(如图像信号)变换到另外一些正交矢量空间(即变换域)中进行描写,并使变换域中描写的各信号分量之间相关性很小或互不相关,从而与变换前比,其能量更加集中。实际的图像信号像素点间一般都具有相关性,相邻行之间、相邻列之间的相关性最强,其相关系数呈指数规律衰减。利用变换域编码方法可以较好地消除像素间的相关性,使信号的能量在变换域中更加集中。

傅里叶分析是处理平稳信号的理想方法,但是对于非平稳信号,如语音信号、脑电波信号和地震信号等,它们的频域特性都是随时间而改变的,对这些非平稳信号,常常需要了解某些局部时间区间段上所对应的频率特性,由于傅里叶分析无法给出信号的局部频率特性,就显得无能为力。与傅里叶变换相比,小波分析是一种信号的时间−尺度(时间频−频率)分析方法,它具有多分辨率分析的特点,而且在时、频两域都具有表征信号局部特征的能力,是一种窗口大小固定不变但其形状可改变的时−频局部化分析方法,即在低频部分具有较高的频率分辨率和较低的时间分辨率,在高频部分具有较高的时间分辨率和较低的频率分辨率,很适合于探测正常信号中夹带的瞬间反常现象并展示其成分,因此被誉为分析信号的显微镜。正是这种性质使小波变换具有对信号的自适应性,是时频信号分析的有力工具,解决了很多傅里叶变换所不能解决的困难问题,小波分析的快速算法给实际应用带来了很大的方便。

小波变换方法属于变换域方法的一种,是 Fourier 分析发展史上的一个里程碑式的进展,被人们誉为数学"显微镜"。小波分析理论及其方法的形成和应用在科学技术界引起一场轩然大波并成蔓延之势。小波理论形成经历了三个阶段。

1. Fourier 变换(Fourier Transform,FT)阶段

在信号分析中,对信号的刻化通常采取时域和频域两种基本形式。单凭时域分析无法得到关于信号变化的更多信息(如采样、周期等)。1822 年 Fourier 提出的频域分析法 ——Fourier 变

换,能够揭示信号 $f(t)$ 的能量在各个频率成分中的分布情况。

设信号为 $f(t)$,其 Fourier 变换为

$$F(\omega) = \frac{1}{\sqrt{2\pi}} \int_{-\infty}^{+\infty} f(t) e^{-j\omega t} dt \qquad (6-1)$$

许多时域上看不清的问题,通过 $F(\omega)$ 就显得清晰了。Fourier 变换将信号的时域特征和频率特征联系起来,能分别从时域和频域上观察信号,但不能把二者有机结合起来。另外,Fourier 变换是整个时间域内的积分,识别出的频率在什么时候产生并不知道,因此不能反映某一局部时间内信号的频谱特性,即在时间域上没有任何分辨率。这样在信号分析中就面临一对矛盾:时域和频域的局部化矛盾。

Fourier 变换对具有突变的信号(如地震波、暴雨、洪水等)的分析带来诸多不便和困难。这就促使寻求一种信号时频局部分析的新方法。

2. 短时 Fourier 变换(Short-Time Fourier Transform,STFT)阶段

由于 Fourier 变换提取信号的频谱需要利用信号的全部时域信息,不能反映出随着时间的变化信号频率成分的变化情况,1946 年 Gabor 提出了窗函数的概念,提出一个灵活可变的时间-频率窗,使得在这个窗内能够体现频率的信息,这种固定的时间-频率分析方法即为短时 Fourier 变换。因此,短时 Fourier 变换又称加窗 Fourier 变换,其基本思想是:把信号划分成许多小的时间间隔,用 Fourier 变换分析每一个时间间隔,以确定该间隔存在的频率,达到时频局部化的目的。短时 Fourier 变换的表达式为

$$S_x(\omega,t) = \int_{-\infty}^{+\infty} x(\tau) m(\tau - t) e^{-j\omega \tau} d\tau \qquad (6-2)$$

式中,$m(\tau - t)$ 可看成是窗函数。STFT 可以看成是用基函数 $m_{\omega,t}(\tau) = m(\tau - t) e^{j\omega \tau}$ 来代替 Fourier 变换中的基函数。

式(6-2)可以这样理解:在时域用窗函数去截信号,对截下来的局部信号作 Fourier 变换,即在 t 时刻得该段信号的 Fourier 变换,不断地移动 t,也即不断地移动窗函数的中心位置,即可得到不同时刻的 Fourier 变换,这些 Fourier 变换的集合,即是 $S_x(\omega,t)$。

STFT 能实现信号时频局部化分析,但窗函数一旦选定,其窗口的大小和形状固定不变,其分辨率是有限的。由于频率与周期成反比,反映信号高频成分需要较高的时间分辨率(窄的时间窗),反映低频成分需要较低的时间分辨率(宽的时间窗)。因此,加窗 Fourier 变换对研究高频率信号和低频率信号都不是有效的,其时间分辨率和频率分辨率不能同时达到最优,对时间分辨率和频率分辨率只能取一个折中。因此,STFT 用来分析分段平稳信号或者近似平稳信号犹可,但对非平稳信号,对频率分辨率和时间分辨率的要求是要按照一定的规律变化的,但 STFT 的窗函数一旦选定,时频率分辨率是确定不随时间、频率的变化而变化。

3. 小波分析阶段

"小波"就是小区域、长度有限、均值为 0 的波形。小波变换就是选择适当的基本小波或母小波 $\psi(t)$,通过对基本小波的平移、伸缩而形成一系列的小波,这簇小波作为基可以构成一系列嵌套的(信号)子空间,然后将欲分析的信号(例如图像)投影到各个大小不同的(信号)子空间之中,以观察相应的特性,这就相当于用不同的焦距去观察一个物体,可从宏观到微观,从概貌到细节都能观察得十分详尽。所以小波变换又被称为"数学显微镜"。

在继承 STFT 的基础上,Morlet 提出了小波变换法(Wavelet Transform,WT)。WT 可研究信号在各个时刻或各空间位置在不同尺度上的演变情况,实现了时频局部化分析。小波理论的思想源于信号分析的伸缩与平移,1980 年由 Morlet 首创,1984 年他与 Grossman 共同提出连续小波变换的几何体系,成为小波分析发展的里程碑。1985 年,法国数学家 Meyer 创造性地构造了规范正交基,提出了多分辨率概念和框架理论,小波研究热潮由此兴起。1986 年 Battle 和 Lemarie 又分别独立地给出了具有指数衰减的小波函数,同年,Mallat 创造性地发展了多分辨分析概念和理论并提出了快速小波变换算法——Mallat 算法。1988 年 Daubechies 构造了具有有限紧支集的正交小波基,Chui 和王建忠构造了基于样条函数的正交小波。至此,小波分析的系统理论得以建立。最近又提出了小波包理论,它是小波理论的进一步发展。

小波分析是一种窗口的大小固定、形状可变的时频局部化信号分析方法,即在低频部分具有较高的频率分辨率和较低的时间分辨率,在高频部分具有较高的时间分辨率和较低频率分辨率。

小波分析与傅里叶变换相比有以下特点:

(1)傅里叶变换是把能量有限的信号 $f(t)$ 分解到以 $\{e^{j\omega t}\}$ 为正交基的空间上去,小波变换的实质是把该信号分解到 W_{-j} 所构成的空间上去。

(2)傅里叶变换用到的基本函数只有 $\sin \omega t$,小波函数具有不唯一性,小波函数的选用是小波分析应用中的一个难点。

(3)在频域中,傅里叶变换具有较好的局部化能力,特别是对于频率成分简单的确定性信号,傅里叶变换很容易把信号表示为多个频率成分的叠加和的形式,但是在时域中,傅里叶变换没有局部化能力。

(4)在小波分析中,尺度 a 的值越大相当于傅里叶变换中 ω 的值越小。

(5)小波的品质因数 $Q = \dfrac{\Delta f}{f} = C$ 是常数。

6.2　小波变换基本理论

小波理论属于应用数学学科,被认为是数学分析和方法上的重大突破,它是泛函分析、Fourier 分析、样条分析、调和分析和数值分析的完美结合,具有理论深刻和应用十分广泛的双重意义,是当前数学家关注和研究的一个热点。小波变换被认为是 Fourier 分析发展的新阶段,具有许多其他的时-频分析方法所不具备的优良特性,如正交性、方向选择性、可变的时频域分辨率、可调整的局部支持及分析数据量小等。这些良好的分析特性促使小波变换成为信号处理的强有力的新工具。

小波分析优于 Fourier 变换的地方在于,它在时域和频域都具有良好的局部化特性,可以聚焦到对象的任何细节。与 Fourier 分析和 Gabor 变换相比,小波变换是时间(空间)频率的局部化分析,它通过伸缩平移运算对信号逐步进行多尺度细化,最终达到高频处时间细分、低频处频率细分,能自动适应时频信号分析的要求,从而可聚焦到信号的任意细节,解决了 Fourier 变换的困难问题,并且小波变换的基函数不是固定不变的,它可以根据实际需要按照一定要求进行设计,原则上说,传统上可以使用 Fourier 变换的地方,现在都可以用小波变换取代。因此,小波分析成为继 Fourier 分析以来在科学方法上的重大突破。

类似于 Fourier 分析,小波分析主要由两个变换构成,即连续小波变换和离散小波变换。

6.2.1 连续小波变换

连续小波变换的形式化定义最早由 Morlet 和 Grossman 提出。设函数 $\psi(t) \in L^2(\mathbf{R})$ 为一二次方可积函数,若其傅里叶变换 $\hat{\psi}(\overline{w})$ 满足下式的容许条件:

$$C_\psi = \int_{\mathbf{R}} \frac{[\hat{\psi}(w)]^2}{|w|} \mathrm{d}w < \infty \qquad (6-3)$$

则称 $\psi(t)$ 为一个基本小波或小波母函数,并称式(6-3)是小波函数的容许性条件。

将小波母函数 $\psi(t)$ 进行伸缩和平移,令伸缩因子(称尺度因子)为 a,平移因子为 b,则称 $\psi_{a,b}(t) = \frac{1}{\sqrt{|a|}}\psi\left(\frac{t-b}{a}\right)$(其中 $a > 0, b \in \mathbf{R}$)是依赖于参数 a, b 的小波基函数。

将任意 $L^2(\mathbf{R})$ 空间中的函数 $f(t) \in L^2(\mathbf{R})$ 在小波基下进行展开,若参数 a, b 连续变化取值,则称这种展开为该函数的的连续小波变换,定义如下:

$$W_f(a,b) = \langle f(t), \psi_{a,b}(t) \rangle = \frac{1}{\sqrt{|a|}} \int_R f(t) \cdot \overline{\psi}\left(\frac{t-b}{a}\right) \mathrm{d}t \qquad (6-4)$$

式中,$\overline{\psi}_{a,b}(t)$ 表示复共轭运算;$\psi_{a,b}(t)$ 表示一个小波序列。

从定义可知:小波变换与 Fourier 变换一样,都是一种积分变换,但从式(6-4)可以看出,变换后的信号是尺度参数 a 和平移参数 b 两个变量的函数,即小波变换将一个时域函数变换到二维的时间-尺度平面上。函数 $f(t)$ 在某一尺度因子 a,平移参数 b 上的小波变换系数,表征的是在 b 位置处,时间段 $2a\Delta t$ 内包含的中心频率为 $\frac{\omega_0}{a}$、宽度为 $\frac{2\Delta \omega}{a}$ 的频窗内的频率成分的大小。

小波缩放因子与信号频率之间的关系可以这样来理解:缩放因子小,表示小波比较窄,度量的是细节信号,说明信号频率比较高;相反,缩放因子大,表示小波比较宽,度量的是信号的粗糙程度,说明信号频率比较低。

信号经过小波变换后,可以获取信号的细节信息,在将这些细节信息处理后,必须通过小波的逆变换将信号还原。因此,小波逆变换的存在是必要的[1]。

连续小波变换的逆变换定义为

$$f(t) = \frac{1}{C_\psi} \int_0^\infty \frac{\mathrm{d}a}{a^2} \int_{-\infty}^{+\infty} WT_\psi f(a,b) \psi\left(\frac{t-b}{a}\right) \mathrm{d}b \qquad (6-5)$$

其中,$C_\psi = \int_{\mathbf{R}} \frac{|\psi(\omega)|^2}{|\psi|} \mathrm{d}\omega < \infty$ 为逆变换存在须满足的条件。

6.2.2 离散小波变换

计算机中的图像信息是以离散信号形式存放的,因此需要将连续小波变换离散化。而最基本的离散化方法就是二进制离散,一般将这种经过离散化的小波及其变换叫做二进小波和二进小波变换。需要注意的是这里的离散化都是针对连续的尺度因子 a 和连续平移因子 b 的,而不是针对时间 t 的,也就是说,离散小波变换中的"离散"含义是指对尺度参数和位移参数进行离散化,并没有对分析信号和小波函数中的时间变量进行离散化。这里限制尺度因子 a 总是正数。

1. 尺度与位移的离散化

对连续小波基函数 $\psi_{a,b}(t)$ 尺度因子 a 和平移因子 b 进行离散化可以得到离散小波变换 $WT_f(a,b)$,从而减少小波变换系数的冗余度。在离散化时通常对尺度因子 a 和平移因子 b 按幂级数进行离散化,即取 $a=a_0^m, b=b_0^m$(m 为整数,$a_0 \neq 1$,但一般都假定 $a_0 > 1$),得到离散小波函数为

$$\psi_{m,n}(t) = \frac{1}{\sqrt{|a_0|}}\psi\left(\frac{t-na_0^m b_0}{a_0^m}\right) = \frac{1}{\sqrt{|a_0|}}\psi(a_0^{-m}t - nb_0) \qquad (6-6)$$

其对应系数为

$$C_{m,n} = \int_{-\infty}^{+\infty} f(t)\overline{\psi_{m,n}(t)}\,dt \qquad (6-7)$$

2. 二进制小波变换

二进小波变换是一种特殊的离散小波变换,特别地令参数 $a_0=2, b_0=1$,则有 $\psi_{m,n} = 2^{-\frac{m}{2}}\psi(2^{-m}t - n)$。该二进尺度分解的原理在 20 世纪 30 年代由 Littlewood 和 Paley 在数学上进行了研究证明。

离散二进小波变换为

$$WT_f(m,n) = \int_{-\infty}^{+\infty} f(t)\psi_{m,n}(t)\,dt \qquad (6-8)$$

6.2.3　多分辨率分析

Mallat 在构造正交小波基时提出了多分辨率分析(Multi-Resolution Analysis,MRA)的概念,从空间概念上形象地说明了小波的多分辨率特性,并将在此之前的所有正交小波基的构造法统一起来,由此提出了现今广泛使用的 Mallat 快速小波分解和重构算法,它在小波分析中的地位与快速傅里叶变换在傅里叶分析中的地位相当。

人的眼睛在观察物体时,如果距离物体比较远,即尺度较大,则视野宽、分辨能力低,只能观察事物的概貌而看不清局部细节;若距离物体较近,即尺度较小,那么视野就窄而分辨能力高,可以观察到事物的局部细节却无法概览全貌。因此,如果既要知道物体的整体轮廓又要看清其局部细节,就必须选择不同的距离对物体进行观察。和人类视觉机理一样,人们对事物、现象或过程的认识会因尺度选择的不同而得出不同的结论,这些结论有些可能反映了事物的本质,有些可能部分地反映,有些甚至是错误的认识。显然,仅使用单一尺度通常只能对事物进行片面的认识,结果不是只见"树木"不见"森林",就是只见"森林"不见"树木",很难对事物有全面、清楚的认识。只有采用不同的尺度,小尺度上看细节,大尺度上看整体,多种尺度相结合才能既见"树木"又见"森林"。另外,在自然界和工程实践中,许多现象或过程都具有多尺度特征或多尺度效应,同时,人们对现象或过程的观察及测量往往也是在不同尺度上进行的。因此,多分辨率分析是正确认识事物和现象的重要方法之一。

由粗到细或由细到粗的在不同分辨率上对事物进行分析称为多分辨率分析,有时又称多尺度分析。多分辨率分析最早用于计算机视觉研究领域,研究者们在划分图像的边缘和纹理时

发现边缘和纹理的界限依赖于观察与分析的尺度,这激发了他们在不同的尺度下检测图像的峰变点。1987年,Mallat将计算机视觉领域内多尺度分析的思想引入到小波分析中研究小波函数的构造及信号按小波变换的分解和重构,提出了小波多分辨分析的概念,统一了此前各种具体小波的构造方法。Mallat的工作不仅使小波分析理论取得了里程碑式的发展,同时也使多尺度分析在众多领域取得了许多重要的理论和应用成果。目前,小波分析已经成为应用最广泛的多分辨率分析。

6.3　图像的小波变换

平面图像可以看成二维信号,因此,小波分析很自然地被运用到图像处理领域。目前小波分析已经被运用到图像处理的几乎所有分支。另外,小波变换的多尺度分解特性更加符合人类的视觉机制,与计算机视觉中由粗到细的认识过程十分相似,更加适合图像信息的处理。Mallat于1987年将计算机视觉领域的多尺度分析法引入小波分析理论之中,给出了小波分解与重构的Mallet算法,并将其用于信号和图像的分解与重构。

目前,小波在信号分析、图像处理、计算机视觉与识别、医学成像与诊断、地震勘探数据处理及大型机械的故障诊断等很多领域得到了广泛的应用。

对于图像而言,由于其是二维信号,因此图像的小波分解与重构涉及二维的小波变换理论。二维小波变换有两种方法:一种是可分离的,由一维小波的张量积构成;另一种是不可分离的。由于不可分离的二维小波变换目前还不够成熟,所以目前图像多尺度分解中用得最多的是可分离的小波变换,即二维图像的小波分解可通过两次一维小波变换来完成。二维图像在计算机中可用一个矩阵的形式来表示,因此二维图像的小波分解可先在行方向上(或列方向上)作一维小波分解,然后再在列方向上(或行方向上)作一维小波分解,继而得到图像的一级小波分解,图像的重构与图像分解互为逆过程,只需要作相应的逆过程即可。将原始图像分别在水平方向和垂直方向进行低通滤波并二抽取后得到第一层的小波分解图像LL,先在水平方向上进行低通滤波后再在垂直方向上进行高通滤波得到垂直细节图像LH,先在垂直方向上进行低通滤波后再在水平方向上进行高通滤波得到水平细节图像HL,分别在水平方向和垂直方向上进行高通滤波得到对角线细节图像HH,它们的大小是原来图像的1/4。每次分解得到的LL被用于产生下一层的四种图像。依此类推即可得到多层分解图像。

图6-1为图像一级小波分解后的变换系数分布图,图6-2为图像二级小波分解后的变换系数分布图。

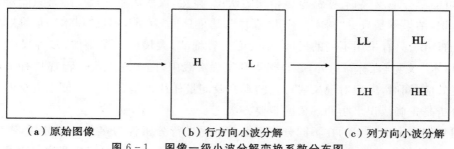

（a）原始图像　　　　　　（b）行方向小波分解　　　　　　（c）列方向小波分解

图6-1　图像一级小波分解变换系数分布图

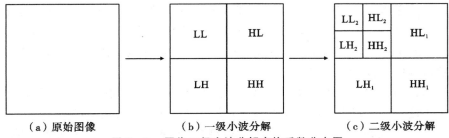

（a）原始图像　　　　　（b）一级小波分解　　　　（c）二级小波分解

图 6-2　图像二级小波分解变换系数分布图

在图 6-1 中，图（b）为原始图像经过行方向（水平方向）分解后变换系数分布图，其中 L 表示行方向上的低通分量，H 是行方向的高通分量，图（c）为再经过列方向（垂直方向）小波变换后的变换系数分布图，其中 LL 表示整个图像在两个方向上的低频分量，LH 表示列方向（垂直方向）的高频分量，HL 表示行方向（水平方向）的高频分量，HH 表示对角方向的高频分量。LL 低频分量集中了原始图像的大部分能量，反映了图像的绝大部分信息，其他三个高频分量分别代表了图像不同方向的细节信息。图 6-2 所示为一级小波分解后对 LL 进行二级小波分解。

图像分解的数据传递如图 6-3 所示，图中 2↓ 表示降样，为 2 点取 1 点的抽样，即只剩下一半样数。

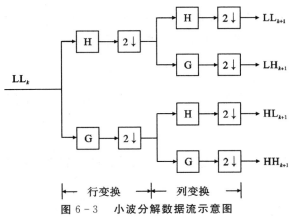

图 6-3　小波分解数据流示意图

图像重构的数据传递如图 6-4 所示，图中 2↑ 表示升样，即得到的样数为原样数的 2 倍。

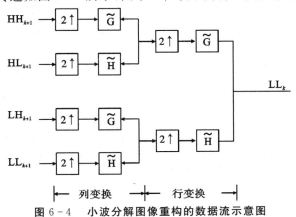

图 6-4　小波分解图像重构的数据流示意图

在正交小波变换中，最简单的小波函数是 Haar 小波，但是 Haar 小波分解的低频图像其实也是对上一尺度的低频图像平均得到的，图像的边缘信息损失较为严重，对图像匹配的结果影响较大；Daubechies 小波在运动估计中应用广泛，可以很好地保留低频信息，是一种很不错的小波函数，可以应用在图像分解中。

为了能够让读者对图像小波分解有一个直观认识，下面以 Lena 图像为例，利用 Daubechies 小波分别对图像进行一级小波分解和二级小波分解，仿真结果如图 6-5 所示。

（a）原始图像　　　　　（b）一级小波分解图像　　　　　（c）二级小波分解图像

图 6-5　Lena 图像小波分解

由图 6-5 可以看出，图像经过小波分解后，左上角的子图（对应小波分解后的 LL 低频系数）是原图像的一个近似，其余三个子图（分别对应 LH、HL、HH 高频系数）则是原始图像在不同方向、不同分辨率下的细节。如果原图像有 N^2 个像素，j 级小波分解的每个子图分别有 $(2^{-j}N)^2$ 个像素（$j > 0$），则图像 k 级小波分解的总像素数 N_T 为

$$N_T = 4^{-k}N^2 + 3\left(\sum_{j=1}^{k} 4^j\right)N^2 \tag{6-9}$$

由此可见，小波分解后总的像素数不变，但低频系数对应的近似图像的像素数为原图像像素数的 2^{-k}。

6.4　基于小波变换的图像去噪

图像去噪也称为图像滤波，如何在去除不想要的噪声的同时保留蕴含图像丰富信息的边缘及几何结构等是图像去噪研究的重点。根据去噪方法所作用的信号域不同，可以将去噪方法分为空域滤波和变换域滤波。其中空域滤波是对像素直接处理，变换域去噪是将图像先进行某种变换，然后对变换后系数进行处理，最后通过对应的逆变换得到去噪后的图像。

经典的图像去噪方法主要是基于频域的处理方法，以滤波器的形式去噪，它是把有用信号和噪声信号在频域进行分离的方法实现去噪。这种方法只有在信号频谱和噪声频谱没有重叠的前提下才能把信号和噪声完全分离开来，而在实际情况下，信号频谱和噪声频谱往往是重叠的，因为无论是高斯白噪声还是脉冲噪声（椒盐噪声），其频谱几乎都是分布在整个频域内。如果要噪声平滑效果好，必然会引起图像的模糊，造成轮廓不清晰，而要使信号的轮廓清晰，就必然造成噪声的平滑效果不好，使用时必须权衡得失，在二者之间做出合理的选择。用低通滤波器进行平滑处理可以去除噪声、伪轮廓等寄生效应，但是由于低通滤波器对噪声等寄生成分去除的同时，也去除了有用的高频成分，即进行噪声平滑的同时，也必定平滑了非平稳信号的突变点。因此这样的去噪处理方法是以牺牲清晰度为代价而换取的。

小波分析方法是一种窗口大小即窗口面积固定、窗口形状可变、时间窗和频率窗都可改变的时频局部化分析方法,即在低频部分具有较高的频率分辨率和较低的时间分辨率,在高频部分具有较高的时间分辨率和较低的频率分辨率,很适于探测正常信号中突变信号的成分。它可以用长的时间间隔来获得更加精细的低频率的信号信息,用短的时间间隔来获得高频率的信号信息。在实际的工程应用中,所分析的信号可能包含许多尖峰或突变部分,并且噪声也不是平稳的白噪声,对这种信号的降噪处理,用传统的傅里叶变换分析,显得无能为力,因为它不能给出信号在某个时间点上的变化情况。小波分析作为一种全新的信号处理方法,它将信号中各种不同的频率成分分解到互不重叠的频带上,为信号滤波、信噪分离和特征提取提供了有效途径。

具体来说,小波去噪方法的成功主要得益于小波变换具有如下特点:

(1) 低熵性。小波系数的稀疏分布,使得图像变换后的熵降低。

(2) 多分辨率。由于采用了多分辨率的方法,所以可以非常好地刻画信号的非平稳特征,如边缘、尖峰、断点等。

(3) 去相关性。因为小波变换可以对信号进行去相关,且噪声在变换后有白化趋势,所以小波域比时域更利于去噪。

(4) 选基灵活性。由于小波变换可以灵活选择变换基,从而对不同应用场合、不同研究对象,可以选用不同的小波母函数,以获得最佳的效果。

小波图像去噪就是根据信号和噪声的小波系数在不同尺度上具有不同性质的原理,利用相应的数学工具构造系数选择方式,对含噪信号的小波系数进行处理。小波去噪过程就是利用小波分解将图像信号分解到不同尺度中,通过对小波系数进行处理,把属于噪声的小波系数丢掉,保留并增强属于信号的小波系数,最后利用小波逆变换将处理后的小波系数重构得出去噪后的图像。小波去噪基本流程如图 6-6 所示。

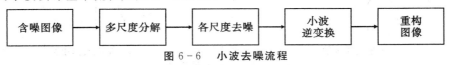

图 6-6　小波去噪流程

各种小波去噪方法的不同之处主要体现在对小波系数处理方法的不同上,其中基本方法主要包括:模极大值重构去噪、空域相关去噪和小波域阈值去噪等。

1. 小波变换模极大值去噪

含噪信号经过小波变换后,信号和噪声的小波变换系数在不同尺度上具有不同的传播特性。噪声所对应的模极大值随着尺度的增大迅速衰减,而信号的模极大值根据信号的不同特点分为三种情况:① 缓变信号的模极大值随着尺度的增大逐渐增大;② 阶跃信号模极大值不随尺度的增大发生变化;③ 脉冲信号对应的正、负极值组成的脉冲对的幅值随着尺度的增大同时变小。因此,对含噪信号在连续做若干次小波分解之后,综合各尺度上模极大值的位置和幅值信息即可判断哪些模极大值是由噪声引起的,哪些是由信号产生的。剔除那些由噪声所引起的模极大值,再由剩余的模极大值重构信号,则重构后的信号即是去除噪声后的干净信号。

在应用模极大值法去噪时,理论上,可选取的最大尺度 $J = \log_2 n$(其中 n 为噪声功率),但实际中一般只取 $3 \sim 5$。一方面,虽然 J 越大,信号和噪声表现的不同特性越明显,越有利于信噪分离,但另一方面,分解的尺度过大也会引起有用信号的模极大值的衰减,从而使重构误差变大,因此二者要兼顾。最大分解尺度 J 应该与原始信号的信噪比(Signal-Noise Ratio,SNR)有关,若 SNR 较大,则 J 可取得稍微小一些即可分离噪声,而若 SNR 较小,J 应取大一些才能更好地抑制噪声。另外,小波函数的选取及重构小波系数方法的选择会直接关系到去噪效果,寻找一种既有较好去噪又能精确定位奇异点的小波函数及好的重构算法一直是小波去噪方法研究的重点。

2.小波域阈值去噪

由于小波变换具有能量集中的特性,它能将信号的能量集中到少数小波系数上,而白噪声在任何正交基上的变换仍然是白噪声。相对来说,信号的小波系数值必然大于那些能量分散且幅值较小的噪声的小波系数值,因此,小波阈值法可以实现去噪。

先设置一个临界阈值 T,若小波系数小于 T,则认为该系数主要由噪声引起,去除这部分系数;若小波系数大于 T,则认为此系数主要是由信号引起,保留这部分系数,然后对处理后的小波系数进行小波逆变换得到去噪后的信号,这就是小波阈值去噪的基本思想。在阈值去噪中的两个基本要素是阈值和阈值函数。

(1)阈值函数选取。阈值函数体现了对超过和低于阈值的小波系数模的不同处理策略及不同的估计方法。阈值函数的选取关系着重构信号的连续性和精度,对小波去噪的效果影响很大。阈值函数体现了对超过和低于阈值的小波系数模的不同处理策略及不同的估计方法。目前阈值的选取方式主要有硬阈值、软阈值及半软阈值,如图 6-7 所示。其中,横坐标表示信号的原始小波系数,纵坐标表示阈值化后的小波系数。

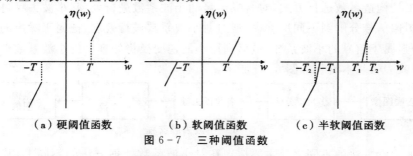

(a)硬阈值函数　　　(b)软阈值函数　　　(c)半软阈值函数
图 6-7　三种阈值函数

设 w 是原始小波系数,$\eta(w)$ 表示阈值化后的小波系数,T 是阈值,则有

硬阈值函数:
$$\eta(w) = \begin{cases} w, & |w| \geqslant T \\ 0, & |w| < T \end{cases} \tag{6-10}$$

软阈值函数:
$$\eta(w) = \begin{cases} \mathrm{sgn}(w)(|w| - T), & |w| \geqslant T \\ 0, & |w| < T \end{cases} \tag{6-11}$$

半软阈值函数:
$$\eta(w) = \begin{cases} w, & |w| \geqslant T_2 \\ \mathrm{sgn}(w) \dfrac{T_2(|w| - T_1)}{T_2 - T_1}, & T_1 \leqslant |w| \leqslant T_2 \\ 0, & |w| \leqslant T_1 \end{cases} \tag{6-12}$$

由图 6-7 及式(6-10)～式(6-12)可以看出:硬阈值是将信号的绝对值与阈值进行比较,

将小于或等于阈值的信号设为零,大于阈值的信号保持不变。硬阈值可以很好地保留图像边缘和细节的局部信息,但会产生振铃效应等类似的视觉失真,去噪后的信号仍有较明显的噪声。小波系数经硬阈值函数处理后连续性变差,重构过程中信号会出现波动,降噪后的信号光滑性变差。软阈值是将信号的绝对值与阈值进行比较,把绝对值小于或等于阈值的信号设为零,对于绝对值大于阈值的信号,将其设为自身与阈值的差,这样信号就会向零收缩,相对于硬阈值法,软阈值法具有较好的连续性,其处理结果相对平滑,但软阈值函数的缺点是原系数与小波分解系数存在固定的偏差,从而会损失一些有用的高频信息,直接影响了重构信号与真实信号的逼近程度,可能会使图像边缘出现模糊失真。半软阈值方法虽能表现出较好的去噪效果,但需要估计两个阈值,实现起来较困难。为此,很多学者提出了一些改进方法[2-3],提高了图像质量和视觉效果。

(2) 阈值选取。小波阈值去噪方法除了阈值函数的选取,另一个关键因素是对阈值的具体估计。如果阈值过小,去噪后的信号仍然有噪声的存在;相反,阈值过大,边缘、纹理等重要特征又将被过滤掉,丢失细节信息。直观上看,对于给定的小波系数,噪声越大,阈值就越大。目前使用的阈值可以分成全局阈值和局部适应阈值两类。其中,全局阈值对各层所有的小波系数或同一层内的小波系数都是统一的;而局部适应阈值是根据当前系数周围的局部情况来确定阈值。全局阈值主要有以下几种:

1) DJ 阈值,即 Donoho 和 John Stone 的统一阈值(简称 DJ 阈值),$T = \sigma \sqrt{2\ln N}$,其中,σ 为噪声标准方差;N 为信号尺寸或长度。

该阈值是在高斯模型下针对多维独立正态变量联合分布得出的。

2) 基于零均值正态分布的置信区间阈值:$T = 3\sigma$,其中,σ 为噪声标准方差。

该阈值是假设零均值的正态分布变量落在区间 $[-3\sigma, 3\sigma]$ 之外的概率为 0,因此一般认为绝对值大于 3σ 的系数是由信号产生的,而绝对值小于 3σ 的系数是由噪声产生的。

3) Bayes Shrink 阈值和 Map Shrink 阈值:在小波系数服从广义高斯分布的假设下,Chang 等人[4] 得出了阈值 $T_{\text{bayes}} = \dfrac{\sigma^2}{\sigma_\beta}$($\sigma$ 为噪声标准方差,σ_β 为广义高斯分布的标准方差值);而在小波系数服从拉普拉斯分布的假设下,Moulin 等人[5] 给出了基于 MAP 方法的阈值 $T_{\text{map}} = \lambda$(λ 为拉普拉斯分布的参数值)。

(3) 小波域阈值去燥过程。阈值去噪法就是通过对图像进行小波变换,得到小波变换系数,通过设定特定的阈值对小波系数进行取舍,得到小波系数估计值,最后通过估计小波系数进行小波重构,即可得到去燥后的图像,其过程如图 6-8 所示。

1) 计算含噪声图像的小波变换:选择合适的小波基和小波分解层数 J,对含噪图像进行 J 层小波分解,得到相应的小波分解系数。

2) 对分解后的高频系数进行阈值量化:对从 1 到 J 的每一层,选择一个适当的阈值和合适的阈值函数,将分解得到的高频系数进行阈值量化,得到估计小波系数。

3) 进行小波逆变换:根据图像小波分解后的第 J 层低频系数和经过阈值量化处理的各层高频系数进行二维小波重构,得到去噪后的图像。

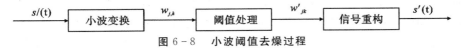

图 6-8　小波阈值去燥过程

在实际中,小波分解层数一般取 2～5,分解层数取值越大,则噪声和信号表现不同特征越明显,越有利于信噪分离。另外,对重构来说,分阶层越多,则失真越大,即重构误差越大。最大分解层数应与信号的信噪比有关。图 6-9 所示分别为 Lena 图像[图(a)]、rice 图像[图(e)]添加随机噪声后[分别如图(b)(f)所示],运用小波函数 coif2 进行 2 层小波分解,通过对高频噪声阈值处理去噪并进行重构后的图像,其中图(c)(g)为第一次消噪后的图像,图(d)(h)为第二次消噪后的图像。

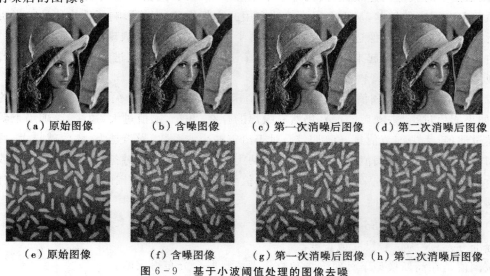

　(a)原始图像　　　　(b)含噪图像　　　　(c)第一次消噪后图像　　(d)第二次消噪后图像

　(e)原始图像　　　　(f)含噪图像　　　　(g)第一次消噪后图像　(h)第二次消噪后图像

图 6-9　　基于小波阈值处理的图像去噪

3.小波空域相关去噪

在实际应用中,信号的突变点有良好的局部性质,并且出现在各个尺度上,而噪声的能量却集中在小尺度上,其小波系数随着尺度的增大而迅速衰减。信号经小波变换后,其小波系数在各尺度上有较强的相关性,尤其是信号的边缘附近,其相关性更加明显,而噪声对应的小波系数在各尺度间却没有这种明显的相关性。因此可以考虑利用小波系数不同尺度上的对应点处的相关性来确定是信号系数还是噪声系数,从而通过取舍达到去噪的目的。

Xu 等人[6]提出了一种空间选择性噪声滤波(Spatially Selective Noise Filtration,SSNF)方法,该方法利用相邻尺度小波系数的相关程度来进行去噪,即通过将相邻尺度同一位置系数的相关量来构成相关量图像,作适当的灰度伸缩后,再同原来的小波图像进行比较,其中较大的相关量被认为对应于边缘等的图像特征而被抽取出来,并作为原信号小波变换的估计,然后经反变换就得到去噪后的图像。

6.5　基于小波变换的图像边缘特征提取

小波变换在高频处的时间分辨率高,低频处的频率分辨率高,即具有变焦特性,因此特别适合于图像这一类非平稳信号的处理。经典的边缘检测算子都没有自动变焦的特点。实际中,由于物理和光照的原因,图像中的边缘通常产生在不同的尺度范围内,用单一尺度的边缘检测算子不可能检测出所有的边缘。经典边缘检测算子在一个尺度上进行图像边缘检测,不利于区分图像中小结构的轮廓和大结构的边缘,用单一尺度边缘信息来恢复原始图像效果比较差。而且,经典的边缘检测算子通常是针对整个图像进行的,不能对图像中具有某些特征的不规则部分子图进行边缘检测。

6.5.1　小波多尺度边缘检测的思想

小波分析的多分辨特性为边缘检测提供了一种新方法,用小波变换对信号进行多分辨分析非常适合于提取信号的局部特征,在提取图像边缘的同时还可以有效地抑制噪声。因而,小波函数具有较强的去除噪声的能力,同时又具有完备的边缘检测能力。

小波变换应用于边缘检测有以下优点:

(1)通过提取合适的滤波器,小波变换可以极大地减小或去除信号之间的特征相关性。

(2)具有"变焦"特性,在低频段可用高频分辨率和低时间分辨率,在高频段可用低分辨率和高时间分辨率。

(3)小波系数在不同分辨率下的对应系数之间具有较强的相关性或层间相关性,通过对比,该方法能够较好地防止噪声干扰,同时又能有效地保留图像边缘。

多尺度边缘检测算子能够利用不同分辨率的特性,融合多个分辨率下信号分析信息,为信号局部处理提供更多有用的信息,使人们能够更清楚地看到事物局部变化细节。图像边缘和噪声在不同尺度上具有不同的特性,在不同尺度下检测到的边缘在定位精度与抗噪性能上具有互补性。在大尺度上,边缘比较稳定,对噪声不敏感,但由于采样移位的影响,边缘的定位精度较差;在小尺度上,边缘信息比较丰富,边缘定位精度较高,但对噪声比较敏感。因此,在多尺度边缘提取中,应发挥大、小尺度的优势,对各尺度上的边缘图像进行综合,以得到精确的单边像素的边缘。

当然,传统的基于小波变换的图像边缘提取方法会导致边缘细节的损失且边缘位置会发生偏移,为此,研究者们提出了很多改进方法。如文献[7]提出了基于边缘方向性的平滑算法,并将该算法和小波方法结合进行边缘检测。文献[8]提出了一种基于小波变换的亚像素边缘检测方法,提高了边缘检测的精度。文献[9]基于 Mallat 的多尺度边缘检测的思想,在对图像进行自适应平滑处理的基础上,实现了多尺度 B 样条的边缘检测算法。

6.5.2　边缘检测中小波基选取准则

在尺度给定时,小波变换相当于对图像进行带通滤波,在一定程度上排除了噪声的影响,但同时也丢掉了一些模糊边缘,这就要求小波函数具有好的去噪特性,同时又能精确地提取边缘,反映图像灰度的变化。在选择小波函数时应该考虑以下原则:

(1)因为边缘在图像中表现为灰度值的突变,表现为高频信号,图像中占主导地位的一般是低频信号。为了提高边缘检测质量,基于边缘检测的小波应是高通(或带通)滤波器,它对"直流"分量的滤波响应为零,对低频分量的响应受到抑制。

(2)当边缘信号为奇函数时,滤波器的脉冲响应的偶函数分量仅起着降低边缘检测质量的作用,当边缘信号函数为偶函数时,滤波器的脉冲响应的奇函数也仅起着降低边缘检测质量的作用。因此,选取的小波函数应与被检测边缘函数的奇偶对称性一致,即检测阶跃边缘的小波应是奇函数。

（3）图像边缘点的灰度突变指的是局部范围内图像灰度有较大的起落。每一个孤立的边缘点对应于图像灰度变化函数的一次导数的极值点和二次导数的过零点，都是针对图像的局部范围来说的。因此，基于图像检边缘测的小波函数应是一个窗口函数，最好是紧支窗口函数。

6.5.3　小波变换实现边缘检测的一般流程

小波变换的模极大值点对应于信号的突变点。在二维平面中，小波变换适应于检测图像的局部突变性，可通过检测小波变换模极大值来确定图像突变点、边缘点。基于小波变换模极大值进行边缘检测的具体步骤如下：

（1）对图像进行小波变换，获得其细节高频分量。

（2）求出小波变换系数的模值。

（3）求出小波变换系数的幅角。

（4）求得局部模极大值：把幅角划分为 4 个方向，即 0° 或 180° 方向、90° 或 270° 方向、45° 或 225° 方向、135° 或 315° 方向。

（5）依次校验每个像素点，看其在对应幅角最接近的方向上是不是极大值，如果是，记录该梯度值，否则将梯度值置为 0。

（6）对得到的大概的边缘图像进行阈值处理，选择阈值，全部模极大值小于阈值的像素模值都设为 0。

（7）调节小波变换的尺度参数，输出各个尺度下的边缘检测图像。

为了说明小波变换在噪声图像边缘提取中的优越性，分别对 Lena 图像和 rice 图像进行加噪处理，图 6 - 10 所示为 Lena 图像仿真结果，其中图（a）为 Lena 原始图像，(b) 为加入了均值为 0、方差为 0.02 高斯噪声后的图像，图（c）~（g）所示为各种传统边缘检测算子及小波模极大值边缘检测后的结果。可以看出，图 6 - 11 所示为 rice 图像仿真结果，其中图（a）为 rice 原始图像，图（b）为加入了均值为 0，方差为 0.02 高斯噪声后的图像，图（c）~（g）所示为各种传统边缘检测算子及小波模极大值边缘检测后的结果。

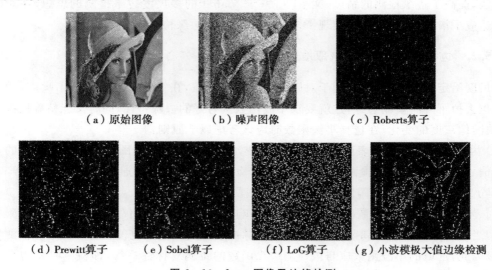

（a）原始图像　　　（b）噪声图像　　　（c）Roberts算子

（d）Prewitt算子　　（e）Sobel算子　　（f）LoG算子　　（g）小波模极大值边缘检测

图 6 - 10　Lena 图像及边缘检测

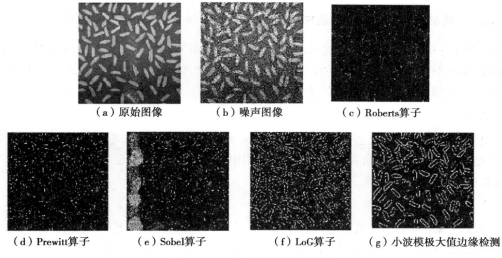

（a）原始图像　　　（b）噪声图像　　　（c）Roberts算子

（d）Prewitt算子　　（e）Sobel算子　　（f）LoG算子　　（g）小波模极大值边缘检测

图 6-11　rice 图像及边缘检测

从仿真结果可以看出，对于噪声图像，相比传统的边缘检测算子，采用小波模极大值方法进行边缘检测能取得较好结果。

6.6　基于小波分解的分层匹配

在景象匹配辅助导航系统中，对匹配算法实时性要求很高，匹配过程是一个在基准图上搜索与实测图最相近的基准子图的过程，采用遍历搜索通常会影响匹配的实时性，为此，在保证匹配精度的同时尽量减少参与匹配计算的点成为提高实时性的常用方法。目前大多采用分层匹配或优化搜索策略的方法来达到目标。

分层匹配方法通常指基于"金字塔"的多分辨率分层匹配，按照"由粗到精"进行分级匹配，其基本思想是用不同带宽的低通滤波器对原始图像进行低通滤波，得到一组不同"分辨率"的影像。将原始待匹配的基准图与实测图称为金字塔结构的零级，第 1 级影像是通过对零级影像进行低通滤波并降低一级分辨率而得到的，第 2 级影像则是通过对第 1 级影像进行同样的处理得到的，如此逐层递推，从而构成了影像金字塔；然后从最高级（最粗的"分辨率"）开始，对图像进行粗匹配，由于顶层图像尺寸小，这一层的匹配一般容易进行，用上层的匹配结果可确定下层匹配的近似范围，直到匹配达到零级时则可实现实时图在基准图中的定位。

在生成影像金字塔时可以选择不同的生成核（即卷积模板），如采用 Gauss 滤波器、平均平滑滤波器或者小波函数等，其中基于小波函数是应用最广的。

多分辨率分析也称多尺度分析，是 Mallat 在 20 世纪 80 年代后期提出的，可用于正交小波的分解和重建。其基本思想是将原始信号分为不同分辨率的几个信号，然后选择合适的分辨率或者同时在各级分辨率上处理信号。

在进行多级影像匹配过程中，确定金字塔层数时应该综合考虑图像尺寸、图像信息量的多少及视差的变化范围等。金字塔的层数不宜过多，因为随着层数的增加，顶层影像的分辨率会越来越低，对其进行特征提取意义不大；金字塔的层数也不宜过少，建立金字塔的目的是为下一级图像的匹配提供一个小的搜索范围以减少运算量，层数太少对迭代运算次数的减少意义不大。

6.6.1　景象匹配中小波基的选择

同傅里叶分析不同,小波分析的基不是唯一存在的,所有满足小波条件的函数都可以作为小波函数,实际应用中应根据应用的目的及信号特点综合考虑来选取小波基。在介绍选择原则之前,先简单介绍一下小波基函数的主要性质。

1. 正交性

正交性是指用小波函数基分析信号时的低频分解(重构)部分与高频分解(重构)部分正交。由于小波变换是一种冗余算法,因此实际应用中希望寻找到一组正交小波函数,从而减小信息冗余度。

2. 正则性

正则性一般用来刻画函数的光滑程度,通常用 Lipschitz 指数来表征函数的正则性。正则性好的小波,能在信号或图像的重构中获得较好的平滑效果,减小量化或舍入误差的视觉影响。但在一般情况下,正则性好,支撑长度就长,计算时间也就越大。因此正则性和支撑长度上要有所权衡。

3. 紧支集

紧支集指除在一个很小的区域外,函数为零,即函数有速降性。紧支集是小波的重要性质,紧支集越短,小波的局部化特性越好,小波变换的计算复杂度越低,从而更便于快速实现,但是一个函数不可能在时域和频域都是紧支的。因此,一般希望小波基能够在时域上具有紧支集。

4. 对称性

对称性关系到小波的滤波特性是否具有线性相位,这与失真问题密切相关。具有对称性的小波,在图像处理中可以很有效地避免相位畸变,因为该小波对应的滤波器具有线性相位的特点。

5. 消失矩

消失矩表明了小波变换后能量的集中程度,当消失矩阶数很大时,小尺度下高频部分信号数值小到可以忽略,而噪声主要集中在信号的高频区,因此消失矩阶数越大,小波变换的滤噪声能力越强。但一般消失矩越高,支集长度也越长,因此在支集长度和消失矩上要折中处理。

在实际应用中,信号不可能是完全正则的,通常存在少数奇异点。为了使高幅值的小波系数的数目最小,必须减小小波函数的支集长度。因此,在选择具体的小波基时,面临着消失矩阶数和支集长度之间的权衡问题。另外,紧支集与平滑性不可兼得,正交性的紧支集又使对称性成为不可能。因此,在具体的应用中要完全满足上述的小波基特性是十分困难的,只能寻找一种能恰当兼顾这些特性的合理折中方案。

根据景象匹配的特点,小波基的选择通常应满足以下要求:

(1)基于小波分解的景象匹配是原图像和模板小波分解的低频图像来匹配,是在原图像分解后的低频图像中来搜索模板分解后的低频图像,原图像和模板的低频图像必须保留分解前图像的绝大部分有用的信息和特征,特别是标志图像特征变化剧烈的地方(如边缘,角点,线段等)一定要在低频图像中保留下来;如果没有保留这些重要的特征信息的话,那么在匹配时有位置偏移产生误匹配,不能获得正确的结果。

（2）图像的小波变换是基于现有的硬件环境来进行的，而景象匹配导航对匹配实时性要求很高，在这种条件下要求小波变换采用快速且成熟的算法，在计算的过程中只要对结果影响不是很大，小波的计算式尽量地加以简化。

选择小波基时尽量满足上面的两点要求，因为实际应用中这两个要求很难完全同时满足，在选择小波基时应进行一定的平衡。目前常用的小波函数主要有 Mexico 草帽小波、Morlet 小波、Haar 小波、Daubechies 小波、Biorthogonal 小波、Coiflet 小波和 Symlets 小波等。在景象匹配中，通常要对图像进行边缘检测、纹理分析和图像去噪等处理，在选择小波基时一般选择与待处理图像的感兴趣分量具有相似性的小波基。由于 Daubechies 小波为一有限紧支集正交小波基，其小波分解具有正交性，数据冗余最小，多分辨分析的算法更快，且时域和频域局部化的能力非常好，在图像的分解过程中，在低频频图像中能保留图像的更多特征，因此常被用作景象匹配中进行图像的小波多分辨率分解。

6.6.2　多分辨率快速匹配方法

小波变换在景象匹配中的应用有如下的优点[10]：

（1）小波变换具有良好的局部化特性及多尺度分析能力，适合于检测突变信号；当小波母函数取为平滑函数的一阶导数时，信号的小波变换的值在跳变处表现出较明显的峰值，并且不随尺度变化，而噪声的小波变换则随尺度的加大而迅速减小，且小波变换具有完善的重构能力，保证信号在分解过程中没有信息损失和冗余信息。

（2）小波多分辨分析有连续逼近的能力，对图像可进行多尺度的分解；任一个尺度上的低频图像都能够分解为下一个尺度的低频平滑图像和高频图像，每个高频和低频图像都为上一尺度图像的四分之一，从而可以减少匹配算法的计算量，提高匹配速度。

（3）利用小波变换来进行图像的多分辨分解，在分解后的低频图像上来进行图像的匹配，低频图像分量所含有的原图像大部分信息可以确保匹配的可靠性，同时也消除了噪声对图像匹配的影响。

基于小波多尺度分解的景象匹配过程的流程图如图 6-12 所示。

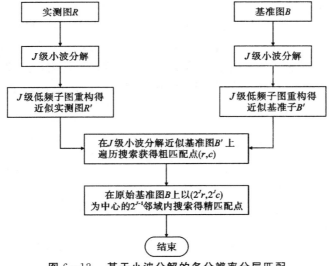

图 6-12　基于小波分解的多分辨率分层匹配

在图 6-12 中：先对基准图和实测图进行 J 级小波分解，对最低分辨率的低频子图进行重构，再以重构后的低分辨率实测图和基准图进行匹配获得粗匹配点 (r,c)，将该粗匹配点还原到原分辨率图像上的对应点为 $(2^J r, 2^J c)$，最后再在原分辨率图像上以 $(2^J r, 2^J c)$ 为中心，在其 2^{J-1} 邻域内进行精确匹配，获得在原始图像上的最终匹配点。

设基准图像尺寸为 $M \times N$，实测图像尺寸为 $m \times n$，若采用传统的遍历搜索算法进行匹配，则搜索空间大小为 $(M-m) \times (N-n)$；若采用 J 层小波分解进行粗精两级匹配，则搜索空间大小为 $2^{-J}(M-m) \times (N-n) + 2^J$，可以看出，小波分解层数越多，基于小波分解的景象匹配的搜索空间比传统算法小得越多，特别是当图像尺寸比较大时，更能显现出其优越性。当然，小波分解层数并不是越多越好，因为分解层数越多，图像失去的高频信息就越多，这可能会导致在粗匹配时就产生误匹配，最终会导致错误的匹配结果。小波分解层数 J 的选取应在保证匹配结果可靠性的前提下取最大值。因此，在这种树状小波分解过程中，需要有某种准则来确定对一个子带信号是否继续进行分解。目前最大值的选取大都是通过实验得出的，还没有理论上的参考。

6.7   本 章 小 结

小波分析是一种信号的时间-尺度（时间-频率）分析方法。小波分析作为一种全新的信号处理方法，它将信号中各种不同的频率成分分解到互不重叠的频带上，为信号滤波、信噪分离和特征提取提供了有效途径。基于小波的图像去噪就是根据信号和噪声的小波系数在不同尺度上具有不同性质的原理，把属于噪声的小波系数丢掉，保留并增强属于信号的小波系数，最后利用小波逆变换将处理后的小波系数重构，得出去噪后的图像。

图像中的边缘通常产生在不同的尺度范围内，用小波变换对信号进行多分辨分析非常适合于提取信号的局部特征，在提取图像边缘的同时还可以有效地抑制噪声。

在景象匹配过程中采用小波分解构造图像金字塔，一方面，可以减少需要比较的基准子图数目，即减少搜索位置；另一方面，可以减少每次实测图和基准子图比较时参与计算的像素个数，即减少相关算法的计算量，因此能够有效提高匹配速度。

小波多分辨分层搜索方法用于景象匹配有如下优点：首先，由于分解时采用了低通滤波，高层上的图像保留了原始图像本身主要的整体结构特征，滤掉了局部次要的非平稳信息和噪声，从而在高层上减少了匹配的不确定性，提高了匹配的精度；其次，高层匹配结果可作为初值向下传递，减少下一层匹配的搜索范围，降低匹配过程中的计算复杂度，相应提高了匹配速度。

【参考文献】

[1] 袁红梅. 基于小波变换的图像去噪算法与实现[D]. 上海：上海交通大学，2008.

[2] 段青，李凤祥，田兆垒. 一种改进的小波阈值信号去噪方法[J]. 计算机仿真，2009,26(4)：348-351.

[3] 高文仲，陈志云，曾秋梅. 小波阈值图像去噪算法改进[J]. 华东师范大学学报（自然科学版），2013(6)：83-92.

[4] CHANG S G, BIN Y, VETTERLI M. Adaptive wavelet thresholding for image denoising and compression[J]. IEEE Trans. Image Proeessing, 20009(9)：1532-1546.

［5］　MOULIN P,LIU J. Analysis of multiresolution image denoisingschemes using generalized Gaussian and complexity priors［J］. IEEE Trans. Information Theory,1999,45:909 - 919.

［6］　XU Y S,WEAVER J B,HEALY M. Wavelet transform domain filters:a spatially selective noise filtration technique［J］. IEEE Trans. Image Processing,1994,3(6):743 - 758.

［7］　袁修贵,龚正,孟正中. 基于边缘方向性的小波边缘检测算法［J］. 计算机工程与科学, 2010,32(3):49 - 51.

［8］　丁兴号. 基于小波变换的亚像素边缘检测［J］. 仪器仪表学报,2005(8):801 - 804.

［9］　张书玲,张小华. 基于小波变换的边缘检测［J］. 西北大学学报(自然科学版),2000(2):93 - 97.

［10］朱福龙. 小波变换在图像匹配中的应用研究［D］. 西安:西安交通大学,2003.

第 7 章　　基于 Hausdorff 距离的景象匹配

在景象匹配过程中,受气候条件及拍摄时间不同的影响,与基准图相比,实测图可能受云层遮挡或部分景物内容发生变化。基于改进 Hausdorff 距离(Hausdorf Distance,HD)[1-3] 的图像匹配方法以其对图像灰度及遮挡的不敏感而成为研究的热点。但 HD 特别是改进后的 HD[2-3] 计算复杂,难以满足实时性要求,因此,提高 HD 匹配算法的快速性就成为这些应用的关键。本章将介绍景象匹配中几种常用的相似性度量准则,通过对 HD 特点进行分析,从简化 HD 计算及优化搜索策略两方面来加快匹配速度。

7.1　景象匹配中常用的相似性度量

相似性度量这个概念首先是在形状匹配中提出来的,它是相似性科学的核心技术之一,广泛应用于机械工程、图形匹配等领域。在图像匹配中,相似性测度就是用来评估模板和待匹配源图像之间特征数据匹配程度的指标,常见的有距离测度、相似度和概率测度。其中空间距离不仅可以度量空间目标间的位置情况并且可以描述其相似度。一般来说,空间距离分为点与点之间的距离、点与线之间的距离、点与面之间的距离、线与线之间的距离、线与面之间的距离、面与面之间的距离等六类距离度量,其中点与点之间的距离度量是基础。

距离测度通常被定义为某种距离计算函数的形式,如传统的 Minkowski 距离。本节主要介绍距离测度。

距离测度广泛地应用在各类匹配算法中,在景象匹配过程中,常采用距离的概念来反映两幅图像的相似程度。距离不仅可以表达目标间的位置分布并且可以描述它们的接近程度。基于距离系数度量相似性的基本思想是:在由一系列具有 n 个特征属性的对象组成的系统中,用 n 维欧几里得超空间上的一个点来表征一个对象。其中空间上的第 i 维坐标代表对应的对象的第 i 个特征属性的值,其中 $i = 1,2,3,\cdots,n$。当代表两个对象的欧几里得超空间上的两个点的距离越大时,表明两个对象的特征差异越大,则两个对象的相似性就越小,反之,空间上的两点距离越小,则两点代表的对象的特征差异性越小,相似性就越大。

为了介绍方便,设 n 维欧几里得超空间上的两个点分别为 $a(x_1,x_2,\cdots,x_n)$、$b(y_1,y_2,\cdots,y_n)$,下面介绍几种常用的通过距离来度量这两点差异程度的距离函数。

1. 欧几里得距离

欧几里得距离(Euclidean Distance,ED)简称欧氏距离,衡量的是多维空间中各个点之间的绝度距离。a、b 两点间的欧氏距离计算公式如下:

$$d = \sqrt{\sum_{i=1}^{n} (x_i - y_i)^2} \qquad (7-1)$$

对于二维图像而言，$n = 2$，则图像上两点 $a(x_1, x_2)$，$b(y_1, y_2)$ 的欧氏距离为

$$d = \sqrt{(x_1 - y_1)^2 + (x_2 - y_2)^2} \qquad (7-2)$$

从式（7-1）可以看出，因为欧氏距离的计算是基于各维度特征的绝对数值，距离计算中各特征参数是等权的，所以欧氏度量，需要保证各维度指标在相同的刻度级别，比如对身高（cm）和体重（kg）两个单位不同的指标，使用欧氏距离可能使结果失效。

为了克服简单欧氏距离的缺点，提出了一种标准化欧氏距离。标准化欧氏距离是一种基于简单欧氏距离的改进方案，其基本思路是将数据各维分量根据该分量的均值和方差进行标准化后再计算其欧氏距离。

设第 k 维分量的均值为 μ_k，标准差为 s_k，则 n 维空间 a、b 两点间的标准化欧氏距离计算公式为

$$d = \sqrt{\sum_{k=1}^{n} \left(\frac{x_k - \mu_k}{s_k} - \frac{y_k - \mu_k}{s_k} \right)^2} = \sqrt{\sum_{k=1}^{n} \left(\frac{x_k - y_k}{s_k} \right)^2} \qquad (7-3)$$

2. 曼哈顿距离

曼哈顿距离（Manhattan Distance，MD）又称为城市街区距离或棋盘距离，来源于城市区块距离，是将多个维度上的距离进行求和后的结果，可以看作是在欧几里得空间的固定直角坐标系上两点所形成的线段对轴产生的投影的距离总和。同欧氏距离相似，曼哈顿距离也是用于多维数据空间距离的测度。a、b 两点间的曼哈顿距离计算公式如下：

$$d = \sum_{i=1}^{n} |x_i - y_i| \qquad (7-4)$$

曼哈顿距离用于衡量个体在空间上存在的距离，距离越远说明个体间的差异越大。

3. 切比雪夫距离

切比雪夫距离（Chebyshew Distance，CD）起源于国际象棋中国王的走法，在国际象棋中，国王每次只能往周围的 8 格中走一步，因此如果要从棋盘中 A 格(x_1, y_1) 走到 B 格(x_2, y_2) 的最少步数总是 $\max(|x_1 - x_2|, |y_1 - y_2|)$ 步。将此扩展到 n 维空间，则 a，b 两点间的切比雪夫距离计算公式为

$$d = \max(|x_1 - x_2|, |y_1 - y_2|) \qquad (7-5)$$

4. 闵科夫斯基距离

闵科夫斯基距离（Minkowski Distance，MD）简称闵氏距离，是对欧氏距离的推广，两个 n 维向量 $\boldsymbol{a}$，$\boldsymbol{b}$ 间的闵氏距离定义为

$$d = \sqrt[p]{\sum_{k=1}^{n} |x_{1k} - x_{2k}|^p} \qquad (7-6)$$

式中，p 是一个变参数。

由式（7-6）可以看出，欧氏距离、曼哈顿距离、切比雪夫距离都可以看作是闵氏距离的特例。

当 $p = 1$ 时，式（7-6）即为曼哈顿距离；

当 $p = 2$ 时，式（7-6）即为欧氏距离；

当 $p \to \infty$ 时,式(7-6)即为切比雪夫距离。

因此,随着变参数 p 取值的不同,闵氏距离可以表示一类距离。这类距离用于相似性度量时,有如下两个局限性:

(1)这类度量不能区分多维向量各个分量的量纲,当各分量量纲不同时,会产生不合理的结果。

(2)这类度量没有考虑各个分量的分布(期望、方差等)可能是不同的,认为所有分量服从同一分布。

例如:二维样本(身高,体重),其中身高范围是 150 ~ 190 cm,体重范围是 50 ~ 60 kg,现有三个样本:$a(180,50)$,$b(190,50)$,$c(180,60)$,依据闵氏距离(无论是曼哈顿距离、欧氏距离或切比雪夫距离),a 与 b 之间的闵氏距离等于 a 与 c 之间的闵氏距离。但很显然身高的 10 cm 与体重的 10 kg 是不等价的。因此,用闵氏距离来衡量这些样本间的相似度是不妥的。

在图像匹配中,很多情况下单纯依据闵氏距离作为相似性度量往往不能达到预期的匹配结果。如图7-1所示三幅图像,记图(a)(b)之间的欧氏距离为 $d(a,b)$,记图(a)(c)之间的欧氏距离为 $d(a,c)$,按照欧氏距离计算,则有

$$d(a,b) = \sqrt{54} , \quad d(a,c) = \sqrt{49}$$

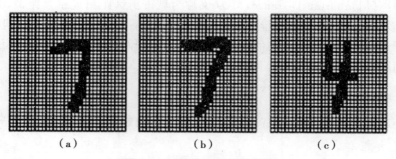

(a)   (b)   (c)

图 7-1 图像间的欧氏距离

从图7-1可以看出,很明显采用欧氏距离作为图像相似度的度量取得了错误的匹配结果。这主要是因为传统欧氏距离缺乏对图像空间性质的考虑,物理意义不明确,对图像形变十分敏感。在实际应用中,可结合具体匹配场景对传统欧氏距离进行一些改进,另外,欧氏距离也可以与其他距离度量配合使用。目前欧氏距离及其改进方法在图像匹配及目标识别等应用中仍广泛使用。

5. 马哈拉诺比斯距离

由于闵氏距离无法区分指标度量的差异,所以在使用欧氏距离前需要对底层指标进行数据的标准化,而基于各指标维度进行标准化后再使用欧氏距离就衍生出另外一个距离度量 —— 马哈拉诺比斯距离,简称马氏距离。

马氏距离是由印度统计学家马哈拉诺比斯(P. C. Mahalanobis)提出的,用来表示数据的协方差距离。它是一种有效的计算两个未知样本集的相似度的方法。与欧氏距离不同的是它考虑到各种特性之间的联系(例如:一条关于身高的信息会带来一条关于体重的信息,因为两者是有关联的),并且是尺度无关的,即独立于测量尺度。马氏距离定义如下:

设 n 维矢量 x_i 和 x_j 是矢量集 $\{x_1, x_2, \cdots, x_n\}$ 中的两个矢量,它们的马氏距离 d 定义为

$$d^2(x_i, x_j) = (x_i - y_i)'V^{-1}(x_i - y_i) \tag{7-7}$$

式中,$V = \dfrac{1}{n-1}\sum_{i=1}^{n}(x_i - \overline{x})(x_i - \overline{x})'$;$\overline{x} = \dfrac{1}{n}\sum_{i=1}^{n}x_i$。$V$ 是这个矢量集的协方差矩阵的统计量。

马氏距离适用于度量两个服从同一分布并且协方差矩阵为 C 的随机变量 X 与 Y 的差异程度。若协方差矩阵 C 为单位矩阵(各个样本向量之间独立同分布),则马氏距离即为欧氏距离,若协方差矩阵 C 为对角矩阵,则马氏距离即为标准欧氏距离。

虽然马氏距离具有独立于分量量纲、能排除样本之间相关性影响等优点,但该度量不能差别对待不同的特征,这可能会夸大匹配时的弱特征。

7.2　Hausdorff 距离

前述这些距离度量中,点与点之间距离计算的经典方法是基于笛卡儿坐标的欧几里得距离(简称欧氏距离)。欧氏距离度量满足对称性、非负性和三角不等式性质,其缺点是只适用于点与点之间的距离度量,而上述其他几种距离度量也未考虑到空间目标的形状和位置差异。为解决这些问题,德国数学家(Felix Hausdorff,1868—1942 年)提出了一种新的距离度量,命名为"Hausdorff 距离"(Hausdorff Distance,HD),这种距离度量描述的是一组点集到另一组点集中的最近点距离中的最大值,是两组点集之间相似程度的一种量度。与以往大多数二值图像匹配的度量准则不同的是,这种度量方法考虑了目标的形状差异,不强调图像中的匹配点对一一对应,点与点的关系是模糊的。同时,该度量也满足距离的一些性质,如同一性、对称性和三角不等性,因此,这种度量本身在图像匹配中具有很强的抗干扰能力和容错能力。

若给定两个有限的点集 $A = \{a_1, a_2, \cdots, a_{NA}\}$,$B = \{b_1, b_2, \cdots, b_{NB}\}$,则 A 和 B 的经典 Hausdorff 距离定义为

$$H(A,B) = \max[h(A,B), h(B,A)] \tag{7-8}$$

式中,$h(A,B)$ 和 $h(B,A)$ 分别称为从 A 集合到 B 集合和从 B 集合到 A 集合的单向 Hausdorff 距离,统称为点集 A 和 B 的有向 Hausdorff 距离,其定义分别为

$$h(A,B) = \max_{a\in A}(\min_{b\in B}\|a-b\|)$$

$$h(B,A) = \max_{b\in B}(\min_{a\in A}\|a-b\|)$$

其中,符号 $\|\ \|$ 表示某种距离范数(如 L2 或欧氏距离)。

由上述定义可知,min 为求取两空间对象间的最小直线距离,max 为求取集合中的最大值。$h(A,B)$ 实际上首先对点集 A 中的每个点 a_i 到距离此点的最近的 B 集合中点 b_j 之间距离进行排序,然后取该距离中的最大值作为 $h(A,B)$ 的值,同理可计算 $h(B,A)$ 的值。

由式(7-8)可以看出,双向 Hausdorff 距离 $H(A,B)$ 是单向距离 $h(A,B)$ 和 $h(B,A)$ 两者中的较大者,它度量了两个点集间的最大不匹配程度。为方便起见,记:

$d_A(b) = \min_{a\in A}\|b-a\|$ 为点 b 到 A 中各点的距离中的最短距离

$d_B(a) = \min_{b\in B}\|a-b\|$ 为点 a 到 B 中各点的距离中的最短距离

则式(7-8)记为

$$H(A,B) = \max(\max_{a\in A}d_B(a), \max_{b\in B}d_A(b)) \tag{7-9}$$

7.3 改进的 Hausdorff 距离

由定义式(7-8)可以看出,一方面,Hausdorff 距离是一种可以应用在边缘匹配算法中的距离,可以度量模板边缘和目标边缘的匹配程度;但另一方面,基本的 Hausdorff 距离对于远离中心的噪声点和出格点非常敏感。即使两幅图像非常相似,如果有噪声存在或目标被部分遮挡,常会造成本来是正确匹配位置的子图与模板的 HD 很大而导致误匹配。为了有效处理当图像目标发生遮蔽和有外部点存在的情形,很多研究者对其理论形式进行了改进。

为了消除噪声的影响,文献[4]提出了基于均值的 HD,可表示为

$$h_{MHD}(A,B) = \frac{1}{N_A}\sum_{a \in A}d(a,B)$$ (7-10)

式中,N_A 为点集 A 中元素的个数;$d(a,B)$ 表示 A 中的点到集合 B 的最小距离,$h_{MHD}(A,B)$ 表示点集 A 中点到点集 B 中点的距离的平均值大小。

上述的均值 HD 因为用到了点集中的所有点,在目标被部分遮挡时往往会产生误匹配。为此,Sim 等人提出了两种不同的 HD 修改形式,第一种称为 M-estimation Hausdorff 距离(M-estimation Hausdorff Distance,M-HD),第二种修改形式称为 LTS-Hausdorff 距离(Least Trimmed Square Hausdorff Distance,LTS-HD)。

1. M-estimation Hausdorff 距离

有向距离定义为

$$h_{M-HD}(A,B) = \frac{1}{N_A}\sum_{a \in A}\rho[d(a,B)]$$ (7-11)

式中,ρ 称为代价函数,代价函数是对称函数,定义为

$$\rho(x) = \begin{cases} |x|, & |x| \leqslant \tau \\ \tau, & |x| \geqslant \tau \end{cases}$$ (7-12)

其中,τ 是用来剔除出格点的阈值。

2. LTS-Hausdorff 距离

Huttenlocher 等人[5]提出了部分 Hausdorff 距离,点集 A 和 B 的部分 Hausdorff 距离(Partial Hausdorff Distance,PHD)定义为

$$H_{K,L}(A,B) = \max[h_K(A,B), h_L(B,A)]$$ (7-13)

式中,$h_K(A,B) = K_{a \in A}^{th}d_B(a)$ 表示 A 到 B 的最小有向部分 Hausdorff 距离,$K_{a \in A}^{th}$ 表示 $d_B(a)$ 从小到大排序后的第 K 个值。$h_L(B,A)$ 的含义与 $h_K(A,B)$ 相似,K 和 L 的值不一定相等。

PHD 量测通过参数 $f_1 = K/N_A$ 及 $f_2 = L/N_B$ 调整 K 及 L 的值,其取值范围为 $0.01 \sim 1.0$。虽然 PHD 可以排除由噪声点、漏检点及部分遮挡所引起的误匹配,但因为 PHD 定义在边缘特征点集上,与图像特征提取的准确性密切相关,受噪声影响大。为了消除噪声的影响,文献[2]基于 LTS 提出了一种鲁棒的部分 HD 测度(LTS-HD),该距离测度综合了部分 HD 与均值 HD 两者的优点,其定义为

$$H_{LTS}(A,B) = \max[h_{LTS}(A,B), h_{LTS}(B,A)]$$ (7-14)

式中，$h_{LTS}(A,B)$ 表示 A 到 B 的有向部分 Hausdorff 距离，其定义为

$$h_{LTSD}(A,B) = \frac{1}{K} \sum_{i=1}^{K} d(a,B)_i \qquad (7-15)$$

式中，$K = f_1 \times N_A$；$d(a,B)_i$ 表示序列 $d(a,B)_1 \leqslant d(a,B)_2 \leqslant \cdots \leqslant d(a,B)_{NA}$ 中的第 i 个值。

可以看出，量测 $h_{LTS}(A,B)$ 是在去除了那些较大 Hausdorff 距离值后的平均值，因此在目标部分遮挡及存在噪声、出格点等情况下都能取得较好的匹配结果。

在无人机景象匹配辅助导航中，受气候条件及拍摄时间的影响，与预先拍摄好的基准图相比，无人机飞行过程中拍摄的实测图可能受云层或其他景物的遮挡，或者所拍摄的实测图与原有基准图相比部分景物内容发生了变化。本节介绍的改进 Hausdorff 距离以其对图像灰度噪声及遮挡等的不敏感可以作为景象匹配中的相似性测度，克服遮挡及噪声等对匹配结果的影响。但 HD 特别是改进后的 HD 计算复杂，难以满足无人机导航对实时性的要求，因此，提高 HD 匹配算法的快速性就成为这些应用的关键。本章后续内容主要围绕如何提高基于 HD 的景象匹配算法的实时性来展开。

7.4　Hausdorff 距离的计算

Hausdorff 距离是一个测量两个空间集合对象的最小距离中的最大值的方法，它比求解只是单独包含最大值和最小值的最近和最远问题更具难度。为了计算空间对象间的距离，将空间对象简化为用其对应的边缘轨迹线来表示，边缘轨迹线可以通过近似的边缘轨迹上取点来表示。直观地，可以认为距离是一个轨迹线 A 关于另一个轨迹线 B 的差异性的最坏情况，也就是两个空间对象的相似性差异最大的情况。使用这种测量方法，如果集合 A 当中的每个点都接近集合 B 当中至少一个点，则认为轨迹 A 与轨迹 B 存在相似。

空间对象之间的相似度度量，在计算机中一般都首先需要将现实中的空间对象进行预处理，而一般通过统计学和几何数学中的方法来对空间对象提取其中的空间属性值，让有代表性的空间对象属性值组成的集合或者几何图形在一定计算精度上代替现实中的空间对象，如使用栅格数据表示空间对象，或使用矢量数据来表示空间对象。而现有的多种相似性度量算法都是从空间对象的栅格表示或矢量表示中提取对象的突出属性值并用点对象加以代表，在一定程度上取代空间对象的边缘轨迹线，通过代表空间对象的边缘轨迹线的点对象集的距离计算来度量两个空间对象之间的相似性。

常见的基于空间点对象集之间距离计算的算法有如下几种：遍历距离计算算法、深度优先距离计算算法、最佳优先距离计算算法等。

1.LTS-HD 相似性测度的快速算法

根据 Brown 的 4 元理论，匹配算法的计算量主要取决于搜索范围大小及每一个搜索点计算量的大小。搜索范围的大小也即参与匹配的位置数，每个匹配位置的计算量主要是相似性测度的计算量。

对于相似性测度 HD 的计算，其计算复杂度完全依赖于参与计算的两个点集中点个数的多少。由式（7-14）和式（7-15）中 LTS-HD 的定义可以看出，其计算复杂度与两个点集中点的

个数成正比,在图像匹配中,如果直接以欧氏距离计算实测图和基准子图边缘图像的相似度将非常耗时。一方面是因为边缘图像中点的个数很多;另一方面,两集合点之间的欧氏距离的计算非常复杂。为此,可以采用基于特征点和 3-4DT 距离变换的方法计算 LTS-HD。每一个匹配位置所对应的两图像的点集合只包括图像中像素值为 1 的边缘点,大大缩减了点集合的大小,通过 3-4DT 变换,可以快速计算出两集合点间的近似欧氏距离。

2. 3-4DT 与图像匹配

在 HD 距离求解中,若以欧氏距离计算点集 A 中任一点 a 到点集 B 的最近距离 $d_B(a)$,计算耗时很大,而在边缘提取过程中,由于噪声、畸变及边缘提取算子的影响,所提取的边缘特征点本身就存在一定的误差,因此没有必要精确计算欧氏距离,可用距离变换进行快速计算。其基本思想是全局距离值可通过传播邻近像素间的局部距离来近似。3-4DT 是一种常用的近似表示欧氏距离的算法,采用 3×3 邻域模板,模板内水平像素间的邻近距离取为 3,对角像素间的邻近距离取为 4。算法具体描述如下:

(1) 初始化:将二值图像的特征点赋为 0,非特征点赋为无穷大或一个很大的正值。

(2) 按下式计算点 (i,j) 在第 K 次迭代的距离值:

$$V_{i,j}^{K} = \min \begin{bmatrix} V_{i-1,j-1}^{k-1} + 4 & V_{i-1,j}^{k-1} + 3 & V_{i-1,j+1}^{k-1} + 4 \\ V_{i,j-1}^{k-1} + 3 & V_{i,j}^{k-1} & V_{i-1,j+1}^{k-1} + 3 \\ V_{i-1,j-1}^{k-1} + 4 & V_{i+1,j}^{k-1} + 3 & V_{i+1,j+1}^{k-1} + 4 \end{bmatrix} \qquad (7-16)$$

(3) 重复步骤(2)直到所有点的距离值不再改变,即得到距离图像。

在距离图像中,每个像素的值就是该点到最近边缘点的近似距离。把实测边缘图与基准图边缘子图叠合,这些基准边缘子图的像素距离值即为实测图边缘点集到基准子图边缘点集的最短距离,同样,可求出基准子图边缘点集到实测图边缘点集的最短距离。

3. LTS-HD 的快速计算

设基准图为 B,其边缘图为 EB,距离图为 DT_B;实测图为 R,其边缘图及距离图像分别为 ER 和 DT_R,在匹配前,先找出实测图边缘图像 ER 中像素值为 1 的点的位置 ind_ER 并保存。则每个匹配点处基于 LTS-HD 的相似性测度的计算方法如下:

(1) 以该匹配点为参考子图的左上角,在边缘基准图 EB 中截取与实测图大小相同的子图 s_EB,找出其像素值为 1 的位置 ind_EB。

(2) 在基准图的距离图像 DT_B 中截取和实测图大小相同的子图 s_DT。

(3) 对矩阵 s_EB(ind_EB) 与矩阵 DT_R(ind_EB) 做点积并对点积结果升序排序,按照给定的部分 HD 参数 f_1 选取前 K 个值并求其均值得 $h_{\text{LTS}}(s\_EB, DT\_R)$。

(4) 对矩阵 ER(ind_ER) 与矩阵 s_DT(ind_ER) 做点积并对点积结果升序排序,按照给定的部分 HD 参数 f_2 选取前 L 个值并求其均值得 $h_{\text{LTS}}(ER, s\_DT)$。

(5) 找出 $h_{\text{LTS}}(s\_EB, DT\_R)$ 和 $h_{\text{LTS}}(ER, s\_DT)$ 的较大值作为该位置的 LTS-HD 距离。

7.5　结合小波分解与跳跃式搜索的景象匹配算法

景象匹配过程的计算量取决于参与匹配的点数和每一匹配点处相似性测度的计算量的乘积。7.4 节中所述方法是从减少每个匹配位置处 LTS-HD 测度的计算量着手来减少计算量的。为了进一步减少匹配过程计算量提高无人机导航系统实时性,可以从缩小搜索空间、减少参与匹配的点数着手。依据这种思路,目前已经出现了很多以 HD 为相似性测度的快速匹配算法。文献[6]～[13]利用小波多分辨率分层匹配缩小搜索范围,但这种多分辨率分层匹配算法要求图像中包含足够丰富的低频信息,对基准图和实测图都比较小的情况不太理想,同时要求分解层数不宜太多。另一类提高搜索效率的方法是采用各种优化算法[14],但其在搜索效率上较多分辨率分层匹配低,对于组合导航等一些特殊应用场合,进一步提高算法的实时性仍是急需解决的问题。

针对上述问题,本节以第 7.4 节介绍的 LTS-HD 为景象匹配的相似性测度,基于 Hausdorff 距离的几何学原理,从优化搜索策略来加快匹配速度。

7.5.1　基于 LTS-HD 的跳跃式搜索分层匹配

相比于传统的以欧氏距离为基础的各种距离测度,Hausdorff 距离度量考虑了空间目标的形状差异和相对位置差异,是一种能顾及空间目标整体形状的距离度量。LTS-HD 距离主要用于衡量两个点集之间的不匹配程度,计算的是两个点集中所有点之间最近距离的最大值,在计算时无需考虑两个点集中点与点之间的对应关系。基于 LTS-HD 距离的这一特性,本节采用了一种像素跳跃式的粗精两级搜索策略。该搜索策略的基本思路是:通过在基准图上进行跳跃式全局搜索,找出使 LTS-HD 最小的位置即为粗匹配点,然后以粗匹配点为中心在其邻域内逐点搜索匹配获得最终精匹配点。

通过在基准图上进行跳跃式全局搜索,找出使 LTS-HD 最小的位置作为粗匹配点,依据 Hausdorff 距离定义,该匹配点所对应的基准子图应是所有被搜索位置中与实测图最相近的子图,也即该匹配点距离正确匹配点最近。因此,从理论上讲,只要粗匹配阶段的跳跃像素数 H 选择适当,即使因为跳跃搜索错了精确匹配点,只要精匹配阶段的遍历搜索范围不小于跳跃步长 H,就总能找到正确的匹配位置。特别地,当跳跃像素数 $H=1$ 时,本节所采用的算法就相当于遍历全局搜索。

为了说明像素跳跃式搜索策略对提升匹配速度的突出贡献,假定传统的全局遍历搜索算法和本节算法采用相同的 LTS-HD 相似性测度,现只需比较两种算法中参与匹配的点的总数,总数越大,所需的匹配时间越长。设前者的总匹配点数为 U,本节算法的总匹配点数为 V,跳跃像素数为 H,精匹配阶段的邻域值为 δ,基准图大小为 $M \times N$,实测图大小为 $m \times n$,则有

$$U = (M-m) \times (N-n) \tag{7-17}$$

$$V = \frac{(M-m) \times (N-n)}{H^2} + 4\delta^2 = \frac{U}{H^2} + 4\delta^2 \tag{7-18}$$

由式(7-17)和式(7-18)可以看出,在基准图和实测图大小一定的情况下,跳跃式搜索算法的总匹配点数 V 的大小取决于 H 和 δ 值。H 值越大,δ 值越小,则 V 越小。例如:当 $M=N=512,m=n=150,H=10,\delta=5$ 时,遍历搜索总的匹配点数 U 约是跳跃式搜索算法总匹配点

数 V 的 93 倍。

为了验证跳跃式搜索策略在提高匹配实时性方面的优势,本节将其与遍历式搜索算法进行仿真比较。分别用合成孔径雷达(Synthetic Aperture Radar,SAR)图像和光学图像进行同类图像间的匹配实验,仿真采用 LTS-HD 作为相似性测度,其中基准图的部分 Hausdorff 距离系数 f_1 设为 0.80,实测图的部分 Hausdorff 距离系数 f_2 设为 0.75,为了验证 LTS-HD 对遮挡及噪声的鲁棒性,仿真中实测图是从基准图中截取并进行了人为的遮挡、加噪处理(其中 SAR 图像添加了方差为 0.01 的高斯噪声),实测图尺寸分别取为基准图的 1/2、1/4 及 1/6 左右。实验平台采用 Pentium2.60 GHz、1 GB 内存、运行 Windows XP 的 PC,编程语言为 matlab 7.5。图 7-2 和图 7-3 是跳跃式搜索的部分匹配结果。

图 7-2 为光学图像匹配,其中基准图尺寸为 300×400,实测图 1 的尺寸为 50×60,正确匹配点为 $(210,70)$,实测图 2 的尺寸为 70×100,正确匹配点为 $(40,10)$,实测图 3 的尺寸为 150×150,正确匹配点为 $(100,150)$。

图 7-3 为 SAR 图像匹配,其中基准图尺寸为 460×399,实测图 1 的尺寸为 70×70,正确匹配点为 $(60,19)$,实测图 2 的尺寸为 120×100,正确匹配点为 $(261,89)$,实测图 3 的尺寸为 230×200,正确匹配点为 $(49,160)$。

由图 7-2 和图 7-3 可以看出,在实测图有遮挡的情况下,基于 LTS-HD 的自适应快速匹配算法仍能在基准图上正确定位。

因为导航系统对基准图的预处理(包括边缘特征提取及距离变换等)可以离线处理,仿真过程中的耗时不包括对基准图的预处理时间,而只包括对实测图的预处理及搜索匹配等在线处理时间。表 7-1 对跳跃式搜索与传统遍历搜索算法仿真结果进行了对比[其中:跳跃式搜索的跳跃像素数 $H \approx \frac{1}{7} \times \min(m,n)$,邻域值为 $\delta = 0.5 \times H$]。

(a)实测图1　　（b）实测图2　　(c)实测图3　　（d）实测图在基准图上的匹配结果

图 7-2　光学图像匹配

(a)实测图1　　（b）实测图2　　(c)实测图3　　（d）实测图在基准图上的匹配结果

图 7-3　SAR 图像匹配

表 7 - 1　跳跃式搜索与传统遍历搜索算法仿真结果比较

基准图类型及尺寸	实测图尺寸	真实匹配位置	跳跃式搜索算法		遍历式搜索算法	
			匹配位置	耗时 /s	匹配位置	耗时 /s
300 × 400 IKONOS	50 × 60	(210,70)	(210,70)	1.254	(210,70)	72.928
		(150,150)	(150,151)	1.193	(150,150)	71.473
	70 × 100	(40,10)	(40,10)	2.163	(40,10)	141.482
		(100,200)	(100,200)	2.126	(100,200)	137.975
	150 × 150	(30,30)	(30,30)	3.813	(30,30)	230.279
		(100,150)	(100,150)	3.610	(100,150)	239.406
460 × 399 SAR	70 × 70	(60,20)	(60,19)	2.419	(60,19)	213.501
		(130,130)	(130,130)	2.466	(130,130)	208.323
	120 × 100	(260,90)	(261,89)	3.279	(261,90)	364.156
		(50,150)	(50,150)	3.610	(50,150)	377.172
	230 × 200	(50,160)	(49,160)	7.283	(50,161)	668.137
		(30,30)	(30,30)	7.629	(30,30)	690.926

由表 7 - 1 可以看出,跳跃式搜索算法的匹配精度与传统遍历式搜索的精度相当(最多相差 1 个像素),但匹配耗时较遍历搜索要少得多,并且实测图和基准图越大,耗时差异越大。但是,跳跃式搜索的匹配耗时随基准图和实测图尺寸的增大而大幅增加,这是因为跳跃式搜索是在原分辨率图像上进行匹配,虽然总的匹配位置数减少了,但是每个匹配位置 LTS - HD 相似性测度的计算量并未减少。由表 7 - 1 的仿真结果可以看出,当基准图和实测图的尺寸都比较大时,单纯使用跳跃式搜索的匹配耗时仍然较长,仍不能满足无人机导航对匹配算法实时性的要求,为此,本节探讨将小波多分辨率分层匹配应用到匹配过程中。

7.5.2　小波多分辨率分层匹配

由于遗传算法的搜索效率与所选取的控制参数有关,且比多分辨率分层匹配方法搜索效率低[15],而对数字图像而言,基于小波金字塔的多分辨率分层匹配成功率最高[16]。小波变换是一种时间-尺度分析方法,具有多分辨率的特点,这种多分辨率分析对图像信号具有连续逼近的能力,可以用来构造图像的塔式分解。小波金字塔把原始图像分解成分辨率由低到高的子图像集,而每一尺度上的低频平滑图像集中了原始图像的大部分能量,反映了图像的绝大部分信息,因此可以用这些低频子图进行分层匹配。

以改进的 LTS-HD 作为相似性测度,对不同分辨率低频子图进行边缘特征提取构建特征点金字塔,首先在含特征点较少的最低分辨率子图上找到实测图的大致位置(r,c),据此推算出在下一层较高分辨率子图的位置$(2r,2c)$,然后在以$(2r,2c)$为中心的一个邻域内搜索 LTS-HD 相似度最大的位置,依此类推,直至在原分辨率图像上找到精匹配点。其中分解层数的确定与图像尺寸及匹配所采用的相似性测度有关。如果分解层数太多,会因为信息损失过多而使最低分辨率层图像信息量过少而造成误匹配,这将直接导致最终的高分辨率图像失配。但若分解层数太少,又不能有效地提高匹配速度。目前对小波分解层数的研究大多是建立在实验的基础上[7,17],还没有系统的理论。

为了与第 7.5.1 节的跳跃式搜索匹配进行比较,本节采用与第 7.5.1 节相同的图像和同样的实验平台,以保证分解后实测图尺寸不小于 16×16 作为小波分解最大层数的选取准则进行仿真,仿真结果见表 7-2。

表 7-2　小波多尺度分层匹配仿真结果

基准图类型及尺寸	实测图尺寸	真实匹配位置	1 层小波分解		2 层小波分解		3 层小波分解	
			匹配位置	耗时 /s	匹配位置	耗时 /s	匹配位置	耗时 /s
300×400 IKONOS	50×60	(210,70)	(210,70)	6.246	(136,27)	1.667	—	—
		(150,150)	(151,151)	7.169	(151,151)	2.477	—	—
	70×100	(40,10)	(40,10)	7.307	(185,38)	1.976	—	—
		(100,200)	(100,200)	6.154	(128,101)	1.629	—	—
	150×150	(30,30)	(30,30)	13.723	(30,30)	4.537	(30,30)	3.293
		(100,150)	(100,148)	28.835	(100,148)	4.526	(149,151)	2.862
460×399SAR	70×70	(60,20)	(60,20)	14.805	(106,58)	2.485	—	—
		(130,130)	(130,130)	13.678	(47,148)	2.396	—	—
	120×100	(260,90)	(262,88)	30.014	(261,89)	3.941	(98,70)	3.327
		(50,150)	(50,150)	27.532	(50,150)	3.722	(50,150)	2.792
	230×200	(50,160)	(49,160)	42.793	(48,161)	7.152	(153,254)	3.609
		(30,30)	(30,30)	41.944	(30,30)	6.872	(181,156)	4.659

注:表中的"—"表示在该层已不再对实测图进行小波分解。

由表 7-2 可看出,小波多分辨率分层匹配算法对实测图尺寸及分层数是很敏感的,这是因为在分解又重新编码的过程中舍弃了图像的高频信息,当实测图尺寸较小或分解层数过多时,底层图像会因为信息量过少或损失严重而极易产生误匹配。表 7-2 是以保证分解后实测图尺寸不小于 16×16 作为最大分解层数的选取准则,此时失配概率已经很高,因此,当实测图较小时,不宜采用小波多分辨率技术来提高匹配速度。

7.5.3　多级实时自适应景象匹配算法

第 7.5.1 节所提的跳跃式搜索匹配算法是在原分辨率图像上实现的。由表 7-1 可以看出,随着基准图和实测图尺寸的增加,匹配耗时也在增加,当图像尺寸较大时,其匹配实时性有待进一步提高。另外,由表 7-2 可以看出,小波多分辨率分层匹配是一种减小搜索空间的常用方法,特别是在图像尺寸较大时,对提升匹配速度的效果非常明显,但这种方法在图像尺寸较小时常导致误匹配。对照表 7-1 和表 7-2 的结果可以看出,在正确匹配的前提下,当实测图尺寸较大时,小波多分辨率分层匹配较跳跃式两级匹配耗时短,而当实测图尺寸小于 70×70 时,跳跃式两级匹配比小波多分辨率分层匹配耗时更短且匹配概率更高,这是因为跳跃式两级匹配是直接在原分辨率图像上匹配,省去了对实测图进行小波分解及重构的时间,同时因为跳跃式搜索没有损失图像的高频信息而使正确匹配的概率也更大。基于上述分析,综合这两种方法的优劣,针对景象匹配导航系统,本节提出了一种基于 LTS-HD 的自适应的快速匹配方法。自适应算法的流程如图 7-4 所示。

　　设定阈值 T,当实测图尺寸小于该阈值时,不需要进行小波分解,直接在原分辨率图像上进行跳跃式两级匹配;否则,根据计算的分解层数 J 对实测图进行 J 层小波分解后再进行跳跃式两级匹配。为了保证正确匹配概率,分解层数 J 取较小的值(一般取 $1 \sim 2$ 层)。图 7-4 中虚线框内是对基准图的预处理,可离线完成,其分解层数 K 由经验取得,应该大于对实测图在线分解的层数 J。

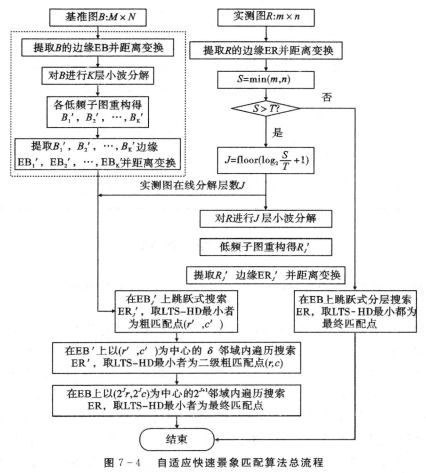

图 7-4 自适应快速景象匹配算法总流程

　　为了与跳跃式两级匹配及小波多分辨率分层匹配算法进行比较,自适应快速匹配算法的仿真采用与表 7-1 及表 7-2 相同的基准图和实测图。匹配耗时也只包括对实测图的处理及搜索匹配等在线处理时间。参考表 7-1 及表 7-2 中的仿真结果,阈值 T 取为 64×64,跳跃式搜索的步长 L 及邻域 δ 的取值与表 7-1 方法相同。

　　为了与跳跃式搜索及小波多分辨率分层匹配算法相比较,表 7-3 列出了三种方法匹配结果的对比情况,其中小波多分辨率分层匹配的耗时是表 7-1 中正确匹配的最短耗时。由表 7-3 可以看出,在保证正确匹配(以匹配误差不超过 5 个像素为正确匹配)的前提下,本节提出的自适应快速匹配方法比小波多分辨率分层匹配速度更快。

表7-3 三种匹配算法仿真结果比较

基准图类型及尺寸	实测图尺寸	真实匹配位置	跳跃式两级匹配		小波多尺度分层匹配		自适应快速匹配	
			匹配位置	耗时/s	匹配位置	耗时/s	匹配位置	耗时/s
300×400 IKONOS	50×60	(210,70)	(210,70)	1.244	(210,70)	6.245	(210,70)	1.254
		(150,150)	(150,151)	1.193	(150,150)	2.476	(150,151)	1.193
	70×100	(40,10)	(40,10)	2.163	(40,10)	7.307	(40,10)	1.361
		(100,200)	(100,200)	2.126	(100,200)	6.154	(100,200)	1.178
	150×150	(30,30)	(30,30)	3.813	(30,30)	3.293	(30,30)	2.568
		(100,150)	(100,150)	3.610	(100,150)	4.526	(100,148)	2.403
460×399 SAR	70×70	(60,20)	(60,19)	2.419	(60,20)	14.805	(60,19)	1.788
		(130,130)	(130,130)	2.466	(130,130)	13.677	(130,130)	1.823
	120×100	(260,90)	(261,89)	3.279	(262,88)	3.941	(261,88)	2.110
		(50,150)	(50,150)	3.610	(50,150)	2.792	(50,150)	2.067
	230×200	(50,160)	(49,160)	7.283	(48,161)	7.152	(49,162)	2.329
		(30,30)	(30,29)	7.629	(30,30)	6.871	(30,29)	2.106

7.6 本章小结

相似性测度是景象匹配的依据,不同相似性度量对景象差异有不同的鲁棒性。本章介绍了景象匹配中几种典型的相似性测度。

针对景象匹配中实测图存在遮挡及噪声的问题,本章采用改进的LTS-HD作为匹配算法的相似性度量,为了解决基于LTS-HD匹配算法计算量大的问题,本章从简化LTS-HD测度本身的计算及缩减搜索空间两条途径研究其快速匹配算法。在简化LTS-HD计算量方面,采用基于特征点和3-4DT距离变换的方法计算LTS-HD;在搜索策略方面,首先从HD距离特性出发,提出了一种像素跳跃式搜索策略,通过对跳跃式搜索匹配方法与小波多分辨率分层匹配方法的分析比较,结合这两种搜索方法的优势,进一步提出了一种自适应的快速匹配方法。

实验中,以光学图像和SAR图像为例,将遍历搜索、跳跃式搜索、小波多分辨率搜索及自适应快速搜索算法进行同类图像间的匹配实验,实验结果表明,在保证匹配概率及匹配精度的同时,自适应快速搜索算法耗时最短。

【参考文献】

[1] HUTTENLOCHER D P,KLANDEMAN G A,RUCHLIDGE W J. Comparing images using the Hausdorff distance[J]. IEEE Transactions on Pattern Analysis And Machine Intelligence,1993,15(9):850-863.

[2] DUBUISSON M P,JAIN A K.A modified Hausdorff distance for object matching [C]//Proceedings of the 12th International Conference on Pattern Recognition,Jerusalem,

Israel:1994:566-568.

[3] SIM D G,KWON O K,PARK R H. Object matching algorithm usingrobust Hausdorff distance measures[J]. IEEE Transactions on Image Processing,1999,8(3):425-429.

[4] DASTMALCHI H,JAFARYAHYA J,NAJAFI R,et al. Averaged segmental partial Hausdorff distance for robust face recognition[J]. IEEE Computer Society,2011:35-39,82.

[5] 刘建业,赵伟,熊智,等.导航系统理论及应用[M].南京:南京航空航天大学出版社,2005.

[6] 熊惠霖,张天序,桑农,等.基于小波多尺度表示的图像匹配研究[J].红外与激光工程,1999,28(3):1-4.

[7] 张敬敏,张志佳,王东疏.基于小波分解的塔式快速图像匹配算法[J].微电子学与计算机,2007,24(1):207-209.

[8] YOU J. A wavelet-based coarse-to-fine image matching scheme in a parallel virtual machine environment[J]. IEEE Transactions on Image Processing,2000,9 (9):1547-1559.

[9] BORGEFORS G. Hierarchical chamfer matching:a parametric edge matching algorithm. IEEE Transactions on Pattern Analysis and Machine Intelligence,1988,10(6):849-865.

[10] 蒋晓瑜,黄应清.基于小波变换的多分辨模板匹配[J].中国图象图形学报,2000,5(4):304-308.

[11] 熊智,熊卫东,冷雪飞,等.景象匹配辅助导航中多级实时匹配算法研究[J].系统工程与电子技术,2007,29(6):926-929.

[12] 王靖,朱梦宇,赵保军,等.基于小波和改进型 Hausdorff 距离的遥感图像配准方法[J].电子学报,2006,34(12):2167-2169.

[13] 韦燕凤,彭思龙,王洪剑,等.用边缘金字塔结构实现 Hausdorff 距离匹配[J].计算机辅助设计与图形学学报,2004,16(4):492-496.

[14] 于秋则,程辉,柳健,等.基于改进 Hausdorff 测度和遗传算法的 SAR 图像与光学图像匹配[J].宇航学报,2006,27(1):130-134.

[15] GHARAVI-ALKHANSARI M. A fast full-search equivalent algorithm using energy compacting transforms[C]//. Proceedings of Image Processing International Conference,2001:713-716.

[16] 曹闻,李弼程,邓子建.一种基于小波变换的图像配准方法[J].测绘通报,2004,2:16-19.

[17] 陈景航,杨宜民.一种基于 Harr 小波的快速模板匹配方法[J].计算机工程,2005,31(22):167-171.

第8章 基于投影变换的景象匹配

无人机执行任务时通常有较强的机动性,景象匹配常应用于巡航导弹和弹道导弹的末制导中,因而迫切需要在实测图和基准图之间存在大角度旋转、对比度变化、尺度变化和亮度变化时仍能实现准确匹配。传统的基于最小均方差的方法、基于区域灰度相关的归一化积相关和其他结构的模板匹配算法,包括基于 Hausdorff 距离的匹配算法等仅在旋转角度较小的情况下才有效,对大角度旋转的图像匹配往往无能为力。近年来国内外学者相继提出了一些可以任意旋转匹配的方法,文献[1]提出了方向码法,利用方向码的直方图进行比较分析,但是该方法具有计算量大、速度慢的缺点。文献[2]等基于圆的各向同性和投影特征提出了圆投影匹配算法,该方法能抗任意角度旋转,但匹配准确率不高。文献[3][4]利用对数极坐标变换,把图像之间的旋转转换为平移,基于投影向量进行匹配,可以实现任意旋转图像之间的匹配,但对数极坐标变换存在采样不均匀的问题,导致中心区域的过采样和边缘区域的欠采样,会影响匹配精度。自适应极坐标变换是一种基于均匀采样的极坐标变换[5],能够克服非均匀采样的缺点,提高匹配的精度。

8.1 圆投影变换

任意角度需要将模板图在 $0° \sim 360°$ 内任意可能的角度旋转以后再跟基准图匹配,这种穷尽搜索算法计算量大,在景象匹配中没有多大意义。解决模板图和基准图之间存在任意角度旋转的景象匹配问题的关键是找到一个旋转不变量。圆投影匹配算法[6]利用"圆"的各向同性,通过提取具有旋转不变的圆投影特征进行匹配,这类方法可抗任意角度旋转。圆投影算法描述如下:

定义模板图 $T(x,y)$,大小为 $m \times m$,采用极坐标表示该模板图像,以模板图像的中心 O 为坐标原点,建立极坐标系,如图 8-1 所示,模板图可由下式表示:

$$x = r\cos\theta \tag{8-1}$$

$$y = r\sin\theta \tag{8-2}$$

$$r = \sqrt{(x-x_0)^2 + (y-y_0)^2} \tag{8-3}$$

式(8-3)中,(x_0, y_0) 为模板中心,$r \in [0, R]$,$R = \dfrac{m}{2}$,$q \in [0, 2\pi]$。

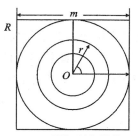

8-1　圆投影向量模型

模板 $T(x,y)$ 在半径为 r 处的圆投影可由下式计算：

$$P_T(r) = \frac{1}{S_r} \sum_i T(r\cos\theta_i, r\sin\theta_i) \tag{8-4}$$

其中，$T(r\cos\theta_i, r\sin\theta_i)$ 表示在 $(r\cos\theta_i, r\sin\theta_i)$ 处的像素值；S_r 表示落在圆上像素个数；$P_T(r)$ 表示模板图半径为 r 的圆周上的所有像素灰度值的平均值。当图像旋转时，任一半径圆上的像素也跟着做同心同半径的旋转，因此，$P_T(r)$ 是一个旋转不变量。则模板 $T(x,y)$ 的圆投影向量可表示为

$$\boldsymbol{P}_T = [P_T(r_1), P_T(r_2), \cdots, P_T(r_N)] \tag{8-5}$$

一般情况下，圆投影向量的半径通常在 $[0,R]$ 范围内等间隔取样，即 $r_i = i \cdot r_1$。

同样地，可以对待匹配基准子图 $S(x,y)$ 进行类似的圆投影变换，得到的圆投影向量表示为

$$\boldsymbol{P}_s = [P_s(r_1), P_s(r_2), \cdots, P_s(r_N)] \tag{8-6}$$

定义相似性度量函数为

$$f = \frac{\sum_{r=0}^{R} [P_T(r) - \boldsymbol{P}_T] \times [P_s(r) - \boldsymbol{P}_s]}{\sqrt{\sum_{r=0}^{R} [P_T(r) - \boldsymbol{P}_T]^2} \sqrt{\sum_{r=0}^{R} [P_s(r) - \boldsymbol{P}_s]^2}} \tag{8-7}$$

式中，$\boldsymbol{P}_T = \dfrac{\sum_{r=0}^{R} P_T(r)}{R+1}$，$\boldsymbol{P}_s = \dfrac{\sum_{r=0}^{R} P_s(r)}{R+1}$。

可见，相似度最大时对应的基准子图位置即为匹配位置。

由上面对算法的描述可以看出，在实测图尺寸已知的情况下，基准子图的圆投影向量可以离线计算，因此，基于圆投影的匹配算法实时性较好，但有些情况下误判率较高，因为以投影向量作为匹配依据，本身就可能存在误差（比如不同图像相同半径上各像素灰度值不同，但其均值可能相同）。所以，圆投影匹配算法的匹配精度取决于圆投影向量的维度和相关度的计算方式。

8.2　传统的对数极坐标变换

传统的基于灰度像素相关性的图像匹配方法对待匹配图像与模板图像之间存在任意角度旋转非常敏感。Farhan Ullah 等人[7] 提出了建立方向代码的方法来解决旋转图像之间的匹配问题，其前提条件是知道了图像之间的大致旋转角度，但对图像的尺度变化比较敏感。近年来，基于对数极坐标变换（Log-Polar Transform，LPT）的匹配算法在景象匹配中得到了广泛

应用。

对数极坐标变换源于对视网膜视皮层映射关系的模拟研究,最早提出对数极坐标模型的人是 Schwartz[8]。对数极坐标变换表达了一种图像描述的变化,以笛卡儿坐标代表视网膜(场景平面)坐标位置,对数极坐标对应视皮层(变换图平面)坐标位置如图 8-2 所示。

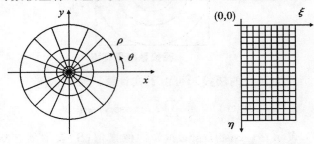

(a) 笛卡儿坐标表示　　　　(b) 对数极坐标表示

图 8-2　对数极坐标变换示意图

设笛卡儿坐标系为

$$z = x + \mathrm{i}y \tag{8-8}$$

式中,z 表示其中的一点;x、y 表示此点的坐标。

对应的极坐标平面为

$$\begin{aligned} \rho &= \sqrt{x^2 + y^2} \\ \theta &= \arctan(y/x) \end{aligned} \tag{8-9}$$

式中,ρ 为极坐标平面中点 (x,y) 对应矢量的幅值;θ 为此矢量的幅角,取逆时针方向为正方向。

对应的对数极坐标平面为

$$\left. \begin{aligned} \xi &= \sqrt{x^2 + y^2} \\ \psi &= \arctan(y/x) \end{aligned} \right\} \tag{8-10}$$

由图 8-2 可以看出,对数极坐标变换(LPT)是一种非均匀变换,从变换中心向外,分辨率逐渐降低。同时,目标图像在笛卡儿坐标系下的尺度和旋转变化变换为沿对数极坐标系的平移运动,因此具有较好的尺度和旋转不变性[9]。将对数极坐标变换引入到景象匹配中,当图像在笛卡儿坐标系下发生旋转及尺度变化时,在对数极坐标系中分别变为沿极角和极径的平移运动,可以通过投影匹配算法得到匹配位置。

图 8-3 给出了机场红外图像的对数极坐标变换图像,其中,图(a)为原始的机场红外图像,图(b)为图(a)旋转 30°且放大 1.2 倍后截取的与图(a)同样大小的红外图像,图(c)为图(a)经 LPT 变换后的图像,图(d)为图(b)经 LPT 变换后的图像。

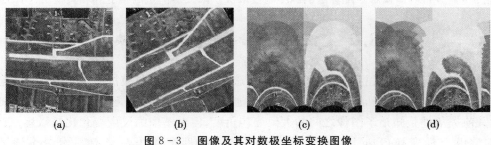

(a)　　　　　　(b)　　　　　　(c)　　　　　　(d)

图 8-3　图像及其对数极坐标变换图像

由图 8－3 可以看出,笛卡儿坐标系下发生旋转及尺度变化的图像经 LPT 变换后,在对数极坐标系下表现为图像之间的上下或左右平移。

对数极坐标的变换源于对人视觉机制的研究,经对数极坐标反变换过去的图像人的视觉可以接受,在景象匹配中能分别克服图像的旋转或尺度变化,但 LPT 采用的是符合生物视觉机制的非均匀采样,对变换中心区域图像信息量摄取较多而对远离变换中心的周边区域信息量摄取较少,因此对变换中心区域图像的遮挡非常敏感。而在景象匹配导航系统中,一方面,实测图是连续拍摄的,其周边区域及中心区域对于景象匹配定位的作用往往同等重要;另一方面,因为基准图和实测图的拍摄时间不同,所拍的实测图可能会因为云层及烟雾等的影响而被部分遮挡,如果遮挡部分发生在实测图变换中心区域附近,基于 LPT 的匹配算法很可能导致失配,而此时如果通过增加 LPT 的采样点数来进一步利用图像的周边信息,又会使变换中心附近因为过采样而使计算量大增,影响匹配的实时性。Rittavve Matungka 等人[10] 提出的自适应极坐标变换(Adaptive Polar Transform,APT)是一种基于均匀采样的极坐标变换,其投影变换一方面保持了对数极坐标投影变换的旋转及尺度不变性,另一方面对图像间的局部遮挡不很敏感且计算量相对较少,能够克服传统极坐标变换在景象匹配过程中存在的局限性。

8.3　自适应极坐标变换

自适应极坐标变换是笛卡儿坐标平面到极坐标平面的一种映射。与传统 LPT 不同,APT 的周向采样数不是固定不变的,而是随半径值的增大而增加,以实现对整幅图像的均匀采样,使得远离变换中心的周边区域信息得到有效利用。

设笛卡儿坐标系下方形图像为 $2R_{\max} \times 2R_{\max}$,$n_r$ 为 APT 中沿径向的采样数,为了使径向的采样分辨率达到 1 个像素,一般取 $n_r = R_{\max}$。以 R_i 代表径向第 i 个采样点处的半径值,n_{θ_i} 代表该半径处的周向采样数,由于 R_i 处圆周大约包含 $2\pi R_i$ 个像素,为了使圆周方向的采样分辨率达到像素级,同时也为了简化计算,在 APT 变换过程中,一般取 $n_{\theta_i} = 8R_i$。自适应极坐标映射关系如图 8－4 所示,其中图(a)为笛卡儿坐标系下的采样栅格图,图(b)为(a)映射到极坐标下的采样栅格图。

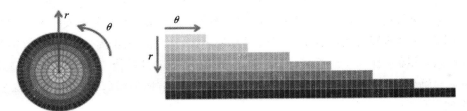

(a) 笛卡儿坐标系下采样栅格　　　　(b) 映射到极坐标系下的采样栅格
图 8－4　自适应极坐标映射示意图

设笛卡儿坐标系下方形图像 $I(x,y)$ 的尺寸大小为 $2R_{\max} \times 2R_{\max}$,其自适应极坐标变换可以表示如下:

$$IP(i,j) = I(R_{\max} + R_i\cos[2\pi j/n_{\theta_i}), R_{\max} + R_i\sin(2\pi j/n_{\theta_i})] \tag{8-11}$$

式中,$i = 1,2,\cdots,n_r$,$j = 1,2,\cdots,n_{\theta_i}$。为了与对数极坐标变换进行比较,分别将图 8-3 中的原始机场红外图(a)和经旋转尺度变化后的图(b)通过式(8-4)进行自适应极坐标变换,变换结果分别如图 8-5(a)和(b)所示。

(a)原始图像的 APT 变换

(b)原始图像旋转后的 APT 变换

图 8-5　自适应极坐标变换图像

比较图 8-3 和图 8-5 可以看出,经 APT 变换后,图像在笛卡儿坐标系下的尺度和旋转变化并没有像 LPT 变换那样转换为极坐标系下的平移运动。为了使 APT 变换在匹配时具有尺度及旋转不变性,为此,在将 APT 变换图像向距离轴 r 和方向轴 θ 投影时必须采取措施进行投影变换。

设经 APT 变换后的图像为 $IP(r,\theta)$,$n_{\theta\max}$ 表示在 $R_i = R_{\max}$ 处圆周方向的采样数,R_{pro}、θ_{pro} 分别表示 APT 变换图像在距离轴 r 和方向轴 θ 的投影,则有

$$R_{\mathrm{pro}}(i) = \Omega_i \sum_{j=1}^{n_{\theta_i}} IP(i,j) \tag{8-12}$$

$$\theta_{\mathrm{pro}}(j) = \sum_{i=1}^{n_r} (\eta_{ij}^1 IP\{i,\mathrm{ceil}[(j-1)/\Omega_i]\} + \eta_{ij}^2 IP[i,\mathrm{ceil}(j/\Omega_i)]) \tag{8-13}$$

式中,$i \in [1,\cdots,n_r]$;$j \in [1,\cdots,n_{\theta\max}]$;$\Omega_i = n_{\theta\max}/n_{\theta_i}$;$\eta_{ij}^1 = \Omega_i(j-1) - \mathrm{floor}[\Omega_i(j-1)]$,$\eta_{ij}^2 = 1 - \eta_{ij}^1$;$\mathrm{ceil}(x)$ 表示大于或等于 x 的最小整数;$\mathrm{floor}(x)$ 表示小于或等于 x 的最大整数。

将图 8-5 的两幅自适应极坐标变换图像按照式(8-12)向距离轴 r 投影,投影曲线如图 8-6(a)所示,其横坐标为径向采样数,纵坐标为在距离轴的投影值;将图 8-5 的图像依据式(8-13)向方向轴 θ 投影,投影曲线如图 8-6(b)所示,其横坐标为周向采样数,纵坐标为在方向轴的投影值。

由图 8-6 可以看出,在笛卡儿坐标系下发生小尺度变化和大角度旋转的两幅图像,经 APT 变换后,以式(8-12)向距离轴投影,两投影曲线主要表现为小的尺度变化;以式(8-13)向方向轴投影,两投影曲线间主要表现为平移变化。这样,通过求取旋转、尺度变化前后距离轴投影相似度及方向轴投影的平移相似度的最大值,即可找到实测图在基准图中的匹配位置。因此,APT 投影变换可以用于具有尺度及旋转变化的景象匹配中。

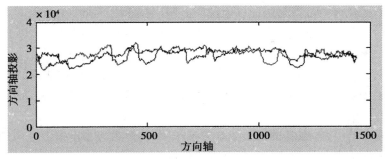

（a）距离轴投影曲线

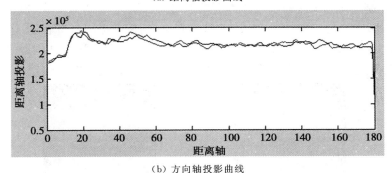

（b）方向轴投影曲线

图 8 - 6　自适应极坐标变换的投影曲线

8.4　基于自适应极坐标变换的快速景象匹配

在景象匹配／惯性组合导航系统中，惯性导航系统的航向漂移误差易造成实测图和基准图之间有不同程度的旋转变形；而无线电气压高度表的测量误差，则易造成实测图和基准图之间的小范围内的尺度变化。其中航向角漂移误差的影响通常要比高度误差的影响大得多，特别是在景象匹配导航系统刚开始的搜索阶段，系统具有较大的初始误差，实测图和基准图之间存在较大的旋转角度和小的尺度差异，这就要求匹配算法能够克服图像大角度旋转及小尺度变化的影响。

要使景象匹配算法能够对惯性导航系统误差进行有效的修正，除了要求匹配算法对图像间的变形等具有鲁棒性外，还要求算法具有很高的实时性及定位的准确性。为此，本节将自适应极坐标变换引入景象匹配中，并在匹配准确性及快速性方面提出了一系列改进措施。为了提高匹配精度，以圆形窗口代替方形窗口，设计了一种新的计算平移相似性的方法；为了提高匹配速度，在分析自适应极坐标匹配特点的基础上，提出了综合应用多分辨率技术及跳跃搜索策略，同时，在圆形窗的裁剪中使用了快速圆模板定位算法。

8.4.1　快速圆形窗口定位算法

由图 8 - 3（b）可以看出，矩形图像在旋转时会产生裁剪误差，使实测图和基准图所包含的图像内容有所差别，从而影响匹配的精度。为了消除图像在旋转时裁剪误差对匹配精度的影响，在匹配过程中采用圆形窗口进行匹配。但是，在基准图中每个待匹配点截取圆形子图时，须计算子图中每个点到该中心点的距离以定位圆,计算量较大。为此,在圆投影变换伪码表的基础上[11],采用了一种基于索引模板的快速虚拟圆窗口定位算法。创建虚拟圆索引模板的步骤如下:

(1)计算实测图中每个像素点到中心的距离以定位出实测图的内切圆。

(2)将实测图内切圆外的所有点的像素值赋为 0,将这些 0 值点在原实测图中的坐标保存在索引表中作为索引。

有了虚拟圆索引模板,在基准图上截取方形子图后,只需将基准图上虚拟圆索引模板的索引值对应坐标处的像素值赋为 0 即可得到虚拟的圆形子窗口。

图 8-7(a)是图 8-3(a)的虚拟圆索引模板图像,图 8-7(b)为图 8-3(a)旋转 30°,放大 1.2 倍后的虚拟圆索引模板图像。从图 8-7 可以看出,使用虚拟圆窗口后,图像无论怎样旋转,都不会因裁剪产生误差。这样,在景象匹配过程中,如果使用虚拟圆窗口,实测图像无论怎样旋转,都不会因匹配过程中截取基准子图时产生裁剪误差,可以提高匹配的精度。

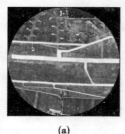 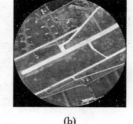

(a)   (b)

图 8-7   虚拟圆索引模板图像

8.4.2   快速搜索策略

对一幅图像来说,如果匹配过程中采用在原基准图上进行全局遍历搜索,其计算速度很难满足景象匹配导航系统对实时性的要求。为此,本节首先采用小波多分辨率分解方法减少搜索空间,由于 APT 是以变换图像的投影矢量相似性最大为匹配定位的准则,而投影过程丢失了部分空间信息,因此要求图像必须有足够丰富的灰度信息。如果分解层数太多,图像会因为灰度信息损失过多而导致误配。多次仿真实验表明,当分解层数超过 2 时,误匹配概率将大大增加。另外,由于 APT 是基于灰度区域的匹配方法,图像间少许的平移通常只影响匹配精度而不会使匹配结果有很大偏差,因此,在最低分辨率层的低频图像上进行粗匹配时,可采用跳跃像素的搜索方法进一步减少搜索空间,提高算法的实时性。

8.4.3   相似性度量函数

图像经 APT 变换后,以式(8-12)和式(8-13)分别向距离轴和方向轴投影,得到两个一维的投影矢量。设实测图的投影矢量分别记为 $\boldsymbol{R}_{\text{pro\_inp}}$ 和 $\boldsymbol{\theta}_{\text{pro\_inp}}$,基准图上$(i,j)$处对应子图的投影矢量分别记为 $\boldsymbol{R}_{\text{pro\_sub}(i,j)}$ 和 $\boldsymbol{\theta}_{\text{pro\_sub}(i,j)}$,以这两对矢量间的最大相关性作为匹配的相似性度量函数。

在景象匹配导航系统中,惯性导航系统的航向角漂移误差易造成实测图与基准图之间的旋转变形,无线电气压高度表的测量误差易造成实测图和基准图之间的尺度变化。由于惯性导航系统的航向角漂移一般很难估计,且呈现一种缓慢发散的趋势,而无线电气压高度表的精度容易保证,且在误差范围内引起的尺度变化较小,因此,在实际导航系统中,实测图旋转误差对匹配结果的影响通常要比尺度误差对匹配结果的影响大。而由式(8-12)、式(8-13)及图8-6的投影曲线可知,在实测图尺度变化较小而旋转角度较大的情况下,两个相互匹配的图像,其在距离轴的两条投影曲线间尺度变化也较小,且尺度变化越小,两条曲线重合程度越高,而其在方向轴的两条投影曲线之间则表现为较大的平移,且旋转角度越大,平移量也越大。

基于自适应极坐标投影变换的特点,结合惯性导航系统的误差实际,在设计景象匹配的相似性度量函数时,距离轴投影曲线间的相似性计算和方向轴投影曲线的相似性计算应采用不同的方法。

1. 距离轴

由于实测图尺度变化较小,在真实匹配位置,距离轴的两条投影曲线基本重合,因此可直接采用最小绝对差度量距离轴两条投影曲线的相似性。

2. 方向轴

由于实测图旋转角度可能较大,在真实匹配位置,方向轴两条投影曲线之间存在较大的平移,不能直接应用最小绝对差度量来计算投影曲线的相似性。为了计算方向轴投影曲线的平移相似性,首先要找出两投影曲线间的平移距离以消除平移的影响,然后将平移相似性度量问题转化为一般的基于欧氏距离的相似性度量问题。其基本思想是:发生旋转及尺度变化的图像与原图像经过 APT 变换并向方向轴投影后,两条投影曲线的最大值之间的距离与最小值之间的距离应该相等。具体的计算步骤如下:

(1) 找出方向轴两条投影曲线最大值所对应的索引值之差,记为 shift1。

(2) 找出方向轴两条投影曲线最小值所对应的索引值之差,记为 shift2。

(3) 取 shift = ceil[(shift1 + shift2)/2],并根据 shift 值将其中一条投影曲线平移 shift 后再采用最小绝对差度量。

本节采用的相似性度量函数为

$$d(i,j) = \sum |\boldsymbol{R}_{\mathrm{pro\_inp}} - \boldsymbol{R}_{\mathrm{pro\_sub}(i,j)}| + \sum |\boldsymbol{\theta}'_{\mathrm{pro\_inp}} - \boldsymbol{\theta}'_{\mathrm{pro\_sub}(i,j)}| \qquad (8-14)$$

式中,$\boldsymbol{\theta}'_{\mathrm{pro\_inp}}$ 与 $\boldsymbol{\theta}'_{\mathrm{pro\_sub}(i,j)}$ 分别为 $\boldsymbol{\theta}_{\mathrm{pro\_inp}}$ 与 $\boldsymbol{\theta}_{\mathrm{pro\_sub}(i,j)}$ 平移后对应的方向轴投影曲线。

8.4.4　导航用匹配算法流程

针对惯性导航系统误差的实际情况,以 APT 投影为匹配特征,以圆形模板为匹配窗口,各种快速策略相结合的景象匹配算法,其在景象匹配/惯性组合导航系统的总体实现步骤如下:

(1) 对基准图进行 J 层小波分解。

(2) 从实测图中截取圆形窗口后进行 J 层小波分解,并创建各层圆形窗口的索引模板。

(3) 对分解后的各级圆形实测图按照式(8-11)～式(8-13)进行 APT 投影变换。

(4) 在最低分辨率层(即 J 层)基准图上,采用每隔 H 列或 H 行进行跳跃式搜索,根据已创建的圆形索引模板快速截取每个搜索位置的圆形子图并进行 APT 投影变换;以式(8-7)为相似性度量获得匹配点 $P00$。

(5) 在最低分辨率层(即 J 层)基准图上,在以 $P00$ 为中心的 δ 邻域($\delta \geqslant H$)内进行搜索,以式(8-14)为相似性度量获得最低分辨率层的全局粗匹配点 $P0$。

(6) 以粗匹配点 $P0$ 为中心,结合多分辨率匹配技术,逐级在较高分辨层进行匹配,直至在原分辨率图像上获得最终的精匹配点。

8.4.5 匹配算法复杂性分析

本章 8.4.4 节匹配算法的计算量主要集中在图像的自适应极坐标变换上,因此,缩小图像尺寸或减少匹配搜索空间都能有效提高算法的实时性。设基准图尺寸为 $M \times M$,实测图尺寸为 $m \times m$,$R_{\max} = \text{floor}(m/2)$,小波分解层数为 J,跳跃像素数为 H。下面从自适应极坐标变换本身及搜索空间两方面分析本文算法的计算复杂性,并将其与传统 LPT 算法进行比较。

1. 自适应极坐标变换

自适应极坐标变换的复杂性取决于图像大小及变换时的采样点数。本节取采样点数为 $n_r = R_{\max}$,$n_{\theta_i} = 7R_i$。则原分辨率实测图 APT 的采样点数 $Ns_{(0)}$ 为

$$Ns_{(0)} = R_{\max}(7 + 7R_{\max})/2 = \text{floor}\left(\frac{7m^2}{8} + \frac{7m}{4}\right) \tag{8-15}$$

小波分解第 j 级实测图的 APT 采样点数 $Ns_{(j)}$ 大约为

$$Ns_{(j)} \approx \frac{Ns_{(0)}}{4^j} \tag{8-16}$$

2. 搜索空间

因为在最低分辨率层采用了每隔 H 列或 H 行进行跳跃式搜索,该层参与匹配的点数 $Np_{(J)}$ 为

$$Np_{(J)} = \frac{(M-m)^2}{2^J H^2} + H^2 \tag{8-17}$$

第 $j(j \leqslant J)$ 级精细搜索区域的匹配点数 $Np_{(j)}$ 为

$$Np_{(j)} = (j+2) \times (j+2) \tag{8-18}$$

综上,本节算法总的计算复杂度为

$$Np_{(J)} \, Ns_{(J)} + \sum_{j=0}^{J-1} Np_{(j)} \, Ns_{(j)} \tag{8-19}$$

其中,粗匹配的计算复杂度为

$$Np_{(J)} \, Ns_{(J)} = \left[\frac{(M-m)^2}{2^J H^2} + H^2\right]\left[\text{floor}\left(\frac{7m^2}{8} + \frac{7m}{4}\right)\right]\Big/4^J \tag{8-20}$$

精细匹配的计算复杂度为

$$\sum_{j=0}^{J-1} Np_{(j)} \, Ns_{(j)} = \sum_{j=0}^{J-1} (j+2)^2 \, \text{floor}\left(\frac{7m^2}{8} + \frac{7m}{4}\right)\Big/4^j \tag{8-21}$$

设 n_ρ 和 n_θ 分别为 LPT 径向及角度方向的采样数,传统的 LPT 算法为了保证变换前后图像的大小保持不变,其径向及周向的采样点数通常取为图像行和列的维数,即 $n_\rho = n_\theta = m$,与式(8-15)相比,当 $m > 14$,即实测图尺寸大于 14×14 时,本节 APT 的采样点数就少于传统 LPT 的采样点数,而此时 LPT 在角度方向还不能做到完全分辨。要使 LPT 达到径向及角度方向的完全分辨,其径向采样数应满足[0]:

$$n_\rho \geqslant \ln(m/2)/[\ln(m/2) - \ln(m/2-1)] \tag{8-22}$$

周向采样数须满足[10]:

$$n_\theta \geqslant 2\pi R_{\max} = \pi m \tag{8-23}$$

则总采样数将远超过 APT 采样数。

例如:设实测图尺寸为 80×80,按照式(8-15)计算的 APT 采样点数为 5 740,若 LPT 径向和周向的采样数各取为 80,则采样点数为 6 400,若 LPT 按照式(8-22)及式(8-23)进行采样,即达到径向及周向的完全分辨,总采样数为 3 6619,约是 APT 采样数的 6.38 倍。另外,传统基于 LPT 的快速匹配算法通常只结合多分辨率技术[9,12],在分解层数相同情况下,其匹配搜索空间远大于 8.4.4 节算法。

综上,本节算法的计算复杂度远小于传统 LPT 匹配算法,实时性更好。

8.4.6 仿真实验结果与分析

为了检验所提的导航用景象匹配算法的有效性,将其与传统的基于 LPT 的匹配算法进行比较,分别在可见光图像和合成孔径雷达图像上进行了同类图像间的匹配实验。实测图的尺度及旋转变化大小参照中等精度惯性导航系统的误差来取值。对于中等精度的惯性导航系统,在没有任何外部修正信息的情况下,其航向偏差将达到 $10°/h$,而气压高度表的精度则相对较高,一般气压高度表的误差对尺度方面的影响仅在正负 1.1 倍左右[13]。以此为参考,实验中,实测图相对基准图的旋转变化控制在 $15°$ 以内,尺度变化控制在正负 1.1 倍左右,实测图的遮挡范围控制在 7×7 范围内。本节所提的算法及传统 LPT 方法均采用 1 层小波分解,本节算法中的跳跃像素数 $H = 3$,半径 R_i 处的 APT 周向采样数 n_{θ_i} 取为 $7R_i$。所有算法采用 MATLAB 7.5 编程,在主频为 Pentium2.60 GHz,内存为 1.0 G 的 PC 上进行测试。表 8-1 给出了不同实测图情况下两种算法的匹配结果。

表 8-1 旋转尺度变化及遮挡对景象匹配结果的影响

图像类型及大小	旋转角(°)	比例/倍	实测图尺寸(有无遮挡)	正确匹配位置	本节方法		传统 LPT 匹配算法	
					匹配位置	时间/s	匹配位置	时间/s
可见光图像 200×200	0	1	60×60(无)	(130,10)	(130,10)	3.663 8	(130,10)	10.925 6
	15	0.95	60×60(有)	(130,10)	(130,10)	3.366 9	(130,10)	11.617 5
	10	1.1	60×60(有)	(130,10)	(130,10)	3.363 0	(132,12)	10.849 1
	0	1	80×80(无)	(30,50)	(30,50)	5.418 2	(29,50)	14.107 8
	15	0.95	80×80(有)	(30,50)	(30,50)	4.951 5	(24,50)	13.425 8
	10	1.1	80×80(有)	(30,50)	(30,50)	4.807 9	(29,50)	13.310 9
SAR 图像 300×300	0	1	80×80(无)	(40,50)	(40,50)	11.071 6	(40,50)	47.916 6
	15	0.95	80×80(无)	(40,50)	(40,49)	10.667 15	(38,50)	45.683 2
	10	1.1	80×80(有)	(40,50)	(41,50)	10.121 1	(144,150)	46.089 7
	0	1	90×90(无)	(190,70)	(190,70)	11.852 8	(190,70)	50.501 3
	15	0.95	90×90(无)	(190,70)	(192,70)	12.381 1	(190,70)	55.519 1
	10	1.1	90×90(有)	(190,70)	(192,70)	11.224 9	(164,128)	50.378 8

由表 8-1 可以看出,当实测图与基准图间不存在旋转、尺度变化及遮挡时,本节算法与传统 LPT 匹配算法都能正确匹配,且匹配精度较高,误差在 1 个像素内。在实测图发生小尺度变化及较大角度旋转情况下,两种算法的匹配精度稍有下降,但仍能正确匹配(认为误差在 5 个

像素内均为正确匹配);但当实测图中心区域附近存在小范围遮挡时,传统 LPT 匹配算法失配率很高[表 8-1 第 3 行仿真结果中,对数极坐标算法之所以能在有遮挡情况下正确匹配,主要是因为该点处实测图的遮挡范围很小且遮挡处理后的部分像素值与原实测图对应位置处的像素值相近,图 8-8(c)为此处的实测图],而本节算法仍能正确匹配,匹配精度在 2～3 个像素范围内。从实时性来看,两种算法的匹配耗时都与基准图及实测图的尺寸大小有关,尺寸越大,耗时越多,但不管哪种情况,本节算法的匹配耗时都远小于传统 LPT 算法的匹配耗时。

图 8-8 及图 8-9 为表 8-1 中本节算法部分实验的匹配情况。图 8-8 为可见光图像间的匹配,图 8-9 为 SAR 图像间的匹配,在图 8-8 和图 8-9 中(a)为原始基准图,(b)(c)为预处理后的实测图,实测图中的白色小框为遮挡部分,(d)为实测图在基准图(a)上的定位情况。从在两幅基准图上的定位情况来看,本节算法在实测图存在尺度、旋转变化及小范围遮挡时仍能正确定位。

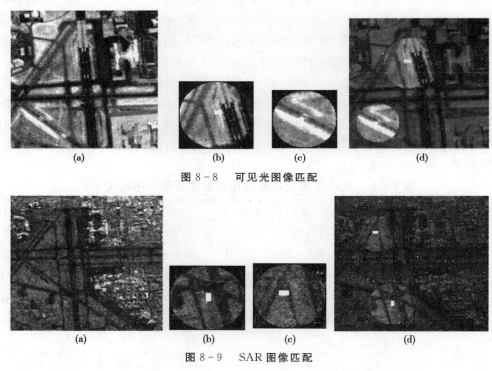

(a)　　　　(b)　　　(c)　　　　(d)

图 8-8　可见光图像匹配

(a)　　　　(b)　　　(c)　　　　(d)

图 8-9　SAR 图像匹配

8.5　本章小结

无人机执行任务过程中有非常强的机动性,造成所拍实测图与基准图之间存在大角度的旋转,提取具有旋转不变的图像特征是正确匹配的关键。本章针对景象匹配／惯性组合导航系统对匹配算法实时性、鲁棒性及定位精度的要求及现有方法的局限性,结合惯性导航系统误差漂移特性,将具有旋转及尺度不变性的自适应极坐标投影变换引入到景象匹配中,并结合景象匹配／导航系统的实际给出了进一步的改进措施:在匹配精度方面,根据自适应极坐标投影变换的特点,设计了一种计算平移相似性度量的方法,同时采用圆形匹配窗口,克服了因图像旋转带来的裁剪误差;在匹配速度方面,通过创建虚拟圆索引模板,实现了在基准图上圆形子图的快速截取,同时采用多分辨率技术与跳跃式搜索相结合的快速搜索策略,有效地缩减了搜索空间。

【参考文献】

〔1〕 ULLAH F,KANEKO S. Using orientation codes for rotation invariant template matching[J]. Pattern Recognition,2004,37(2) :201 - 209.

〔2〕 徐亦斌,王敬东,李鹏. 基于圆投影向量的景象匹配方法研究[J]. 系统工程与电子技术,2005(10):1725 - 1728.

〔3〕 李兆烽,李言俊. 基于对数极坐标变换的景象匹配新方法[J]. 红外与激光工程,2008 (2):285 - 288.

〔4〕 李武,侯志强,魏国剑. 基于对数极坐标变换的尺度变化目标跟踪[J]. 电光与控制,2013,20 (12):42 - 45,87.

〔5〕 符艳军,程咏梅,潘泉,等. 基于自适应极坐标变换的景象匹配算法[J]. 西北工业大学学报,2011,29(5):702 - 708.

〔6〕 TANG Y Y,CHENG H D,SUEN C Y. Transformation-ring-projection-algorithm and its VLSI implementation. Pattern Recognition Artificial Intelligence,1991,5:25 - 56.

〔7〕 ULLAH F,KANEKO S. Using orientation codes for rotation-invariant template matching [J]. Pattern Recognition,2004,37(2):201 - 209.

〔8〕 SCHWARTZ E L. Spatial mapping in the primate sensory projection:Analytic structure and relevance to perception[J]. Biological Cybernetics,1977,25:181 - 194.

〔9〕 许俊泽,胡波,林青. 对数极坐标变换域下互信息图像配准方法[J]. 信息与电子工程,2009,7(4):289 - 293.

〔10〕 RITTAVEE M,YUAN F Z,ROBERT L E. Image registration using adaptive polar transform[J]. IEEE Transactions on Image Processing,2009,18 (10) :2340 - 2354.

〔11〕 CHOI M,KIM W. Anovel two stage template matching method for rotation and illumination invariance[J]. Pattern Recognition,2002,35(1):119 - 129.

〔12〕 许东,安锦文. 基于图像对数极坐标变换的多分辨率相关匹配算法[J]. 西北工业大学学报,2004,22(5):653 - 656.

〔13〕 刘建业,冷雪飞,熊智,等. 惯性组合导航系统的实时多级景象匹配算法[J]. 航空学报,2007,28(6):1401 - 1407.

第9章　基于矩特征的景象匹配

矩不变量是一种充分利用目标图像上各点灰度分布特征的全局不变量。矩是一种基于区域的形状描述子，它可以描述目标区域的灰度分布特性和边界形状。与傅里叶描述子、链码描述子等基于轮廓的描述子相比，它更适合描述具有复杂边界的目标。近年来，矩技术已被应用于图像分类与识别处理的许多方面，如景物匹配、直方图匹配、图像重建、目标识别和图像检索等。

在景象匹配中，实测图通常和基准图存在各种各样的差异，包括比例、旋转等变化。基于特征的景象匹配的关键是在基准图和实测图中寻找并提取不变的图像特征。提取图像的矩不变量并以此为特征进行匹配，能够在图像间存在平移、旋转或其他差异的情况下实现正确匹配。目前，各种矩不变量已被广泛应用在无人机的景象匹配导航系统中。

9.1　图像几何矩及其不变量

矩的概念最早出现在经典力学和统计理论中。在力学中，矩表示物质的空间分布。质量密度分布函数的零阶矩、一阶矩、二阶矩分别表示物质的总质量、质心位置、惯量。在统计学中，矩表征随机变量的分布，概率密度函数的零阶矩、一阶矩、二阶矩分别表示全概率、数学期望、方差。如果把二值图或灰度图看作是二维密度分布函数，就可以把矩技术运用于图像处理及图像分析中，图像的特征就可以用矩来描述。矩特征由于充分利用了目标区域内部和边界的大量信息，所以更全面地反映了目标的本质特征。在图像处理中，矩不变量因其优秀的表达全局特征的能力获得了广泛的应用。

9.1.1　几何矩定义

几何矩又称规则矩，传统意义上的几何矩是定义于直角坐标变量的幂函数定义的基本集 $\{x^p y^q\}$，$\{p+q\}$ 阶几何矩用 m_{pq} 表示：

$$m_{pq} = \iint\limits_{D} x^p y^q f(x,y) \mathrm{d}x\mathrm{d}y, \quad p = 1,2,3\cdots, \quad q = 1,2,3\cdots \tag{9-1}$$

其中，D 是图像密度函数 $f(x,y)$ 定义的像素空间区域。

$f(x,y)$ 的中心距定义为

$$\mu_{pq} = \iint\limits_{D} (x-\overline{x})^p (y-\overline{y})^q f(x,y) \mathrm{d}x\mathrm{d}y, \quad p = 1,2,3\cdots, \quad q = 1,2,3\cdots \tag{9-2}$$

式中，$\overline{x} = \dfrac{m_{10}}{m_{00}}$，$\overline{y} = \dfrac{m_{01}}{m_{00}}$。

中心距与原点矩的换算关系为

$$\mu_{pq} = \sum_{k=0}^{p} \sum_{l=0}^{q} \begin{bmatrix} p \\ k \end{bmatrix} \begin{bmatrix} q \\ l \end{bmatrix} (-1)^{k-l} m_{p-k,q-l} m_{10}^{k} m_{01}^{l} m_{00}^{-(k+l)} \qquad (9-3)$$

几何矩的唯一性定理[1]表述:如果二维图像函数 $f(x,y)$ 是分段连续的,并且只在 (x,y) 的有限区域内具有非零值,那么所有阶的几何矩都存在。由 $f(x,y)$ 可以唯一确定几何矩序列 $\{m_{pq}\}$,反之,由几何矩序列 $\{m_{pq}\}$ 也可以唯一确定 $f(x,y)$。

由于一幅图像必然具有有限的面积,而且在最坏的情况下也是分段连续的,所以该幅图像的所有阶几何矩都存在,并且这些几何矩对该图像所包含信息的描述具有唯一性。

理论上要将一幅图像中的信息全部表征出来需要无限多的矩值,而在实际中,根据实际情况选取一个包含有足够信息的矩值子集就可以了。

对于一幅 $M \times N$ 的离散图像 $f(i,j)$, $f(i,j)$ 为 (i,j) 处的灰度等级, $(\bar{i},\bar{j})$ 为在图像的中心坐标,则图像的 $p+q$ 阶几何矩 m_{pq} 和中心矩 μ_{pq} 定义为

$$m_{pq} = \sum_{i=1}^{M} \sum_{j=1}^{N} i^p j^q f(i,j) \qquad (9-4)$$

$$\mu_{pq} = \sum_{i=1}^{M} \sum_{j=1}^{N} (i-\bar{i})^p (j-\bar{j})^q f(i,j) \qquad (9-5)$$

归一化中心距定义为

$$\eta_{pq} = \frac{\mu_{pq}}{\mu_{00}^{\frac{p+q}{2}+1}} \qquad (9-6)$$

9.1.2　几何矩的物理性质

1. 图像零阶矩

图像零阶矩即当 $p=q=0$ 时,对于灰度图像,图像零阶矩 m_{00} 表示图像灰度值的总和,从物理层面可以看做是图像的总质量,对于二值图像,从高等数学层面看,零阶矩表示图像的面积。

2. 图像一阶矩

图像一阶矩即当 $p=0,q=1$ 或 $p=1,q=0$ 时,图像的两个一阶矩 m_{01} 和 m_{10} 用来确定图像的重心。如果图像的重心(或图像区域灰度重心的坐标)与坐标系原点重合,则所求的的矩值称为图像的中心距。即图像相对于图像重心求出的几何矩就是中心矩,这样,矩的计算便能独立于图像坐标系以外。

3. 图像二阶矩

图像二阶矩即当 $p=0,q=2$ 或 $p=2,q=0$ 或 $p=1,q=1$ 时,图像的二阶中心距 μ_{02}、μ_{20} 或 μ_{11} 称为惯性矩,即目标区域内围绕"区域"中心的水平惯性矩,μ_{02} 是目标区域内围绕"区域"中心的垂直惯性矩,$\mu_{02} > \mu_{20}$ 则图像为垂直方向拉伸,$\mu_{02} < \mu_{20}$ 则图像为水平方向拉伸,μ_{11} 表示图像的倾斜程度[2],惯性矩可以用来确定图像目标的主轴。

4. 三阶矩或三阶以上矩

对于三阶或三阶以上矩,使用图像在 x,y 轴上的投影比使用图像本身的描述更方便。两个

三阶中心矩 μ_{03} 和 μ_{30} 分别表示水平方向和垂直方向上的中心偏移度,描述了图像投影的扭曲程度。扭曲是一个经典统计量,用来衡量关于均值对称分布的偏差程度。

9.1.3　Hu 不变矩

由矩的定义可以推导出:一幅图像的中心距具有平移变换不变性,而归一化的中心距除具有平移不变性外,还具有比例变换的不变性,但没有旋转不变性。

M. K. Hu 利用规格化中心矩导出了 7 个不高于三阶的函数式,称之为 Hu 矩不变量,它们对于图像平移、旋转和缩放都具有不变性。这 7 个矩不变量的表达式如下:

$$\varphi_1 = \eta_{02} + \eta_{20} \tag{9-7}$$

$$\varphi_2 = (\eta_{02} - \eta_{20})^2 + 4\eta_{11}^2 \tag{9-8}$$

$$\varphi_3 = (\eta_{30} - 3\eta_{12})^2 + (\eta_{03} - 3\eta_{21})^2 \tag{9-9}$$

$$\varphi_4 = (\eta_{30} + \eta_{12})^2 + (\eta_{03} - 3\eta_{21})^2 \tag{9-10}$$

$$\varphi_5 = (\eta_{30} - 3\eta_{12})(\eta_{30} + \eta_{12})[(\eta_{30} + \eta_{12})2 - 3(\eta_{21} + \eta_{03})2] +$$
$$(3\eta_{21} - \eta_{03})(\eta_{21} + \eta_{03})[3(\eta_{30} + \eta_{12})2 - (\eta_{21} + \eta_{03})2] \tag{9-11}$$

$$\varphi_6 = (\eta_{20} - \eta_{02})[(\eta_{30} + \eta_{21})^2 - (\eta_{21} + \eta_{03})^2] + 4\eta_{11}(\eta_{30} + \eta_{12})(\eta_{03} + \eta_{21}) \tag{9-12}$$

$$\varphi_7 = (3\eta_{21} - \eta_{03})(\eta_{30} + \eta_{12})[(\eta_{30} + \eta_{12})2 - 3(\eta_{21} + \eta_{03})2] -$$
$$(\eta_{30} - 3\eta_{12})(\eta_{21} + \eta_{03})[3(\eta_{30} + \eta_{12})2 - (\eta_{21} + \eta_{03})2] \tag{9-13}$$

在上述 7 个不变矩中,由于 $\varphi_5^2 + \varphi_7^2 = \varphi_3\varphi_4^3$,所以实际上只有 6 个独立的矩不变式,$\varphi_7$ 本应不计,但是考虑到 φ_7 可以去除反射不变性,一般还是把 φ_7 包含在矩组内。

9.1.4　模糊不变矩

Flusser[3] 在几何矩的基础上,研究了由中心对称的点扩散函数引起的退化图像的不变特征,并给出了一套基于图像矩的模糊不变量。Flusser 等人在文献[4]中由 7 阶中心矩的非线性组合构造了一组具有模糊不变性的 18 个组合不变矩。由于高阶矩比低阶矩受噪声影响大,但同时高阶矩又包括了图像的细节信息,在权衡算法实时性及匹配准确性的基础上,在景象匹配过程中,本节选用其中 10 个由 5 阶中心矩构成的矩不变量作为景象匹配的特征量。这 10 个模糊不变量的定义为

$$C(3,0) = \mu_{30} \tag{9-14}$$

$$C(2,1) = \mu_{21} \tag{9-15}$$

$$C(1,2) = \mu_{12} \tag{9-16}$$

$$C(0,3) = \mu_{03} \tag{9-17}$$

$$C(5,0) = \mu_{50} - \frac{10\mu_{30}\mu_{20}}{\mu_{00}} \tag{9-18}$$

$$C(0,5) = \mu_{05} - \frac{10\mu_{03}\mu_{02}}{\mu_{00}} \tag{9-19}$$

$$C(4,1) = \mu_{41} - \frac{2}{\mu_{00}}(3\mu_{21}\mu_{20} + 2\mu_{30}\mu_{11}) \tag{9-20}$$

$$C(1,4) = \mu_{14} - \frac{2}{\mu_{00}}(3\mu_{12}\mu_{02} + 2\mu_{03}\mu_{11}) \tag{9-21}$$

$$C(3,2) = \mu_{32} - \frac{1}{\mu_{00}}(3\mu_{12}\mu_{20} + \mu_{30}\mu_{02} + 6\mu_{21}\mu_{11}) \qquad (9-22)$$

$$C(2,3) = \mu_{23} - \frac{1}{\mu_{00}}(3\mu_{21}\mu_{02} + \mu_{03}\mu_{20} + 6\mu_{12}\mu_{11}) \qquad (9-23)$$

9.2　图像正交矩及其不变量

几何矩是图像在非正交基函数 $\{x^p y^q\}$ 上的投影,存在着一些弊端,比如由这些矩特征来对图像进行恢复重建是比较困难的。矩特征包含的图像信息不全面且有大量冗余信息及抗噪能力较差等问题。Teague 用正交多项式构造了正交矩,与几何矩相比,通过正交多项式计算的矩值之间相互独立、具有最小信息冗余、对图像表达和描述能力更好,且对噪声有较好的鲁棒性。另外,正交矩可以构造近似的逆矩变换,能够比较容易地从矩特征中构造原图。

现有的正交矩分为笛卡儿正交矩与径向正交矩两种,笛卡儿正交矩指定义在笛卡儿坐标系下的矩,如 Legendre 矩[5]、Dual Hahn 矩[6] 及 Racah 矩[7],其几何变化不变性、旋转不变性往往并不成立。径向正交矩指定义在极坐标系下的矩,如 Zernike 矩、伪 -Zemike 矩及正交 Fourier-Mellin 矩[8]、Chebyshev-Fourier 矩[9] 等,这些矩的幅值具有本质上的旋转与翻转不变性,被广泛应用于图像处理、模式识别和机器视觉领域。

本节只介绍在图像匹配领域广泛应用的 Zernike 矩和正交 Fourier-Mellin 矩。

9.2.1　Zernike 矩

Zernike 在 1934 年引入了一组在单位圆 $x^2 + y^2 = 1$ 内具有完备性和正交性的复值函数集 $\{V_{pq}(x,y)\}$,使得它可以表示定义在单位圆盘内的任何平方可积函数。其定义为

$$V_{pq}(x,y) = V_{pq}(\rho,\theta) = R_{pq}(\rho)e^{jq\theta} \qquad (9-24)$$

式中,ρ 表示原点到点 (x,y) 的矢量长度;θ 表示该矢量与 x 轴逆时针方向的夹角。$R_{pq}(\rho)$ 是实值径向多项式,其表达式为

$$R_{pq}(\rho) = \sum_{s=0}^{(p-|q|)/2} (-1)^s \times \frac{(p-s)!}{s!\left(\frac{p+|q|}{2}-s\right)!\left(\frac{p-|q|}{2}-s\right)!}\rho^{p-2s} \qquad (9-25)$$

式(9-25)称为 Zernike 多项式。

Zernike 多项式正交且满足:

$$\iint\limits_{x^2+y^2 \leqslant 1} \left[V_{pq}(x,y)^* V_{nm}(x,y)\right] \mathrm{d}x\mathrm{d}y = \frac{\pi}{n+1}\delta_{pn}\delta_{qm} \qquad (9-26)$$

其中,δ_{kl} 为克罗内克符号,满足下式:

$$\delta_{kl} = \begin{cases} 1, & k = l \\ 0, & \text{其他} \end{cases}$$

其中,$V_{pq}^*(x,y)$ 是 $V_{pq}(x,y)$ 的共轭多项式。

由于 Zernike 多项式的正交完备性,所以在单位圆内的任何图像 $f(x,y)$ 都可以唯一地用下面式子展开:

$$f(x,y) = \sum_{p=0}^{\infty} \sum_{q=0}^{\infty} Z_{pq}V_{pq}(\rho,\theta) \qquad (9-27)$$

式中,Z_{pq} 就是 Zernike 矩,其定义为

$$Z_{pq} = \frac{p+1}{\pi} \iint\limits_{x^2+y^2\leqslant 1} f(x,y)V_{pq}^*(\rho,\theta)\mathrm{d}x\mathrm{d}y \tag{9-28}$$

注意:式(9-28)中 $f(x,y)$ 和 $V_{pq}(\rho,\theta)$ 采用的是不同的坐标系,$f(x,y)$ 采用直角坐标,而 $V_{pq}(\rho,\theta)$ 采用极坐标系,在计算的时候要进行坐标转换。

按照 Zernike 矩的定义,密度分布函数为 $f(r,\theta)$ 的图像旋转 φ 角后的 Zernike 矩 Z'_{pq} 与原图 Zernike 矩 Z_{pq} 的关系为

$$Z'_{pq} = Z_{pq}\exp(\mathrm{j}q\varphi) \tag{9-29}$$

也就是说,对 Zernike 矩而言,旋转的角度仅仅是一个相位因子,Zernike 矩的幅值不会发生改变,因此可取幅值作为矩不变量。

Teague 以复域 Zernike 多项式为基,得到了具有正交、旋转不变特性的 Zernike 矩。Zernike 矩具有以下优点:

(1) 旋转不变性,Zernike 矩是一组正交矩,具有旋转不变性的特性,即旋转目标并不改变其模值。

(2) 信息表达的冗余性小,所提取特征的相关性和冗余性小。

(3) 容易构造高阶不变矩,可提供更多特征用于识别。

(4) 通过标准矩来归一化的图像,可以做到平移和尺度不变性。

总之,Zernike 矩是基于 Zernike 多项式的正交化函数,所利用的正交多项式集是一个在单位圆内的完备正交集。Zernike 矩是复数矩,一般把 Zernike 矩的模作为特征来描述物体形状。一个目标对象的形状特征可以用一组很小的 Zernike 矩特征向量很好的表示,低阶矩特征向量描述的是一幅图像目标的整体形状,高阶矩特征向量描述的是图像目标的细节。

在实际使用中,当计算一幅图像的 Zernike 矩时,以该图像的形心(也称作重心)为原点,把像素坐标映射到单位圆内。由于 Zernike 矩是用来描述图像目标的几何形状信息的,一般可应用于手势识别、形状识别、图像分类等几何形状明显的特征物,所以不适合用来描述纹理丰富的图像。

9.2.2 正交 Fourier-Mellin 矩

设极坐标系下图像分布密度为 $f(r,\theta)$,则阶为 p、循环系数为 q 的正交 Fourier-Mellin 矩定义如下:

$$\varphi_{pq} = \frac{1}{2\pi a_p} \int_0^1 \int_0^{2\pi} f(r,\theta)Q_p(r)\mathrm{e}^{-\mathrm{j}q\theta}r\mathrm{d}r\mathrm{d}\theta \tag{9-30}$$

式中,a_p 为归一化常量;$Q_p(r)$ 为定义在极坐标系下单位圆内关于 r 的 n 次多项式,且在单位圆内满足正交化条件,即

$$Q_p(r) = \sum_{s=0}^{p}(-1)^{p+s}\frac{(p+s+1)!}{(p-s)!s!(s+1)!}r^s \tag{9-31}$$

式中,s 为梅林变换的阶次。

根据定义,当一幅图像旋转 φ 角度后,旋转后的 φ'_{pq} 和旋转前的 φ_{pq} 之间的关系为

$$\varphi'_{pq} = \varphi_{pq}\exp(-\mathrm{j}q\varphi) \tag{9-32}$$

由此可以看出,$f(r,\theta)$ 正交 Fourier-Mellin 的幅值具有旋转不变性。

9.3　基于模糊不变矩的快速景象匹配算法

在景象匹配系统中,基准图通常都是在天气晴朗、干扰相对较少等成像条件较好的情况下预先拍摄的,因此,基准图的质量一般较好且有足够的时间进行图像恢复等预处理。而无人机在执行侦查或攻击任务过程中,其成像系统会受到种种干扰,如相对运动、飞行姿态变化(俯仰、偏航和滚动)、发动机组和相机平台的振动、镜头的离焦、环境噪声、电磁干扰及大气湍流效应等,造成实测图"退化降质",出现不同程度的模糊。如何消除运动模糊对于图像匹配造成的影响,也越来越受到相关研究者的重视。

对于模糊图像的相关匹配,一般有两种思路:一是根据图像污染的先验知识来复原图像,然后基于被复原的图像提取特征和设计匹配算法;二提取图像中具有抗模糊的不变特征,再基于这些模糊不变特征来设计匹配算法。

因为导航系统实时性的要求,如果采取对实测图进行在线复原等预处理会在一定程度上影响景象匹配系统的实时性,况且,对图像的恢复只有在知道退化模型或先验知识的条件下才会取得好的效果[10-13],而退化模型通常很难预先知道。为了获得高精度的匹配结果,可以通过寻求图像本身的模糊不变性特征,用其对模糊图像进行匹配。

Flusser 等人[3] 在几何矩的基础上,研究了由中心对称的点扩散函数引起的退化图像的不变特征,并给出了一套基于图像矩的模糊不变量。由于大多数实际的传感器和成像系统(无论是光学的或非光学的)的点扩散函数都有一定程度的对称性,有的甚至是轴向或径向对称的,所以中心对称的假设适合于大多数情形。Flusser 等人提出的模糊不变矩可以应用于无人机景象匹配导航系统中。

根据式(9-14)～式(9-23)对模糊不变矩的定义,可以看出,一幅图像 10 个模糊不变矩的计算量主要集中在求解各阶中心矩 μ_{pq} 上,把式(9-5)展开,各阶中心矩可以由各阶几何矩 m_{pq} 简单算出。因此,能否快速求出每个基准子图的各阶几何矩是提高匹配实时性的关键。

目前针对单幅图像几何矩的快速求解算法已经很多[14-16],文献[14]用递归的方法求矩;文献[17]使用 Delta 方法对矩进行快速计算,利用目标所有截线段的矩值和作为目标的矩值,文献[18][19]等对 Delta 方法进行了改进;文献[20][21]基于 Green 定理,将区域的双重积分转化为沿区域边界的单积分进行快速求矩;文献[22]等利用哈达玛(Hadamard)变换系数和矩的关系求矩。上述方法大多适用于二值图像的求矩,但也只是有效地提高了单幅图像几何矩的求解速度,而在景象匹配中,需要实时地计算基准图上每个匹配位置对应子图的矩特征,这样,即使每个基准子图几何矩的计算都采用已有的快速算法,总的匹配时间仍然较长。因此,寻求适用于景象匹配中基准子图矩特征求解的更为快捷的算法是非常必要的。本节将介绍一种适用于匹配过程的基准子图的矩特征高速求解方法。

9.3.1　基准子图模糊不变矩的高效算法

1.基准子图的几何矩

设基准图尺寸为 $M \times N$,实测图尺寸为 $m \times n$,以基准图左上顶点为(1,1)坐标点,建立如图 9-1 所示的坐标系,其中以点(1,1)及点(M,N)为对角线的大矩形表示基准图,点(u,

v)(其中 $u \geqslant m, v \geqslant n$)表示待匹配点,以点$(u-m+1, v-n+1)$及点$(u, v)$为对角线的小矩形表示与实测图大小相等的基准子图。

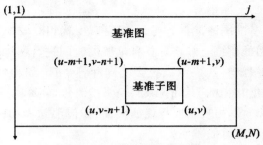

图 9-1　基准图及其子图

设 $f(i, j)$ 为基准图上点(i, j)处的灰度等级,则图 9-1 中点(u, v)对应基准子图的 $p+q$ 阶几何矩 $m_{pq}(u, v)$ 可表示为

$$m_{pq}(u, v) = \sum_{i=u-m+1}^{u} \sum_{j=v-n+1}^{v} [i-(u-m)]^p [j-(v-n)]^q f(i, j) \tag{9-33}$$

$$\mu_{pq}(u, v) = \sum_{i=u-m+1}^{u} \sum_{j=v-n+1}^{v} [i-(u-m)-\bar{i}_{(u,v)}]^p [j-(v-n)-\bar{j}_{(u,v)}]^q f(i, j) \tag{9-34}$$

式中,$\bar{i}_{(u,v)} = m_{10}(u, v)/m_{00}(u, v)$;$\bar{j}_{(u,v)} = m_{01}(u, v)/m_{00}(u, v)$。

把式(9-33)代入展开后的式(9-34),则基准子图的各低阶中心矩可表示为

$$\mu_{00}(u, v) = m_{00}(u, v) \tag{9-35}$$

$$\mu_{10}(u, v) = m_{10}(u, v) - m_{00}(u, v) \bar{i}_{(u,v)} = 0 \tag{9-36}$$

$$\mu_{01}(u, v) = m_{01}(u, v) - m_{00}(u, v) \bar{j}_{(u,v)} = 0 \tag{9-37}$$

$$\mu_{11}(u, v) = m_{11}(u, v) - m_{01}(u, v) \bar{i}_{(u,v)} \tag{9-38}$$

$$\mu_{02}(u, v) = m_{02}(u, v) - m_{01}(u, v) \bar{j}_{(u,v)} \tag{9-39}$$

$$\mu_{20}(u, v) = m_{20}(u, v) - m_{10}(u, v) \bar{i}_{(u,v)} \tag{9-40}$$

$$\mu_{12}(u, v) = m_{12}(u, v) - 2m_{11}(u, v) \bar{j}_{(u,v)} - m_{02}(u, v) \bar{i}_{(u,v)} + 2m_{10}(u, v) \bar{j}_{(u,v)}^2 \tag{9-41}$$

$$\mu_{21}(u, v) = m_{21}(u, v) - 2m_{11}(u, v) \bar{i}_{(u,v)} - m_{20}(u, v) \bar{j}_{(u,v)} + 2m_{01}(u, v) \bar{i}_{(u,v)}^2 \tag{9-42}$$

$$\mu_{03}(u, v) = m_{03}(u, v) - 3m_{02}(u, v) \bar{j}_{(u,v)} + 2m_{01}(u, v) \bar{j}_{(u,v)}^2 \tag{9-43}$$

$$\mu_{30}(u, v) = m_{30}(u, v) - 3m_{20}(u, v) \bar{i}_{(u,v)} + 2m_{10}(u, v) \bar{i}_{(u,v)}^2 \tag{9-44}$$

$$\begin{aligned} \mu_{22}(u, v) = {} & m_{22}(u, v) - 2m_{21}(u, v) \bar{j}_{(u,v)} + m_{20}(u, v) \bar{j}_{(u,v)}^2 - \\ & 2m_{12}(u, v) \bar{i}_{(u,v)} + 4m_{11}(u, v) \bar{i}_{(u,v)} \bar{j}_{(u,v)} - \\ & 2m_{10}(u, v) \bar{i}_{(u,v)} \bar{j}_{(u,v)}^2 + m_{02}(u, v) \bar{i}_{(u,v)}^2 - \\ & 2m_{01}(u, v) \bar{i}_{(u,v)}^2 \bar{j}_{(u,v)} - m_{00}(u, v) \bar{i}_{(u,v)}^2 \bar{j}_{(u,v)}^2 \end{aligned} \tag{9-45}$$

$$\begin{aligned} \mu_{04}(u, v) = {} & m_{04}(u, v) - 4m_{03}(u, v) \bar{j}_{(u,v)} + 6m_{02}(u, v) \bar{j}_{(u,v)}^2 - \\ & 4m_{01}(u, v) \bar{j}_{(u,v)}^3 + m_{00}(u, v) \bar{j}_{(u,v)}^4 \end{aligned} \tag{9-46}$$

$$\begin{aligned} \mu_{40}(u, v) = {} & m_{40}(u, v) - 4m_{30}(u, v) \bar{i}_{(u,v)} + 6m_{20}(u, v) \bar{i}_{(u,v)}^2 - \\ & 4m_{10}(u, v) \bar{i}_{(u,v)}^3 + m_{00}(u, v) \bar{i}_{(u,v)}^4 \end{aligned} \tag{9-47}$$

$$\mu_{31}(u, v) = m_{31}(u, v) - m_{30}(u, v) \bar{j}_{(u,v)} - 3m_{10}(u, v) \bar{i}_{(u,v)}^2 \bar{j}_{(u,v)} +$$

$$3m_{11}(u,v)\bar{i}_{(u,v)}{}^2 - 3m_{21}(u,v)\bar{i}_{(u,v)} + 3m_{20}(u,v)\bar{i}_{(u,v)}\bar{j}_{(u,v)} -$$

$$m_{01}(u,v)\bar{i}_{(u,v)}{}^3 + m_{00}(u,v)\bar{i}_{(u,v)}{}^3\bar{j}_{(u,v)} \qquad (9-48)$$

$$\mu_{13}(u,v) = m_{13}(u,v) - m_{03}(u,v)\bar{i}_{(u,v)} - 3m_{01}(u,v)\bar{j}_{(u,v)}{}^2\bar{i}_{(u,v)} +$$

$$3m_{11}(u,v)\bar{j}_{(u,v)}{}^2 - 3m_{12}(u,v)\bar{j}_{(u,v)} + 3m_{02}(u,v)\bar{i}_{(u,v)}\bar{j}_{(u,v)} -$$

$$m_{10}(u,v)\bar{j}_{(u,v)}{}^3 + m_{00}(u,v)\bar{j}_{(u,v)}{}^3\bar{i}_{(u,v)} \qquad (9-49)$$

$$\mu_{50}(u,v) = m_{50}(u,v) - 5m_{40}(u,v)\bar{i}_{(u,v)} + 10m_{30}(u,v)\bar{i}_{(u,v)}{}^2 -$$

$$10m_{20}(u,v)\bar{i}_{(u,v)}{}^3 + 5m_{10}(u,v)\bar{i}_{(u,v)}{}^4 - m_{00}(u,v)\bar{i}_{(u,v)}{}^5 \qquad (9-50)$$

$$\mu_{05}(u,v) = m_{05}(u,v) - 5m_{04}(u,v)\bar{j}_{(u,v)} + 10m_{03}(u,v)\bar{j}_{(u,v)}{}^2 -$$

$$10m_{02}(u,v)\bar{j}_{(u,v)}{}^3 + 5m_{01}(u,v)\bar{j}_{(u,v)}{}^4 - m_{00}(u,v)\bar{j}_{(u,v)}{}^5 \qquad (9-51)$$

$$\mu_{41}(u,v) = m_{41}(u,v) - m_{40}(u,v)\bar{j}_{(u,v)} - 4m_{31}(u,v)\bar{i}_{(u,v)} +$$

$$4m_{30}(u,v)\bar{i}_{(u,v)}\bar{j}_{(u,v)} + 6m_{21}(u,v)\bar{i}_{(u,v)}{}^2 -$$

$$6m_{20}(u,v)\bar{i}_{(u,v)}{}^2\bar{j}_{(u,v)} - 4m_{11}(u,v)\bar{i}_{(u,v)}{}^3 +$$

$$4m_{10}(u,v)\bar{i}_{(u,v)}{}^3\bar{j}_{(u,v)} + m_{01}(u,v)\bar{i}_{(u,v)}{}^4 - m_{00}(u,v)\bar{i}_{(u,v)}{}^4\bar{j}_{(u,v)} \qquad (9-52)$$

$$\mu_{14}(u,v) = m_{14}(u,v) - m_{04}(u,v)\bar{i}_{(u,v)} - 4m_{13}(u,v)\bar{j}_{(u,v)} +$$

$$4m_{03}(u,v)\bar{i}_{(u,v)}\bar{j}_{(u,v)} + 6m_{12}(u,v)\bar{j}_{(u,v)}{}^2 -$$

$$6m_{02}(u,v)\bar{j}_{(u,v)}{}^2\bar{i}_{(u,v)} - 4m_{11}(u,v)\bar{j}_{(u,v)}{}^3 +$$

$$4m_{01}(u,v)\bar{j}_{(u,v)}{}^3\bar{i}_{(u,v)} + m_{10}(u,v)\bar{j}_{(u,v)}{}^4 - m_{00}(u,v)\bar{j}_{(u,v)}{}^4\bar{i}_{(u,v)} \qquad (9-53)$$

$$\mu_{32}(u,v) = m_{32}(u,v) - 2m_{31}(u,v)\bar{j}_{(u,v)} + m_{30}(u,v)\bar{j}_{(u,v)}{}^2 +$$

$$3m_{12}(u,v)\bar{i}_{(u,v)}{}^2 - 6m_{11}(u,v)\bar{i}_{(u,v)}{}^2\bar{j}_{(u,v)} +$$

$$3m_{10}(u,v)\bar{i}_{(u,v)}{}^2\bar{j}_{(u,v)}{}^2 - 3m_{22}(u,v)\bar{i}_{(u,v)} +$$

$$6m_{21}(u,v)\bar{i}_{(u,v)}\bar{j}_{(u,v)} - 3m_{20}(u,v)\bar{i}_{(u,v)}\bar{j}_{(u,v)}{}^2 -$$

$$m_{02}\bar{i}_{(u,v)}{}^3 + 2m_{01}(u,v)\bar{i}_{(u,v)}{}^3\bar{j}_{(u,v)} - m_{00}(u,v)\bar{i}_{(u,v)}{}^3\bar{j}_{(u,v)}{}^2 \qquad (9-54)$$

$$\mu_{23}(u,v) = m_{23}(u,v) - 2m_{13}(u,v)\bar{i}_{(u,v)} + m_{03}(u,v)\bar{i}_{(u,v)}{}^2 +$$

$$3m_{21}(u,v)\bar{j}_{(u,v)}{}^2 - 6m_{11}(u,v)\bar{j}_{(u,v)}{}^2\bar{i}_{(u,v)} +$$

$$3m_{01}(u,v)\bar{i}_{(u,v)}{}^2\bar{j}_{(u,v)} - 3m_{22}(u,v)\bar{j}_{(u,v)} +$$

$$6m_{12}(u,v)\bar{i}_{(u,v)}\bar{j}_{(u,v)} - 3m_{02}(u,v)\bar{i}_{(u,v)}{}^2\bar{j}_{(u,v)} -$$

$$m_{20}\bar{j}_{(u,v)}{}^3 + 2m_{10}(u,v)\bar{j}_{(u,v)}{}^3\bar{i}_{(u,v)} - m_{00}(u,v)\bar{j}_{(u,v)}{}^3\bar{i}_{(u,v)}{}^2 \qquad (9-55)$$

由上述推导可以看出,在解出各低阶几何矩后,各低阶中心矩可由各低阶几何矩经过几次简单的加乘运算求出。

令

$$sm_{pq}(u,v) = \sum_{i=u-m+1}^{u}\sum_{j=v-n+1}^{v} i^p j^q f(i,j) \qquad (9-56)$$

把式(9-56)表示的局部求和公式代入式(9-33),则由式(9-33)确定的基准子图的21个低阶几何矩可以表示为

$$m_{00}(u,v) = sm_{00}(u,v) \qquad (9-57)$$

$$m_{01}(u,v) = sm_{01}(u,v) - (v-n)sm_{00}(u,v) \tag{9-58}$$

$$m_{10}(u,v) = sm_{10}(u,v) - (u-m)sm_{00}(u,v) \tag{9-59}$$

$$m_{11}(u,v) = sm_{11}(u,v) - (v-n)sm_{10}(u,v) - (u-m)sm_{01}(u,v) + (u-m)(v-n)sm_{00}(u,v) \tag{9-60}$$

$$m_{02}(u,v) = sm_{02}(u,v) - 2(v-n)sm_{01}(u,v) + (v-n)^2 sm_{00}(u,v) \tag{9-61}$$

$$m_{20}(u,v) = sm_{20}(u,v) - 2(u-m)sm_{10}(u,v) + (u-m)^2 sm_{00}(u,v) \tag{9-62}$$

$$m_{21}(u,v) = sm_{21}(u,v) - 2(u-m)sm_{11}(u,v) + (u-m)^2 sm_{01}(u,v) - (v-n)sm_{20}(u,v) + 2(u-m)(v-n)sm_{10}(u,v) - (u-m)^2(v-n)sm_{00}(u,v) \tag{9-63}$$

$$m_{12}(u,v) = sm_{12}(u,v) - 2(v-n)sm_{11}(u,v) + (v-n)^2 sm_{10}(u,v) - (u-m)sm_{02}(u,v) + 2(u-m)(v-n)sm_{01}(u,v) - (v-n)^2(u-m)sm_{00}(u,v) \tag{9-64}$$

$$m_{30}(u,v) = sm_{30}(u,v) - 3(u-m)sm_{20}(u,v) + 3(u-m)^2 sm_{10}(u,v) - (u-m)^3 sm_{00}(u,v) \tag{9-65}$$

$$m_{03}(u,v) = sm_{03}(u,v) - 3(v-n)sm_{02}(u,v) + 3(v-n)^2 sm_{01}(u,v) - (v-n)^3 sm_{00}(u,v) \tag{9-66}$$

$$m_{40}(u,v) = sm_{40}(u,v) - 4(u-m)sm_{30}(u,v) + 6(u-m)^2 sm_{20}(u,v) - 4(u-m)^3 sm_{10}(u,v) + (u-m)^4 sm_{00}(u,v) \tag{9-67}$$

$$m_{04}(u,v) = sm_{04}(u,v) - 4(v-n)sm_{03}(u,v) + 6(v-n)^2 sm_{02}(u,v) - 4(v-n)^3 sm_{01}(u,v) + (v-n)^4 sm_{00}(u,v) \tag{9-68}$$

$$m_{31}(u,v) = sm_{31}(u,v) + 3(u-m)^2 sm_{11}(u,v) - 3(u-m)sm_{21}(u,v) - (u-m)^3 sm_{01}(u,v) - (v-n)sm_{30}(u,v) - 3(u-m)^2(v-n)sm_{10}(u,v) + 3(u-m)(v-n)sm_{20}(u,v) + (u-m)^3(v-n)sm_{00}(u,v) \tag{9-69}$$

$$m_{13}(u,v) = sm_{13}(u,v) + 3(v-n)^2 sm_{11}(u,v) - 3(v-n)sm_{12}(u,v) - (v-n)^3 sm_{10}(u,v) - (u-m)sm_{03}(u,v) - 3(u-m)(v-n)^2 sm_{01}(u,v) + 3(u-m)(v-n)sm_{02}(u,v) + (u-m)(v-n)^3 sm_{00}(u,v) \tag{9-70}$$

$$m_{22}(u,v) = sm_{22}(u,v) - 2(v-n)sm_{21}(u,v) + (v-n)^2 sm_{20}(u,v) - 2(u-m)sm_{12}(u,v) + 4(u-m)(v-n)sm_{11}(u,v) - 2(u-m)(v-n)^2 sm_{10}(u,v) + (u-m)^2 sm_{02}(u,v) - 2(u-m)^2(v-n)sm_{01}(u,v) + (u-m)^2(v-n)^2 sm_{00}(u,v) \tag{9-71}$$

$$m_{50}(u,v) = sm_{50}(u,v) - 5(u-m)sm_{40}(u,v) + 10(u-m)^2 sm_{30}(u,v) - 10(u-m)^3 sm_{20}(u,v) + 5(u-m)^4 sm_{10}(u,v) - (u-m)^5 sm_{00}(u,v) \tag{9-72}$$

$$m_{05}(u,v) = sm_{05}(u,v) - 5(v-n)sm_{04}(u,v) + 10(v-n)^2 sm_{03}(u,v) - 10(v-n)^3 sm_{02}(u,v) +$$

$$5(v-n)^4 sm_{01}(u,v) - (v-n)^5 sm_{00}(u,v) \qquad (9-73)$$

$$\begin{aligned}
m_{41}(u,v) = & sm_{41}(u,v) - (v-n)sm_{40}(u,v) - 4(u-m)sm_{31}(u,v) + \\
& 4(u-m)(v-n)sm_{30}(u,v) + 6(u-m)^2 sm_{21}(u,v) - \\
& 6(u-m)^2(v-n)sm_{20}(u,v) - 4(u-m)^3 sm_{11}(u,v) + \\
& 4(u-m)^3(v-n)sm_{10}(u,v) + (u-m)^4 sm_{01}(u,v) - \\
& (u-m)^4(v-n)sm_{00}(u,v)
\end{aligned} \qquad (9-74)$$

$$\begin{aligned}
m_{14}(u,v) = & sm_{14}(u,v) - (u-m)sm_{04}(u,v) - 4(v-n)sm_{13}(u,v) + \\
& 4(u-m)(v-n)sm_{03}(u,v) + 6(v-n)^2 sm_{12}(u,v) - \\
& 6(v-n)^2(u-m)sm_{02}(u,v) - 4(v-n)^3 sm_{11}(u,v) + \\
& 4(v-n)^3(u-m)sm_{01}(u,v) + (v-n)^4 sm_{10}(u,v) - \\
& (v-n)^4(u-m)sm_{00}(u,v)
\end{aligned} \qquad (9-75)$$

$$\begin{aligned}
m_{32}(u,v) = & sm_{32}(u,v) - 2(v-n)sm_{31}(u,v) + (v-n)^2 sm_{30}(u,v) + \\
& 3(u-m)^2 sm_{12}(u,v) - 6(u-m)^2(v-n)sm_{11}(u,v) + \\
& 3(u-m)^2(v-n)^2 sm_{10}(u,v) - 3(u-m)sm_{22}(u,v) + \\
& 6(u-m)(v-n)sm_{21}(u,v) - 3(u-m)(v-n)^2 sm_{20}(u,v) - \\
& (u-m)^3 sm_{02}(u,v) + 2(u-m)^3(v-n)sm_{01}(u,v) - \\
& (u-m)^3(v-n)^2 sm_{00}(u,v)
\end{aligned} \qquad (9-76)$$

$$\begin{aligned}
m_{23}(u,v) = & sm_{23}(u,v) - 2(u-m)sm_{13}(u,v) + (u-m)^2 sm_{03}(u,v) + \\
& 3(v-n)^2 sm_{21}(u,v) - 6(u-m)(v-n)^2 sm_{11}(u,v) + \\
& 3(u-m)^2(v-n)^2 sm_{01}(u,v) - 3(v-n)sm_{22}(u,v) + \\
& 6(u-m)(v-n)sm_{12}(u,v) - 3(u-m)^2(v-n)sm_{02}(u,v) - \\
& (v-n)^3 sm_{20}(u,v) + 2(u-m)(v-n)^3 sm_{10}(u,v) - \\
& (u-m)^2(v-n)^3 sm_{00}(u,v)
\end{aligned} \qquad (9-77)$$

由式(9-56)～式(9-77)可以看出,如果能够快速求解出该子图的 21 个局部和 $sm_{pq}(u, v)$,(其中 $0 \leqslant p+q \leqslant 5$),则只需很少的几次加乘运算即可求出 21 个低阶几何矩。因此,能否快速求解出这 21 个局部和 sm_{pq} 是影响匹配实时性的关键。

2. 基准子图局部和 sm_{pq} 的快速求解

在图 9-1 中,令:

$$g_{pq}(x,y) = x^p y^q f(x,y) \qquad (9-78)$$

$$S_{pq}(x,y) = \sum_{i=1}^{x} \sum_{j=1}^{y} i^p j^q f(i,j) \qquad (9-79)$$

式(9-78)和式(9-79)中,$x = 1,2,\cdots,M$;$y = 1,2,\cdots,N$。则有下式成立[23]:

$$S_{pq}(x,y) = g_{pq}(x,y) + S_{pq}(x-1,y) + S_{pq}(x,y-1) - S_{pq}(x-1,y-1) \qquad (9-80)$$

式中,$S_{pq}(0,0) = 0$,$S_{pq}(0,y) = 0$,$S_{pq}(x,0) = 0$。

根据式(9-80),在匹配的过程中,首先建立 21 个 $M \times N$ **和表矩阵** $\boldsymbol{S}_{00}$、$\boldsymbol{S}_{01}$、$\boldsymbol{S}_{10}$、$\boldsymbol{S}_{11}$、$\boldsymbol{S}_{02}$、$\boldsymbol{S}_{20}$、$\boldsymbol{S}_{03}$、$\boldsymbol{S}_{30}$、$\boldsymbol{S}_{12}$、$\boldsymbol{S}_{21}$、$\boldsymbol{S}_{04}$、$\boldsymbol{S}_{40}$、$\boldsymbol{S}_{22}$、$\boldsymbol{S}_{13}$、$\boldsymbol{S}_{31}$、$\boldsymbol{S}_{05}$、$\boldsymbol{S}_{50}$、$\boldsymbol{S}_{14}$、$\boldsymbol{S}_{41}$、$\boldsymbol{S}_{23}$ 及 $\boldsymbol{S}_{32}$,而每个阶次的和表矩阵只需在基准图上遍历一次即可求出其中的所有元素,其计算量相当于求解基准图相同阶次几何

矩的计算量。有了和表矩阵 S_{pq}，图 9-1 中基准子图的 $m \times n$ 范围内的 g_{pq} 求和运算可表示为

$$\sum_{i=u-m+1}^{u} \sum_{j=v-n+1}^{v} g_{pq}(i,j) = sm_{pq}(u,v) = S_{pq}(u,v) - S_{pq}(u-m,v) -$$

$$S_{pq}(u,v-n) + S_{pq}(u-m,v-n) \quad (9-81)$$

因此，按照式（9-81），基准子图上任一点 (u,v) 处的局部和 sm_{00}、sm_{01}、sm_{10}、sm_{11}、sm_{02}、sm_{20}、sm_{03}、sm_{30}、sm_{12}、sm_{21}、sm_{04}、sm_{40}、sm_{22}、sm_{13}、sm_{31}、sm_{05}、sm_{50}、sm_{14}、sm_{41}、sm_{32} 及 sm_{23} 只需经过 3 次加减运算即可求出。从上述推导过程可以看出，在计算出 21 个和表矩阵后，每个基准子图各阶几何矩可由少量的几次加乘运算即可精确求出。

3. 计算复杂度及精度分析

基本的矩特征匹配算法（Basic Moments Matching，BM）采用遍历搜索策略，在匹配过程中独立地计算各基准子图的矩特征，每个基准子图矩特征的计算量相当于一幅实测图矩特征的计算量。假设基于和表的矩特征匹配算法（Sum-Table-based Moments Matching，STM）也采用遍历搜索，则与传统遍历搜索算法相比，两者的计算量差异主要体现在所有基准子图矩特征的计算上。以模糊不变矩作为匹配特征，此处只比较 STM 方法与传统算法在采用遍历搜索时计算所有基准子图各低阶几何矩的计算量。

设基准图尺寸为 $N \times N$，实测图尺寸为 $m \times m$。

（1）STM 匹配算法的计算复杂性。

1）完成实测图 21 个几何矩的计算，共需 $21m^2$ 次加法和 $20m^2$ 次乘法[24] 运算。

2）完成基准图 21 个 $N \times N$ 的和表矩阵 S_{pq} 的计算，共需 $21N^2$ 次加法和 $20N^2$ 次乘法。

3）完成任意一个基准子图 21 个低阶几何矩的计算，共需 170 次加法运算和 186 次乘法运算。

4）参与匹配的总点数为 $(N-m)^2$。

求解所有基准子图和实测图 21 个低阶几何矩总共需要：

加法次数：

$$21N^2 + 170(N-m)^2 + 21m^2 \quad (9-82)$$

乘法次数：

$$20N^2 + 186(N-m)^2 + 20m^2 \quad (9-83)$$

（2）BM 匹配算法的计算复杂性。在基本的矩匹配算法中，每个基准子图各低阶几何矩的计算量相当于一幅实测图各低阶几何矩的计算量。

（1）完成实测图 21 个低阶矩需要 $21m^2$ 次加法和 $20m^2$ 次乘法运算。

（2）参与匹配的点数为 $(N-m)^2$。

计算所有基准子图和实测图 21 个低阶几何矩总共需要：

加法次数：

$$21m^2[(N-m)^2 + 1] \quad (9-84)$$

乘法次数：

$$20m^2[(N-m)^2 + 1] \quad (9-85)$$

比较式（9-82）和式（9-83）可以得出如下结论：

（1）BM 匹配算法的计算量远大于 STM 匹配方法的计算量。

（2）两种方法的计算量都随基准图尺寸的增大而增大。

（3）在基准图尺寸一定的情况下，BM 匹配算法的计算量随实测图尺寸的增大呈二次方增加，而 STM 方法的计算量则基本不受实测图尺寸的影响。因此，STM 匹配方法可以在不影响匹配耗时的情况下通过增加实测图尺寸来提高匹配精度。

特别地，当取 $N = 300, m = 80$ 时，式（9-82）的加法计算次数大约是式（9-84）加法计算次数的 635 倍，式（9-83）的乘法计算次数约是式（9-85）乘法次数的 567 倍，而且这两个倍数会随着实测图尺寸的增大而增加。

目前，机载高速度、大容量的动态随机存储器和光盘的发展，使得在飞机上存储一个由卫星或大地测量的全球数字地图数据库成为现实[25]。由式（9-82）及式（9-83）可以看出，虽然基准图 21 个和表的计算量只占了 STM 总计算量的一小部分，但为了缩短在线计算时间，可以预先以离线方式计算出基准图的 21 个和表矩阵并存储在飞行器的相关处理器上，这样可进一步提高系统的实时性。

4. 匹配精度分析

由前面的推导过程可以看出，STM 方法计算各基准子图模糊不变矩的主要步骤如下：

（1）由式（9-78）～ 式（9-80）计算基准图的 21 个和表矩阵。

（2）由式（9-81）计算 (u, v) 位置基准子图的 21 个局部和。

（3）由式（9-57）～ 式（9-77）计算 (u, v) 位置基准子图的 21 个低阶几何矩。

（4）由式（9-35）～ 式（9-55）计算 (u, v) 位置基准子图的 21 个低阶中心矩。

（5）由式（9-14）～ 式（9-23）计算 (u, v) 位置基准子图的 10 个模糊不变矩。

上述步骤中，步骤（1）中 21 个和表矩阵的计算是基于灰度图像，直接利用基准图上各点的灰度值计算而来的，而步骤（5）中基准子图模糊不变矩的计算是由前面几个步骤一步步计算得来的，整个计算过程没有做任何假设与近似，最终的模糊矩特征是基于图像灰度值的精确计算。因此，在不变矩的计算精度上，STM 方法与传统独立计算各基准子图矩特征的 BM 匹配方法等同。

9.3.2　抗模糊的快速景象匹配方法

第 9.3.1 节已经对基于 STM 的遍历匹配方法及传统的 BM 匹配方法的计算复杂性进行了分析比较，虽然 STM 匹配方法的计算量比传统 BM 匹配方法计算量少很多，但从式（9-84）和式（9-85）可以看出，STM 匹配算法复杂性随基准图尺寸的增加而增加，因此，当基准图尺寸比较大时，若采用 STM 进行遍历搜索可能仍很难满足导航系统对实时性的要求。目前应用于景象匹配的矩特征大多是 Hu 矩及其改进矩，快速搜索策略多采用多分辨率分层匹配技术[26-29]和遗传算法搜索匹配[30]。尽管多分辨率分层匹配技术比遗传算法的搜索效率要高很多，但当实测图严重模糊失真时，若再使用降低分辨率的方法来提高匹配速度，则低分辨率层的实测图将会因为变得更加模糊而使失配率大大增加。因此，模糊不变矩的匹配不宜采用多分辨率分层匹配技术，而遗传搜索算法（Genetic Algorithm，GA）由于是在原分辨率基准图上进行搜索，因此正确匹配概率受图像失真的影响较小。

基于上述考虑，针对导航系统对匹配实时性及可靠性的要求，提出了一种基于模糊不变矩的实时景象匹配算法,该算法结合了遗传算法及 STM 高效矩特征算法(简记为 GA-STM)。

1. 基于模糊不变矩匹配的遗传算法参数设计

将遗传算法应用到景象匹配的搜索策略中需要解决两个关键问题:一是将问题的解编码到基因串中;二是适应度函数的设计。

(1)编码。在景象匹配中,遗传算法的解是最佳匹配点位置。由于二进制编码比实数编码的搜索能力强,交叉、编译等操作也更易于实现,本书遗传算法的编码方式采用二进制编码。

设基准图大小为 $M \times N$,且 $2^{k-1} \leqslant N \leqslant 2^k$,由于上述的模糊不变矩匹配算法的匹配精度为像素级,则遗传算法的求解精度精确到整数部分即可,以实测图在基准图中移动时右下角坐标作为匹配点 (u, v),则匹配点每个坐标值只需 k 位长度的二进制即可,而染色体的总长度为 $2k$ 位。其中,以低 k 位表示 u,高 k 位表示 v。

(2)适应度函数。适应度函数是遗传算法的关键,也是景象匹配的依据,其设计的好坏直接影响匹配算法的性能。由于模糊不变矩的数量级不尽相同,为了消除判别误差,不变矩匹配的相似性度量选为 Camberra 距离,以 $d(x, y)$ 表示向量 $\boldsymbol{X}$ 和 $\boldsymbol{Y}$ 的 Camberra 距离,则 Camberra 距离定义如下:

设 $\boldsymbol{X} = (x_1, x_2, \cdots, x_n)'$,$\boldsymbol{Y} = (y_1, y_2, \cdots, y_n)'$,则有

$$d(\boldsymbol{X}, \boldsymbol{Y}) = \sum_{i=1}^{n} \frac{|x_i - y_i|}{|x_i + y_i|} \qquad (9-86)$$

式中,$x_i, y_i \geqslant 0, x_i + y_i \neq 0$。

Camberra 距离越小说明实测图与基准图上的待匹配区越相似,因此,最小 Camberra 距离处对应的点即为匹配点。

在遗传算法中,适应度函数须单值、连续、非负和最大化,为了满足这一条件,同时考虑在匹配点处 Camberra 距离可能为 0,定义匹配的适应度函数为

$$f(u, v) = \frac{1}{1 + d(\boldsymbol{X}, \boldsymbol{Y})} \qquad (9-87)$$

由式(9-86)可以看出,当 $d(x, y)$ 最小时,适应度函数 $f(u, v)$ 值最大,且 $f(u, v)$ 单值、连续、非负,满足适应度函数的设计要求。

2. 结合 GA 与 STM 的模糊不变矩景象匹配流程

在和表方法的基础上,采用遗传算法的非遍历搜索策略,提出了一种基于模糊不变矩的实时景象匹配算法(GA-STM)。

设基准图大小为 $M \times N$,实测图大小为 $m \times n$,完整的 GA-STM 匹配算法流程如图 9-2 所示。其中基准图的 21 个和表矩阵可离线计算,在图 9-2 中用虚线框表示。

在实时匹配过程中,首先在基准图范围内产生初始种群,并根据实测图大小及种群个体在基准图中的位置,按照和表方法依次计算出所有个体的模糊不变矩,通过与实测图模糊不变矩进行比较计算出个体的适应度值,然后判断是否满足停止准则,若满足则输出结果,否则按照遗传算子进行选择、交叉、变异等操作而产生新一代群体,进入下一代的计算。

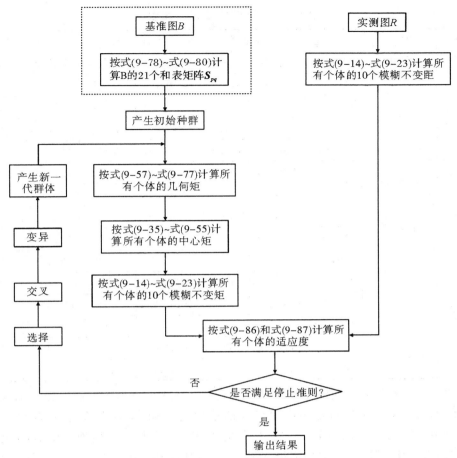

图 9-2　GA-STM 实时景象匹配算法流程

3. 仿真实验结果与分析

为了检验模糊不变矩在实测图发生退化时的鲁棒性,同时验证本章所提匹配算法的有效性。以模糊不变矩为匹配特征,分别对基本不变矩匹配方法(BM)、单纯基于和表的匹配方法(STM)及前文提出的实时景象匹配方法(GA-STM)进行匹配实验。本实验的仿真平台采用主频为 Pentium(R)4,2.60 GHz,内存为 2 GB 的台式电脑,编程语言为 MATLAB 7.5。其中 GA-STM 算法中标准遗传算法的参数设置如下:种群大小为 80,最大迭代数为 100,染色体长度为 18 位,用轮盘赌方法进行选择(复制),单点交叉率取为 0.8,变异率取为 0.06。

实验分别在可见光、红外和 SAR 图像上进行同类图像间的匹配,所用的实测图是从相应基准图上截取后做了"退化降质"处理。仿真实例 1 为可见光图像,基准图尺寸 163×162,实测图尺寸分别取为 60×60、80×80;仿真实例 2 为红外图像,基准图尺寸 203×202,实测图尺寸分别取为 60×60、80×80;仿真实例 3 为合成孔径雷达图像,基准图尺寸 302×302,实测图尺寸分别取为 60×60、80×80 及 100×100。表 9-1 给出了三种匹配方法的仿真结果的比较。

表 9-1　不同匹配方法比较

基准图类型及尺寸	实测图尺寸	真实匹配点	BM 匹配		STM 匹配		GA-STM 匹配	
			匹配点	耗时 /s	匹配点	耗时 /s	匹配点	耗时 /s
163×162 可见光图像	60×60	(20,10)	(19,10)	491.860	(19,10)	2.591	(19,10)	2.138
		(70,40)	(70,40)	488.751	(70,40)	2.611	(70,39)	2.337
	80×80	(80,70)	(80,70)	563.619	(80,70)	2.194	(80,70)	2.101
		(50,30)	(50,30)	569.902	(50,30)	2.260	(50,29)	2.213
203×202 红外图像	60×60	(30,30)	(30,29)	931.145	(30,29)	5.600	(29,29)	2.682
		(70,60)	(70,60)	940.337	(70,60)	5.718	(69,60)	2.751
	80×80	(100,100)	(100,100)	1 250.179	(100,100)	5.071	(99,100)	2.664
		(20,50)	(21,50)	1 242.606	(21,50)	5.168	(22,50)	2.71
302×302 SAR 图像	60×60	(20,30)	(20,30)	2 675.079	(20,30)	23.994	(20,29)	2.910
		(120,100)	(120,100)	2 671.863	(120,100)	24.201	(119,100)	2.562
	80×80	(100,20)	(100,20)	4 237.055	(100,20)	23.791	(100,19)	2.912
		(50,70)	(50,70)	4 230.825	(50,70)	23.670	(49,70)	2.906
	100×100	(15,180)	(14,180)	4 480.22	(14,180)	23.923	(14,181)	2.925
		(30,110)	(30,110)	4 471.061	(30,110)	23.305	(29,109)	2.608

　　由表 9-1 可以看出,在实时性方面,基本的矩特征匹配算法(BM)非常耗时,且在基准图尺寸一定的情况下,匹配时间随实测图尺寸的增加而增加;而单纯基于和表的匹配方法(STM)在基准图大小一定的情况下,其匹配耗时不随实测图尺寸的增加而增加,且远比 BM 算法匹配效率高,但 STM 由于采用遍历搜索,其匹配耗时随基准图尺寸的增大明显增加,而 GA-STM 匹配算法耗时最短。从匹配精度来讲,BM 与 STM 匹配精度较高,平均误差在单个像素内,而 GA-STM 匹配精度稍低,平均误差在 2 个像素范围内,仍能满足景象匹配导航系统对匹配精度的要求。

　　图 9-3～图 9-5 为所提 GA-STM 算法在不同类型图像上的匹配结果。图 9-3 是实例 1 可见光图像的部分匹配结果,其中图(a)及图(b)为在基准图上截取的原始实测图,图(a′)是对图(a)用模板尺寸为 3×3、标准差为 0.5 的低通高斯滤波器进行高斯模糊的结果,图(b′)为图(b)添加均值为 0,方差为 0.05 的正态分布随机噪声后,用模糊方向为 10°、模糊尺度为 15 个像素的运动模糊算子处理后的图像,图(c)为图(a′)及图(b′)在基准图上的匹配结果。图 9-4 是实例 2 红外图像的部分匹配结果,其中图(a)及图(b)为原始实测图,图(a′)为图(a)添加均值为 0,方差为 0.05 的正态分布随机噪声后,用模板尺寸为 3×3、标准差为 0.8 的低通高斯滤波器进行高斯模糊的结果,图(b′)为图(b)采用与图 9-3(b)相同的运动模糊算子处理后的图像,图(c)为图(a′)及图(b′)在基准图上的匹配结果。仿真实例 3 中 SAR 图像的匹配结果如图 9-5 所示,其中图(a)及图(b)为原始实测图,图(a′)为图(a)采用与图 9-3(a)相同预处理方法后所得的实测图,图(b′)为图(b)采用模糊方向为 0°,模糊尺度为 20 个像素的运动模糊算子处理后的实测图,图(c)为图(a′)及图(b′)在基准图上的匹配结果。从这三幅图的匹配结果来看,在误差允许的范围内,所提的实时矩特征匹配算法能够正确定位。

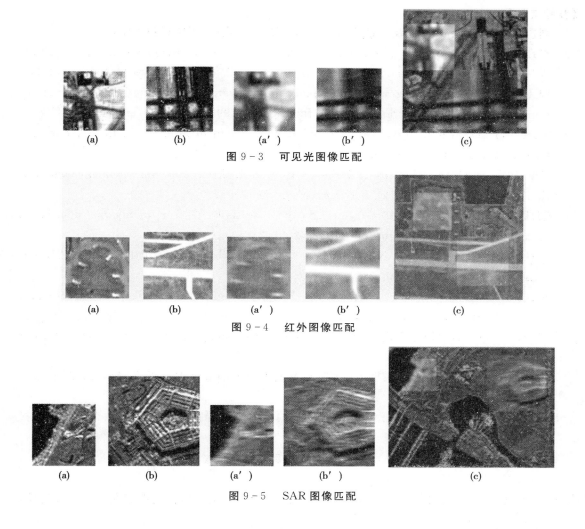

图 9 - 3　可见光图像匹配

图 9 - 4　红外图像匹配

图 9 - 5　SAR 图像匹配

9.4　本章小结

矩特征是一种区域特征,它可以描述目标区域的灰度分布特性和边界形状,非常适合形状复杂的目标的识别。不同的矩不变量可以应用于不同场景的匹配,但矩特征的提取在计算上比较复杂。本章简单介绍了景象匹配中常用的矩特征,重点介绍景象匹配过程中图像出现模糊、失真等退化问题时模糊不变矩的提取和快速匹配方法。

景象匹配中当实测图存在模糊时,一种做法是采用图像处理的方法用先验知识对模糊图像进行复原后再进行匹配;另一种做法是通过提取图像的模糊不变矩特征后进行匹配。模糊不变矩对图像中的随机噪声,及由中心对称点扩散函数引起的各种退化因素具有不变性,应用在景象匹配中能够取得好的匹配结果。针对模糊不变矩计算量大的问题提出了一些快速匹配策略:从简化匹配特征的计算及选择最佳搜索策略两条途径着手,将遗传算法与矩特征高效算法相结合实现快速匹配。其中,基于和表的高效求矩算法可推广到任何以几何矩为基础构造的各种不变矩匹配中。

【参考文献】

[1] 刘进. 不变量特征的构造及在目标识别中的应用[D]. 武汉：华中科技大学，2004.

[2] ZHANG H J, ZHONG D. A scheme for visual feature – based image indexing[C]//Proc. of SPIE conf. on Storage and Retrieval for Image and Video Databases Ⅲ, SanJose, 1995.

[3] FLUSSER J, SUK T. Degraded image analysis: an invariant approach[J]. IEEE Transactions on Pattern Analysis and Machine Intelligence, 1998, 20(6): 590 – 603.

[4] SUK T, FLUSSER J. Combined blur and affine moment invariants and their use in pattern recognition[J]. Pattern Recognition, 2003, 36: 2895 – 2907.

[5] YANG G Y, SHUA H Z, TOUMOULIN C, et al. Efficient Legendre moment computation for grey level images[J]. Pattern recognition, 2006, 39(1): 74 – 80.

[6] ZHU H Q, SHU H Z, LIANG J, et al. Image analysis by discrete orthogonal dual-Hahn moments[J]. Pattern recognition Letters, 2007, 28(13): 1688 – 1794.

[7] ZHU H Q, SHU H Z, LIANG J, et al. Image analysis by discrete orthogonal Racah moments[J]. Signal Processing, 2007, 87(4): 687 – 708.

[8] SHENG Y, SHEN L. Orthogonal Fourier-Mellin moments for invariant pattern recognition[J]. JOSA A, 1994, 11(6): 1748 – 1757.

[9] PING Z, WU R, SHENG Y. Image description with Chebyshev-Fourier moments[J]. JOSA A, 2002, 19(9): 1748 – 1754.

[10] 李庆震, 祝小平, 周洲. 无人机运动模糊图像复原技术[J]. 火力与指挥控制, 2009, 34(2): 51 – 54.

[11] 朱华平, 吴传生, 周俊, 等. 散焦模糊图像复原的截断奇异值分解算法[J]. 武汉大学学报（理学版）, 2010, 56(4): 391 – 394.

[12] 李宇成, 贾宝华, 杨光明. 运动模糊图像的参数估计与恢复[J]. 计算机工程与设计, 2010, 31(19): 4247 – 4249.

[13] 徐永健, 朱雄泳, 谭洪舟. 基于 Volterra 模型的 LCD 运动图像去模糊研究[J]. 信号处理, 2010, 26(9): 1419 – 1422.

[14] 付青青, 张春海. 高斯模糊图像的复原处理与研究[J]. 长江大学学报（自然科学版）, 2010, 7(2): 77 – 80.

[15] CHEN K. Efficient parallel algorithms for the computation of two-dimensional image moments[J]. Pattern Recognition, 1990, 23(1/2): 109 – 119.

[16] LI L H, JIA D L, CHEN X G, et al. A fast discrete moment invariant algorithm and its application on pattern recognition[C]//The Sixth World Congress on Intelligent Control and Automation (WCICA), 2006: 9773 – 9777.

[17] BELKAMED K S. Fast computation of 2-D image moments using biaxial transform[J]. Pattern Recognition, 2001, 34(9): 1867 – 1887.

[18] ZAKARIA M F. Fast algorithm for the computation of moments invariants[J]. Pattern Recognition, 1987, 20(6): 639 – 643.

[19] LI B C. A new computation of geometric moments[J]. Pattern Recognition, 1993, 26(1): 109 – 113.

[20] 王晓红. 矩技术及其在图像处理与识别中的应用研究[D]. 西安:西北工业大学,2001.

[21] LI B C,SHEN J. Fast computation of moment invariants[J]. Pattern Recognition,1991,24(8):807－813.

[22] PHILIPS W. A new fast algorithm for moment computation[J]. Pattern Recognition,1993,26(11):1619－1621.

[23] FU C W,YEN J C,CHANG S. Calculation of moment invariants via Hadamard transform[J]. Pattern Recognition,1993,26(2):287－294.

[24] LEWIS J P. Fast template matching. Vision Interface 95,Canadian Image Processing and Pattern Recognition Society[C]//Canada,1995:120－123.

[25] GUO K H,LI M. A novel shape descriptor:gaussian curvature moment invariants[C]//International Conference on Information Science and Engineering (ICISE),2009:1087－1090.

[26] 冷雪飞. 基于图像特征的景象匹配辅助导航系统中的关键技术研究[D]. 南京:南京航空航天大学,2007.

[27] 赵超君,王敬东,李鹏. 一种基于组合矩和小波变换的目标匹配算法[J]. 光电子技术,2009,29(1):18－23.

[28] 陈宇玺,韩崇昭,王明君,等. 基于小波变换与图像不变矩的遥感图像匹配研究[J]. 电波科学学报,2004,19(4):444－447.

[29] 张薇,陶青川,罗代升,等. 基于小波变换和不变矩匹配的快速人体定位[J]. 测绘科学技术学报,2007,24(1):40－42.

[30] 童卓,李霆. 基于遗传算法的图象不变矩匹配[J]. 计算机工程与科,2002,24(3):14－17.

第10章　基于互信息的图像匹配

在无人机景象匹配导航中,实测图和基准图在很多情况下来自于不同的图像传感器。基准图通常为可见光图像,实测图则可能是 SAR 图像或红外图像等,这种不同传感器图像间的匹配属于异源图像匹配。同源图像的匹配方法多数难以直接应用于异源图像匹配,而基于互信息测度的匹配方法是一种完全基于图像灰度统计概率的匹配方法,不需要对原图像间的灰度关系作任何假设,非常适合于异源图像的匹配,本章主要介绍基于互信息的图像匹配算法的快速实现方法。

10.1　图像的统计特征

统计分析是数字图像处理的基本方法之一。图像的灰度均值、中值、方差和熵等基本统计分析量及图像灰度直方图是对图像进行统计分析的基础。

10.1.1　基本统计分析量

1. 图像灰度均值

图像灰度均值指图像一块区域中所有像素灰度值的算术平均值。$M \times N$ 图像区域的灰度平均值计算公式为

$$\overline{f} = \frac{\sum\limits_{i=0}^{M-1}\sum\limits_{j=0}^{N-1} f(i,j)}{MN} \tag{10-1}$$

图像平滑去噪中常采用邻域平均法计算 3×3 或 5×5 小块区域的灰度平均值。

2. 图像灰度中值

图像灰度中值是指一块图像区域内全部像素的灰度值经过大小排序后处于中间的灰度值。在图像处理中,通常也是计算 3×3 或 5×5 小块区域内的中值。图像的中值主要应用在中值滤波、改善图像质量等方面。

3. 图像灰度方差

图像灰度方差是表征图像区域内各像素灰度值与灰度平均值的离散程度。灰度均值为 $\overline{f}$、大小为 $M \times N$ 的图像区域的灰度方差计算公式为

$$s = \frac{\sum\limits_{i=0}^{M-1}\sum\limits_{j=0}^{N-1} \left[f(i,j) - \overline{f} \right]^2}{MN} \tag{10-2}$$

与图像熵一样,图像灰度方差也是衡量图像信息量大小的主要度量指标。一幅图像的灰度方差越大,图像的信息量也越大。

10.1.2　直方图

灰度直方图反映图像灰度的统计特性,表达了图像中取不同灰度值的面积或像素数在整幅图像中所占的比例。数字图像直方图的横坐标是灰度级,一般用 r_i 表示,纵坐标是具有该灰度级的像素个数 n_i 在整幅图像中出现的频率。一幅 $M \times N$ 的图像的直方图 H 可用下式计算:

$$H(r_i) = \frac{n_i}{MN} \tag{10-3}$$

图 10-1 是 Lena 图像及其直方图,它表示 Lena 图中各灰度值出现的频率,其中,出现频率最高的值是 152,共出现 2 916 次。直方图在图像增强、图像分割和模式识别等方面均有应用。

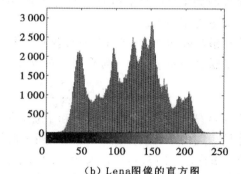

（a）Lena图像　　　　　　　　（b）Lena图像的直方图

图 10-1　图像的灰度直方图

对直方图的理解有两点需要注意:一是直方图只反映该图像中不同灰度值出现的概率,而不能反映某一灰度值像素在原图中的位置,也就是说直方图丢失了灰度值的位置信息,不能从直方图恢复出原始图像;二是图像与直方图之间是多对一的关系,也就是说一幅图像的直方图是唯一确定的,但多幅不同的图像可能有完全相同的直方图,如图 10-2 所示的两幅图像的直方图完全相同。

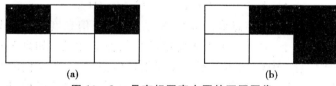

（a）　　　　　　　　　　（b）

图 10-2　具有相同直方图的不同图像

10.1.3　信息熵

信源的信息熵 H 是从整个信息源的统计特性来考虑的,它是从平均意义上来表征信息源的总体特征的。对于某特定的信息源,其信息熵只有一个。不同的信息源因统计特性不同,其熵也不同。信息熵定义为概率分布的对数的相反数,采用概率分布的对数作为信息量的量度是其具有可加性。事件的概率分布和每个事件的信息量构成了一个随机变量,这个随机变量的均值(即期望)就是这个分布产生的信息量的平均值(即熵),用公式表示为

$$H = -\sum_{i=1}^{k} p_i \log_2 p_i \tag{10-4}$$

　　图像的熵是一种特征的统计形式,反映了图像中平均信息量的多少,图像的一维熵表示一幅图像所包含信息的多少,熵值越大,图像所含信息量越大。假设一幅图像有 k 种灰度值,且各灰度值出现的概率分别为 $p_1,p_2,\cdots,p_k$,由式(10-4)可以看出:当图像中各灰度值出现的概率彼此相等时,则图像的熵最大。由此可见,图像的熵表征了图像灰度分布的聚集特性。

10.2　互信息与景象匹配

10.2.1　互信息定义

　　互信息(Mutual Information,MI)是信息论里一种有用的信息度量,它可以看成是一个随机变量中包含的关于另一个随机变量的信息量,或者说是一个随机变量由于已知另一个随机变量而减少的不肯定性[1]。

　　设两个离散的随机变量(X,Y)的联合分布为 $p(x,y)$,边缘分布分比为 $p(x)$、$p(y)$,互信息 $I(X,Y)$ 是联合分布 $p(x,y)$ 与乘积分布 $p(x)p(y)$ 的相对熵,表达式为

$$I(X,Y) = \sum_{x \in X} \sum_{y \in Y} p(x,y) \log_2 \frac{p(x,y)}{p(x)p(y)} \qquad (10-5)$$

　　一般而言,信道中总是存在着噪声和干扰,信源发出消息 x,通过信道后信宿只可能收到由于干扰作用引起的某种变形的 y。信宿收到 y 后推测信源发出 x 的概率,这一过程可由后验概率 $p(x/y)$ 来描述。相应地,信源发出 x 的概率 $p(x)$ 称为先验概率。定义 x 的后验概率与先验概率比值的对数为 y 对 x 的互信息量(简称互信息)。

　　根据熵的连锁规则,有

$$H(X,Y) = H(X) + H(Y/X) = H(Y) + H(X/Y) \qquad (10-6)$$

　　因此有

$$H(X) - H(X/Y) = H(Y) - H(Y/X) \qquad (10-7)$$

　　式(10-7)的差值叫做 X 和 Y 的互信息,记为 $I(X,Y)$。则有

$$I(X,Y) = H(X) + H(Y) - H(X,Y) \qquad (10-8)$$

　　如图10-3所示为互信息与信息熵的关系图,直观上,互信息度量 X 和 Y 共享的信息:它度量知道这两个变量其中一个,对另一个不确定度减少的程度。例如,如果 X 和 Y 相互独立,则知道 X 不对 Y 提供任何信息,同样,知道 Y 不对 X 提供任何信息,因此它们的互信息为零。在另一个极端,如果 X 是 Y 的一个确定性函数,且 Y 也是 X 的一个确定性函数,那么传递的所有信息被 X 和 Y 共享:知道 X 决定 Y 的值,反之知道 Y 决定 X 的值。在此情形,互信息与 Y(或 X)单独包含的不确定度相同,称作 Y(或 X)的熵。而且,这个互信息与 X 的熵和 Y 的熵相同(这种情形的一个非常特殊的情况是当 X 和 Y 为相同随机变量时)。

图 10-3　互信息与信息熵的关系图

　　互信息具有如下几点性质:

（1）对称性：$I(X,Y) = I(Y,X)$。

（2）当且仅当 X 和 Y 为独立随机变量时，$I(X,Y) = 0$。因为当 X 和 Y 独立时，$p(x,y) = p(x)p(y)$，则有 $\log_2 \dfrac{p(x,y)}{p(x)p(y)} = \log_2 1 = 0$。

（3）非负性：平均互信息量不是从两个具体消息出发，而是从随机变量 X 和 Y 的整体角度出发，并在平均意义上观察问题，所以平均互信息量不会出现负值。或者说从一个事件提取关于另一个事件的信息，最坏的情况是 0，不会由于知道了一个事件，反而使另一个事件的不确定度增加。

10.2.2　互信息在景象匹配中的应用

互信息匹配度量方法最开始被用于医学图像匹配，随后在多模态图像匹配中得到了广泛的应用。大量的研究表明，用互信息进行匹配，无须图像预处理、用户初始化和参数的调试，是一个普遍适用的度量准则，具有高精度和通用性等特点，匹配性能往往优于互相关算法。

由式（10-8）可知，互信息用来度量两个随机变量的统计依赖性或者一个变量包含另一个变量的信息量。对同一地物而言，对应像素对之间的灰度在统计学上并非独立，而是相关的。利用互信息进行图像匹配的实质是，当两幅图像在空间位置配准时，其重叠部分所对应像素对的灰度互信息达到最大值。

在基于视觉的飞行器导航与制导、遥感卫星灾害监控与环境监测、医学图像分析等应用中，常常需要对不同成像传感器获取的异源图像进行匹配。异源图像最大的特点是异源图像同名点之间的灰度值一般不具有直接联系。因此，同源图像的匹配方法多数难以直接应用于异源图像匹配。基于互信息测度的匹配方法是一种完全基于图像灰度统计概率的匹配方法，不需要对原图像间的灰度关系作任何假设，非常适合于异源图像的匹配。

在飞行器导航中，匹配的目的是确定基准图与实时图的相对位置，因此只有将一幅图像平移并重复计算互信息才能找到互信息最大时对应的位置。

最大互信息方法只利用到两幅图的灰度统计特性，没有利用像素位置之间存在的联系，这就使得有时匹配峰值不够尖锐，匹配最佳位置很难找到[2]，尤其在不同分辨率的多传感器图像匹配中，两图的互信息受到多种因素的影响，会产生大量局部极值，给正确匹配带来了困难。

如图 10-3 所示，两幅图像重叠部分的大小对互信息度量有很大的影响，重叠部分减小，参与统计互信息的像素个数减小，导致互信息值减小，互信息与两个图像重叠部分的多少成正比。Studholme 等人[3] 还指出误配数量增加可能导致互信息值增大，此时，边缘熵增长比联合熵增长的快，互信息值达到最大时并不能保证得到正确的配准结果[4]。为了使目标函数能更加准确地反映互信息量和配准参数之间的关系，文献[5] 提出了一个基于重叠不变的相似性测度：归一化互信息测度，它能使配准函数更平滑，减少对图像重叠部分的敏感性，配准精度也更高。归一化互信息的表达式为

$$\text{NMI}(A,B) = \frac{H(A) + H(B)}{H(A,B)} \tag{10-9}$$

由式（10-9）可以看出，归一化互信息是边缘熵与联合熵的比值，边缘熵的增加受到联合熵增加的约束。当两幅图像的对齐度不好时，边缘熵增大，联合熵也会增大，归一化互信息量就不是最大的；当逐渐接近于配准时，图像的联合熵取值渐小，归一化互信息量随之增大。归一化

互信息的最大化就是寻找一种变化使得联合熵相对于边缘熵最小。一方面考虑到了配准时联合熵较小；另一方面又考虑到了重叠区域内图像的信息，同时又很好地平衡了两者之间的关系。实践证明，在刚性配准中，归一化互信息比传统互信息具有更强的鲁棒性，能够有效降低最大互信息匹配产生的互信息局部极值，使得在正确匹配点处的峰值更加尖锐，提高了匹配的正确率和匹配精度。

为了确定实测图在基准图中的位置，必须把实测图与基准图中与之大小相等、方向相同的子图（基准子图）逐一进行比较，找出与实测图相匹配的基准子图的位置。基于互信息匹配的算法流程如下：

（1）从参考图左上角起的位置截取与实测图的大小相同的子图，将实测图在参考图中逐像元平移，计算每个位置实测图与基准子图的归一化互信息。

（2）遍历基准图，找到归一化互信息值最大时对应的位置，该位置即为实测图在参考图中的正确匹配位置。

10.3　景象匹配中互信息的快速算法

在景象匹配中，应用互信息作为匹配准则的最大的缺陷是耗时较长，很难满足景象匹配导航对实时性的要求。为此，研究者们就围绕减少互信息测度计算量及改进搜索策略等方面提出了相应的加速方法。

文献[6]～[9]分别采用模拟退火、粒子群等优化搜索算法提高匹配速度，文献[10]采用灰度压缩和粒子群优化算法相结合加快匹配速度，文献[11]通过提取多层次特征点减少了互信息测度的计算量，文献[12][13]采用由粗到精的多分辨率方法对算法进行加速，文献[14]～[18]将分层匹配与各种优化算法相结合提高匹配速度。

本节介绍一种基于灰度统计相关的快速互信息匹配方法。

10.3.1　图像熵及互信息匹配

设两幅图像为 U 和 V，$H(U)$、$H(V)$、$H(U,V)$ 分别表示图像 U 及 V 的熵及联合熵。熵通常由变量的概率密度来表示。针对灰度图像，可以分别用两幅图像的灰度直方图和联合直方图进行估计，计算公式分别如下：

$$H(U) = -\sum_{i=0}^{255} \frac{h_U(i)}{T} \log_2 \frac{h_U(i)}{T} \tag{10-10}$$

$$H(V) = -\sum_{i=0}^{255} \frac{h_V(i)}{T} \log_2 \frac{h_V(i)}{T} \tag{10-11}$$

$$H(U,V) = -\sum_{j=0}^{255} \sum_{i=0}^{255} \frac{h_{UV}(i,j)}{T} \log_2 \frac{h_{UV}(i,j)}{T} \tag{10-12}$$

式（10-10）～式（10-12）中，$h_U(i)$ 表示图像 U 中灰度值为 i 的像素出现的次数，$h_V(i)$ 表示图像 V 中灰度值为 i 的像素出现的次数，$h_{UV}(i,j)$ 表示同一像素位置上图像 U 中灰度值为 i、图像 V 中灰度值为 j 的像素对出现的次数，T 为图像的总像素数。

在飞行器导航中，匹配的目的是确定飞行器的当前位置，通过计算实测图与基准图中每一个匹配位置对应基准子图的互信息并找出最大互信息值对应位置，即可确定基准图与实测图的相对位置,实现对飞行器的定位。

10.3.2　匹配过程中互信息的快速算法

与基于特征的图像匹配算法相比,基于最大归一化互信息的图像匹配最大缺点是计算速度慢。每计算一次互信息测度,需要遍历图像中的所有像素,这使得计算量大大增加。由式(10-9)可以看出,归一化互信息的计算量主要集中在两幅图像各自熵及联合熵的计算。从式(10-10)～式(10-12)中可以看出,图像熵及联合熵为求和运算,其计算量主要集中于每一个求和项的计算,因此,如果能减少每次匹配过程中需要计算的求和项的项数,则可以加快匹配速度。因为图像分布具有块状结构,在遍历式搜索匹配过程中,各相邻基准子图的灰度统计量具有很强的相关性,基准图像(i,j)位置处对应子图的灰度直方图与其四邻域位置处对应子图的灰度直方图非常相近。

如图 10-4 所示,图(a)为原始基准图像,图(b)为图(a)的一个子图,图(c)为图(b)在原基准图上右移一个像素对应的子图,图(d)和图(e)分别为图(b)和图(c)的灰度直方图。从图中可以看出,相邻两个子图的直方图非常相似,也即两相邻子图存在有大量的灰度值,其出现的频率没有发生变化,相应地,在式(10-10)～式(10-12)的求和项中分别有很多项数没有发生变化。因此,当前匹配位置处基准子图的熵及与实测图的联合熵的计算可以以前一匹配位置处基准子图的熵及与实测图的联合熵的计算为基准,通过比较这相邻两个匹配位置处基准子图对应的直方图及联合直方图的变化情况,用差量法进行计算,即在整个匹配过程中,除了要完整计算基准图上第一匹配位置$(1,1)$处对应基准子图的熵,以及与实测图的联合熵外,其他所有匹配位置的基准子图的熵及与实测图的联合熵的计算主要集中在与前一匹配位置相比灰度直方图矩阵和联合直方图矩阵中发生变化的那些元素对应的求和项上。

互信息匹配算法的流程图如图 10-5 所示。

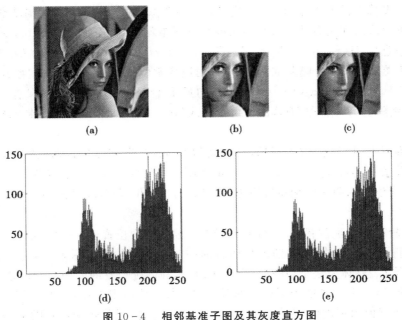

图 10-4　相邻基准子图及其灰度直方图

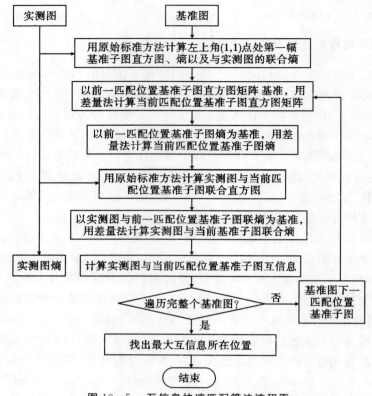

图 10-5　互信息快速匹配算法流程图

具体步骤如下：

(1) 获取实测图像 A 和基准图像 R，将两幅图像的灰度值调整到同一灰度区间。

(2) 按照式(10-10)或式(10-11)计算 A 的信息熵 $H(A)$ 并存储；

(3) 从基准图像 R 的左上角(1,1)点截取与实测图像 A 大小相等的第1幅基准子图 S_ini，统计 S_ini 各灰度值出现次数并存入初始灰度直方图矩阵 h_{S_ini}，按照式(10-10)或式(10-11)计算 S_ini 的信息熵 $H(S\_ini)$ 并存储，最后将 h_{S_ini} 和 $H(S\_ini)$ 分别赋值给 h_{S0} 和 $H(S0)$。

(4) 统计实测图 A 与第1幅基准子图 S_ini 对应像素位置的灰度对出现次数并存入初始联合直方图矩阵 h_{AS_ini}，按照式(10-12)计算初始联合熵 $H(AS\_ini)$ 并保存，将 h_{AS_ini} 和 $H(AS\_ini)$ 分别赋值给 h_{AS0} 和 $H(AS0)$；再按照式(10-9)计算实测图与基准子图的归一化互信息值并存储；

(5) 从基准图上(1,2)点位置开始，逐行逐像素按照"Z"字形进行迭代匹配。在匹配过程中，当前匹配位置记为 (i,j)，当 $j>1$ 时，当前匹配位置的前一匹配位置应为 $(i,j-1)$；当 $j=1$ 时，则当前匹配位置的前一匹配位置应为 $(i-1,j)$。当前位置 (i,j) 处的归一化互信息可按如下步骤计算：

1) 通过比较当前匹配位置 (i,j) 处基准子图和前一匹配位置 $(i,j-1)$ 或 $(i-1,j)$ 处基准子图对应列或行像素变化情况，按照差量法将前一基准子图的直方图矩阵 h_{S0} 更新为当前子图的直方图矩阵 h_S。具体做法是：在行方向匹配时，当前匹配位置的前一匹配位置为 $(i,j-1)$，则以 h_{S0} 为基准，减去前一基准子图第一列对应像素灰度值出现次数，加上当前基准子图最后一列对应像素灰度值出现次数，即得到 h_S；在列方向匹配时，当前匹配位置的前一匹配位置为

$(i-1,j)$，则以 h_{S0} 为基准，减去前一基准子图第一行对应像素灰度值出现次数，加上当前基准子图最后一行对应像素灰度值出现次数，即得到 h_S。

2）找出 h_S 与 h_{S0} 的不同元素，分别组成矩阵 h_{Δ_S} 和 $h_{\Delta_{S0}}$，按照式（10-13）、式（10-14）分别计算 h_{Δ_S} 和 $h_{\Delta_{S0}}$ 对应的信息熵 Δ_S 及 Δ_{S0}；其中，$\mathrm{norm}_{S0}(S)$ 为与 $h_{\Delta_{S0}}$ 中元素对应的前一基准子图熵值计算过程中的求和项，因为这些求和项在前一匹配位置已经计算过，此次无需再重复计算，而只需计算这些项的和即可。

$$\Delta_S = -\sum_S \frac{h_{\Delta_S}(S)}{T} \log_2 \frac{h_{\Delta_S}(S)}{T} \qquad (10-13)$$

$$\Delta_{S0} = -\sum_S \mathrm{norm}_{S0}(S) \qquad (10-14)$$

3）以前一基准子图的信息熵 $H(S0)$ 为基准，按照式（10-15）通过差量法将 $H(S0)$ 更新为当前基准子图的信息熵 $H(S)$：

$$H(S) = H(S0) - \Delta_{S0} + \Delta_S \qquad (10-15)$$

4）计算实测图与当前基准子图的联合直方图矩阵 h_{AS}，找出 h_{AS} 和前一基准子图联合直方图矩阵 h_{AS0} 的不同元素，分别组成矩阵 $h_{\Delta AS}$ 和 $h_{\Delta AS0}$，按照式（10-16）和式（10-17）分别计算 $h_{\Delta AS}$ 和 $h_{\Delta AS0}$ 对应的联合熵 Δ_{AS} 及 Δ_{AS0}；其中，norm_{AS0} 为与 $h_{\Delta AS0}$ 中元素对应的前一基准子图联合熵计算过程中的求和项，因为这些求和项在前一匹配位置已经计算过，此次无需再重复计算，而只需计算这些项的和即可。

$$\Delta_{AS} = -\sum_S \frac{h_{\Delta AS}(S)}{T} \log_2 \frac{h_{\Delta AS}(S)}{T} \qquad (10-16)$$

$$\Delta_{AS0} = -\sum_S \mathrm{norm}_{AS0}(S) \qquad (10-17)$$

5）以前一基准子图的联合熵 $H(AS0)$ 为基准，按照下式通过差量法将 $H(AS0)$ 更新为当前基准子图的联合熵 $H(AS)$：

$$H(AS) = H(AS0) - \Delta_{AS0} + \Delta_{AS} \qquad (10-18)$$

6）按照下式计算实测图与当前基准子图的归一化互信息：

$$\mathrm{NMI}(A,S) = \frac{H(A) + H(S)}{H(A,S)} \qquad (10-19)$$

（6）遍历整个基准图，选取归一化互信息最大值对应的位置作为最终匹配点。

10.3.3　算法时间复杂性分析

10.3.2 节算法与传统方法相比，计算量的差别主要体现在每一个匹配位置处基准子图各统计量的计算上，为此只分析基准子图各统计量计算的时间复杂度。

设基准图尺寸为 $N \times N$，实测图尺寸为 $n \times n$，则基准子图大小与实测图大小一致。

1. 基准子图直方图计算

每一个匹配位置处，传统算法需要遍历整个基准子图来计算该子图的直方图，而本节算法只须遍历基准子图的第一行（或列）和最后一行（或列）即可获得该子图直方图。对于整个匹配过程来说，传统方法其时间复杂度为 $O[(N-n)^2 n^2]$，本节算法时间复杂度为 $O[(N-n)^2 n]$。

2. 基准子图熵及联合熵计算

由于相邻基准子图其直方图发生变化情况跟图像内容有关，所以很难从理论上推导两子图间有多少个灰度值其出现频率会发生变化,也很难推导出其联合直方图中有多少个灰度值对的频率会发生变化。以直方图为例,最坏情况时有 $2n$(n 为基准子图各边长所含像素个数)个灰度值频率发生变化,且 $2n$ 不超过基准图灰度等级数。

为此,本节在标准图像集上进行了大量的仿真实验,通过对仿真结果进行统计得出,相邻子图间灰度直方图中发生变化的元素平均为 50% 左右,联合灰度直方图中发生变化的元素平均为 75% 左右,这就意味着本节算法相比传统方法,其基准子图熵值的计算量减少了近 50%,联合熵计算量减少了约 25%,时间复杂度有所降低。

另外,因本节算法需要存储前一匹配位置基准子图的多个统计量,算法的空间复杂度有所增加,但硬件技术的发展大大提高了计算机的存储容量,使得存储容量的局限性对于算法的影响大大降低。

10.3.4 仿真实验

为了验证本节算法的有效性,分别将本节算法应用于系列 SAR 与可见光图像匹配及红外与可见光图像匹配,以 MATLAB R2015 为仿真平台,进行两类实验:一类是通过比较每个匹配位置处本节算法与传统遍历式互信息匹配方法[这里的传统遍历式互信息匹配方法是指匹配过程中每一个匹配位置互信息的计算都是按照式(10-9)~ 式(10-12)采用遍历式方法独立进行计算]在计算量方面的差别及总耗时来说明本节算法的有效性;另一类是将本节算法与多分辨率分层匹配相结合,与单纯的多分辨率方法进行匹配耗时及匹配精度的比较,其中的多分辨率分层匹配采用 Db3 小波基,小波分解级数为 1。限于篇幅,本节只列出部分结果,参见图10-6、图 10-7,并见表 10-1 ~ 表 10-6。

匹配过程中设:基准子图直方图计算中需要统计的像素灰度值的次数为 N,基准子图熵值计算中需要计算的求和项的项数为 N_{HS},基准子图与实测图联合熵计算中需要计算的求和项项数为 N_{HAS}。

1. SAR 与可见光图像匹配

选取可见光与 SAR 图像进行匹配,如图 10-6 所示,其中图 10-6(a) 为可见光基准图,大小为 422×358,图 10-6(b) 为 SAR 实测图像 1,大小为 150×150,图 10-6(c) 为 SAR 实测图像 2,大小为 100×90,图 10-6(d) 为基于本书差量法匹配时实测图在基准图上的匹配定位结果。表 10-1 为差量法与传统标准算法列方向匹配时部分匹配位置计算量统计结果的比较,表 10-2 为差量法与传统标准算法行方向匹配时部分匹配位置计算量统计结果的比较,表 10-3 为本节差量法与传统标准方法匹配结果和匹配耗时的比较。

(a)可见光基准图　　(b)SAR实测图1　(c)SAR实测图2　　　(d)匹配结果

图 10-6　SAR 与可见光图像匹配

表 10 - 1　SAR 与可见光图像在列方向匹配时部分位置计算量统计结果

实测图尺寸	基准子图左上角点位置	本节差量法			传统方法		
		N	N_{HS}	N_{HAS}	N	N_{HS}	N_{HAS}
150×150	(2,1)	302	123	10 597	22 801	249	14 326
	(3,1)	302	118	10 455	22 801	249	14 492
	(4,1)	302	114	10 557	22 801	249	14 392
	(5,1)	302	120	10 301	22 801	250	14 449
	(6,1)	302	119	10 288	22 801	249	14 455
100×90	(30,80)	182	105	5 490	9 191	249	7 278
	(30,81)	182	102	5 518	9 191	249	7 154
	(30,82)	182	101	5 534	9 191	248	7 235
	(30,83)	182	99	5 485	9 191	248	7 251
	(30,84)	182	118	5 512	9 191	247	7 210

表 10 - 2　SAR 与可见光图像在行方向匹配时部分位置计算量统计结果

实测图尺寸	基准子图左上角点位置	本节差量法			传统方法		
		N	N_{HS}	N_{HAS}	N	N_{HS}	N_{HAS}
150×150	(2,1)	302	128	10 805	22 801	251	14 650
	(3,1)	302	124	10 648	22 801	250	14 485
	(4,1)	302	119	10 778	22 801	250	14 691
	(5,1)	302	118	10 585	22 801	249	14 479
	(6,1)	302	129	10 789	22 801	251	14 576
100×90	(30,80)	202	114	5 568	9 191	251	7 324
	(30,81)	202	95	5 602	9 191	251	7 305
	(30,82)	202	106	5 565	9 191	251	7 363
	(30,83)	202	100	5 461	9 191	250	7 252
	(30,84)	202	100	5 561	9 191	251	7 330

表 10 - 3　差量法与传统标准法在 SAR 与可见光图像上的匹配结果

实测图尺寸	真实匹配位置	本节差量法		传统方法	
		仿真匹配位置	匹配耗时 /s	仿真匹配位置	匹配耗时 /s
150×150	(180,150)	(180,150)	193.1214	(180,150)	273.3138
	(100,50)	(100,50)	196.5658	(100,50)	273.8446
100×90	(90,30)	(90,30)	164.1652	(90,30)	216.1692
	(60,120)	(60,120)	164.0183	(60,120)	213.8642

2. 红外与可见光图像匹配

选取红外与可见光图像进行匹配,如图 10-7 所示,其中图 10-7(a) 为可见光基准图,大小为 473×734,图 10-7(b) 为红外实测图像 1,大小为 80×80,图 10-7(c) 为红外实测图像 2,大小为 120×120,图 10-7(d) 为基于本文差量法匹配时实测图在基准图上的匹配定位结果。表 10-4 为本节差量法与传统标准方法列方向匹配时部分位置计算量统计结果的比较,表 10-5 为本节差量法与传统标准方法行方向匹配时部分位置计算量统计结果的比较,表 10-6 为本节差量法与传统的标准方法匹配结果和匹配耗时的比较。

(a)可见光基准图　　　　(b)红外实测图1　(c)红外实测图2　　　　(d)匹配定位结果

图 10-7　红外与可见光图像匹配

表 10-4　红外与可见光图像在列方向匹配时部分位置计算量统计结果

实测图尺寸	基准子图左上角点位置	本节差量法			传统方法		
		N	N_{HS}	N_{HAS}	N	N_{HS}	N_{HAS}
120×120	(2,1)	242	103	6 433	1 4641	225	8 479
	(3,1)	242	115	6 397	1 4641	225	8 482
	(4,1)	242	104	6 335	1 4641	225	8 429
	(5,1)	242	107	6 315	1 4641	224	8 422
	(6,1)	242	97	6 377	1 4641	224	8 443
80×80	(30,80)	162	87	3 297	6 561	2 25	4 507
	(30,81)	162	89	3 345	6 561	225	4 532
	(30,82)	162	87	3 297	6 561	225	4 487
	(30,83)	162	86	3 333	6 561	224	4 496
	(30,84)	162	83	3 293	6 561	224	4 460

表 10-5　红外与可见光图像在行方向匹配时部分位置计算量统计结果

实测图尺寸	基准子图左上角点位置	本节差量法			传统方法		
		N	N_{HS}	N_{HAS}	N	N_{HS}	N_{HAS}
120×120	(1,2)	242	89	6 129	14 641	226	8 064
	(1,3)	242	88	6 182	1 4641	226	8 119
	(1,4)	242	94	6 052	1 4641	225	8 089
	(1,5)	242	98	6 064	1 4641	226	8 057
	(1,6)	242	92	6 194	14 641	223	8 118

续表

实测图尺寸	基准子图左上角点位置	本节差量法			传统方法		
		N	N_{HS}	N_{HAS}	N	N_{HS}	N_{HAS}
80×80	(30,80)	162	83	3 892	6 561	226	4 890
	(30,81)	162	85	3 916	6 561	2 26	5112
	(30,82)	162	88	4 003	6 561	226	5 119
	(30,83)	162	81	3 901	6 561	225	5 189
	(30,84)	162	67	3 937	6 561	226	5 276

表 10 - 6　　差量法与传统标准法在红外与可见光图像上的匹配结果

实测图尺寸	真实匹配位置	本节差量法		传统方法	
		仿真匹配位置	匹配耗时 /s	仿真匹配位置	匹配耗时 /s
120×120	(150,100)	(150,100)	389.560	(150,100)	546.236
	570.170	(80,30)	(80,30)	402.339	(80,30)
80×80	398.135	(30,80)	(30,80)	310.652	(30,80)
	390.618	(60,30)	(60,30)	297.339	(60,30)

　　由图 10-6 和图 10-7 可以看出,采用归一化互信息作为匹配测度,可以实现异源图像之间的匹配;由表 10-1～表 10-6 可以看出,相比传统方法,本节差量法能够有效减少除第一个匹配位置外其他所有匹配位置互信息测度的计算量,总匹配耗时平均减少 20% 以上。

10.4　本章小结

　　基于互信息的图像匹配的主要缺点是实时性差。本章主要介绍了利用相邻子图统计相关性提高匹配速度的方法,即通过差量法减少互信息测度的计算量来加快匹配速度。该方法互信息测度计算精度及匹配精度与原始的基于标准互信息计算方法的计算精度及匹配精度相同,但计算量大为减少。另外,如果参与匹配的两幅图像为高分辨率清晰图像,则可以把差量法与灰度压缩、多分辨率分层匹配等方法相结合,即先对待匹配的图像进行灰度压缩或多分辨率分解,然后采用遍历式方法进行搜索,而在每一搜索点处采用本章的差量法计算互信息测度,这样可以进一步减少匹配耗时。

【参考文献】

[1] 刘青芳.基于改进互信息的医学图像配准方法研究[D].太原:山西大学,2010.
[2] 李可,刘常春,李同磊,等.一种改进的最大互信息医学图像配准算法[J].山东大学学报,2006,36(2):107-111.
[3] 冯林,管慧娟.基于互信息的医学图像配准技术研究进展[J].生物医学工程学杂志,2005,22(5):1078-1081.
[4] PLUIM J P W,MAINTZ J B A,VIERGEVER M A.Mutual information based

registration of medieal images:a survey[J]. IEEE Transaetions on Medical Imaging, 2003,22(8):986 - 1004.

[5] KNOPS Z F,MAINTZ J B A. Normalized mutual information based registration using k-means clustering and shading correetion[J]. Medical Image Analysis,2006,10:432 - 439.

[6] DAME A,MARCHAND E. Second-order optimization of mutual information for real-time image registration[J]. IEEE Transactions on Image Processing A Publication of the IEEE Signal Processing Society 2012,21 (9):190 - 203.

[7] ZHUANG Y,GAO K,MIU X,et al. Infrared and visual image registration based on mutual information with a combined particle swarm optimization-Powell search algorithm[J]. Optik-International Journal for Light and Electron Optics,2016,127(1): 188 - 191.

[8] 杜晓刚,党建武,王阳萍,等. 基于萤火虫算法的互信息医学图像配准[J]. 计算机科学, 2013,40(7):273 - 276.

[9] 柏连发,韩静,张毅,等. 采用改进梯度互信息和粒子群优化算法的红外与可见光图像配准算法[J]. 红外与激光工程,2012,(1):248 - 254.

[10] 安如,王慧麟. 阶归一化互信息和改进 PSO 算法的快速图像匹配[J]. 吉林大学学报(工学版),2013,43(3):357 - 364.

[11] 杨猛,潘泉. 基于定量定性互信息的多层次特征图像匹配算法[J]. 中国图象图形学报, 2010,15(9):1376 - 1383.

[12] 索庆亮,王硕. 最大互信息在模版匹配中的应用[J]. 电光与控制,2013,20(3):84 - 86.

[13] 吴泽鹏,郭玲玲,朱明超,等. 结合图像信息熵和特征点的图像配准方法[J]. 红外与激光工程,2013,42(10):2846 - 2852.

[14] 余春超,杨智雄,夏宗泽,等. 采用 GPU 并行架构的基于互信息和粒子群算法的异源图像配准[J]. 红外技术,2016,(11):938 - 946.

[15] 周鸣,朱振福. 基于互信息和二级搜索的图像配准[J]. 微型机与应用,2013(9):1 - 4.

[16] 马宾,马德贵,廖建敏. 基于多分辨率的多模态医学图像配准[J]. 量子电子学报, 2012(1):15 - 20.

[17] 冯林,张名举,贺明峰,等. 用分层互信息和薄板样条实现医学图像弹性自动配准[J]. 计算机辅助设计与图形学学报,2005(7):1492 - 1496.

[18] KUTTEN K S,CHARON N,MILLER M I,et al. A Large Deformation Diffeomorphic Approach to Registration of CLARITY Images via Mutual Information[J]. Lecture Notes in Computer Science,2017(3):275 - 282.

第 11 章　提高导航定位结果可靠性的方法

景象匹配过程中,由于实测图和基准图是在不同时间、不同气候状况、不同飞行环境下拍摄的,实测图和对应的基准子图之间不可避免地会有一些差异,如光照、成像角度、几何变形、地物变化等的影响,总会产生误匹配,影响导航系统的定位精度。为了提高定位结果的可靠性,一方面可以通过多源信息融合提高定位结果可信度,另一方面可通过误匹配点检测与剔除获得高可靠、高精度的匹配结果。

11.1　多源信息融合框架下提高导航定位可靠性

现阶段,导航系统的应用注重提升精度,以使其具有较高的准确性和可靠性。这样一来,传统、单一的导航系统难以满足实际发展需要,导航系统正朝着组合方向发展。组合导航系统是20世纪70年代在航海、航空与航天等领域随着现代控制理论和计算机技术的发展而发展起来的导航技术,无论是理论证明还是实践检验都证明组合导航已成为导航技术发展的必然趋势,而在这一过程中,多源信息融合技术得到了应用,并能够在很大程度上提升导航的精度和准确度[1]。

多源信息融合也称多传感器信息融合,是一门新兴的边缘学科,多源的含义是广义的,包含多种信息源,如传感器、环境信息匹配、数据库及人类掌握的信息等。多传感器融合技术主要是指通过综合处理多个同类或异类传感器的信息,并将它们进行有机的融合,从而达到远超单一传感器性能的目的,其优势主要在于通过对多个同类或异类传感器的分析、协同及有机融合,最大程度上克服单一传感器可能存在的缺陷。多源信息融合应用在导航方面,主要是将独立的各种导航设备,通过计算机有机组合,并使用信息融合技术完成数据集成,使系统自动化程度、精度和可靠性大为提高。因此,组合导航系统的实质是一个多传感器的导航信息优化处理系统,其基本原理如图 11-1 所示。

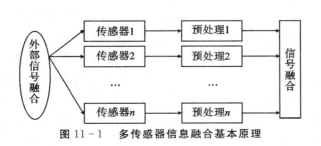

图 11-1　多传感器信息融合基本原理

11.1.1　组合导航系统信息融合结构

组合导航系统作为一个多源信息融合系统,从信息的角度上讲,它是将各个导航信息源的量测信息和系统内已有的信息按照一定规则通过各种方法进行融合,形成状态的最优或次优估计,得到载体的导航信息。组合导航系统信息融合结构如图 11-2 所示[2]。

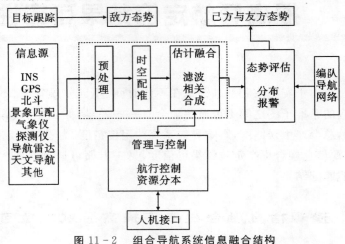

图 11-2　组合导航系统信息融合结构

1. 信息源

信息源指系统信息的主要来源,包括各种导航传感器和导航系统,主要提供关于导航数据的测量信息。导航传感器的测量信息是导航定位的主要信息源。

2. 预处理

预处理是对单个导航传感器的内信息的处理,一般包括野值去除、小波降噪、数据压缩等。

3. 时空配准

时空配准指在信息融合条件下需要考虑的信号间处理的问题,是指各导航系统组成组合导航系统后所需进行的时间基准、量测同步、空间坐标系、量测空间等方面的统一。

4. 估计融合

估计融合指的是通过信息融合方法对载体的导航状态进行估计。

5. 态势评估

态势评估指的是根据自身的导航、航行信息与编队中其他飞行器导航信息融合后形成编队态势,而对目标的警戒、跟踪则形成敌方态势。

多源组合导航系统是多传感器、多源导航信息的集合、协同、融合及优化的复杂系统,其最核心的是所有分系统导航信息的融合、处理。多源组合导航系统的目的是实现无时不在、无处不在、无所不在的泛在定位、导航、授时服务,但是各种单独的导航系统都有其固有的局限性,各独立子系统的性能(如可导航性)依然会影响多源组合导航系统的性能。

组合导航可提高系统的可靠性和容错性能。因为组合导航中有余度的导航信息,如组合适当,则可利用余度信息检测出某导航子系统的故障,将此失效的子系统隔离掉,并将剩下的正常子系统重新组合(系统重构),就可继续完成导航任务。组合导航系统还可协助惯导系统进行空中对正和校准,从而提高飞机或其他载体的快速反应能力。

11.1.2　组合导航系统信息融合估计理论

1.卡尔曼滤波相关原理

传统的滤波方法只能在有用信号与噪声具有不同频带的条件下才能实现。20 世纪 40 年代,N. 维纳和 A. H. 柯尔莫哥罗夫把信号和噪声的统计性质引进了滤波理论,在假设信号和噪声都是平稳过程的条件下,利用最优化方法对信号真值进行估计,达到滤波目的,从而在概念上与传统的滤波方法联系起来,被称为维纳滤波。这种方法要求信号和噪声都必须是以平稳过程为条件。60 年代初,卡尔曼(R. E. Kalman)和布塞(R. S. Bucy)发表了一篇重要的论文《线性滤波和预测理论的新成果》,提出了一种新的线性滤波和预测理论,其被称为卡尔曼滤波。

卡尔曼滤波(Kalman filtering)是一种利用线性系统状态方程,通过系统输入输出观测数据,对系统状态进行最优估计的算法。由于观测数据中包括系统中的噪声和干扰的影响,所以最优估计也可看作是滤波过程。卡尔曼滤波的特点是在线性状态空间表示的基础上对有噪声的输入和观测信号进行处理,求取系统状态或真实信号。

卡尔曼滤波在测量方差已知的情况下能够从一系列存在测量噪声的数据中,估计动态系统的状态。由于它便于计算机编程实现,并能够对现场采集的数据进行实时的更新和处理,卡尔曼滤波是目前应用最为广泛的滤波方法,在通信、导航、制导与控制等多领域得到了较好的应用。卡尔曼滤波是组合导航系统信息融合估计的基础技术。

为了可以更加容易地理解卡尔曼滤波器,这里先引用文献[3]的描述方法,通过生活实例帮助读者理解卡尔曼滤波的应用背景,进而再介绍卡尔曼滤波最重要的基本公式。

假设要研究一个房间的温度,以 1 min 为时间单位。根据经验判断,这个房间的温度是恒定的,也就是下一分钟的温度等于现在这一分钟的温度,但是人们对经验并不是完全相信,可能存在上下几度的偏差,把这些偏差看成是高斯白噪声,也就是这些偏差跟前后时间是没有关系的且符合高斯分布。另外,在房间里放一个温度计,但是这个温度计也不准确,测量值会与实际值存在偏差,把这些偏差也看成是高斯白噪声。此时,对于某一分钟有两个关于该房间的温度值:一个是根据经验的预测值(系统的预测值),另一个是温度计的值(测量值)。下面我们根据这两个值结合它们各自的噪声来估算房间的实际温度值。

假如要估算 k 时刻的实际温度值,首先要根据 $k-1$ 时刻的温度值来预测 k 时刻的温度(k 时刻的经验温度)。因为通常认为温度是恒定的,所以会得到 k 时刻的温度预测值跟 $k-1$ 时刻是一样的,假设是 23℃,同时该值(预测值)的高斯噪声的偏差是 5℃(5℃ 是这样得到的:如果 $k-1$ 时刻估算出的最优温度值的偏差是 3℃,预测的不确定度是 4℃,将它们的二次方相加再开二次方,就是 5℃)。然后,从温度计那里得到了 k 时刻的温度值,假设是 25℃,同时该值的偏差是 4℃。

由于用于估算 k 时刻的实际温度有两个温度值,分别是 23℃ 和 25℃。究竟实际温度是多少呢?相信经验还是相信温度计呢?可以用它们的协方差来判断:

因为 $K_g = \dfrac{5^2}{(5^2 + 4^2)} \approx 0.61$,可以估算出 k 时刻的实际温度值为

$$23 + K_g \times (25 - 23) = 23 + 0.61 \times 2 = 24.22 \tag{11-1}$$

式中,K_g 为卡尔曼增益。

由式(11-1)可以看出,因为温度计的协方差比较小(比较相信温度计),所以估算出的最优温度值偏向温度计的值。

现在已经得到 k 时刻的最优温度值了,下一步就是要进入 $k+1$ 时刻进行新的最优估算。在进入 $k+1$ 时刻之前,还要算出 k 时刻那个最优值(24.22℃)的偏差,结果为

$$\sqrt{(1-K_g)\times 5^2} = \sqrt{(1-0.61)\times 5^2} \approx 3.12 \qquad (11-2)$$

式(11-2)中的5就是上面的 k 时刻预测的 23℃ 温度值的偏差,得出的 3.12 就是进入 $k+1$ 时刻以后 k 时刻估算出的最优温度值的偏差(对应于上面的3)。

就这样,卡尔曼滤波器就不断地把均方误差递归,从而估算出最优的温度值。卡尔曼滤波器运行得很快,而且它只保留了上一时刻的协方差。

从以上过程可以看出,卡尔曼滤波基本思想如下:

以 $k-1$ 时刻的最优估计 x_{k-1} 为准,预测 k 时刻的状态变量 $\hat{X}_{k/k-1}$,同时又对该状态进行观测,得到观测变量 z_k,再在预测与观测之间进行分析,或者说是以观测量对预测量进行修正,从而得到 k 时刻的最优状态估计 x_k。

设 k 时刻的被估计状态 $\boldsymbol{X}_k$ 受系统噪声 $\boldsymbol{W}_{k-1}$ 驱动,满足线性关系,状态方程和量测方程描述为

$$\boldsymbol{X}_k = \boldsymbol{\phi}_{k,k-1}\boldsymbol{X}_{k-1} + \boldsymbol{\Gamma}_{k,k-1}\boldsymbol{W}_{k-1} \qquad (11-3)$$

$$\boldsymbol{Z}_k = \boldsymbol{H}_k\boldsymbol{X}_k + \boldsymbol{V}_k \qquad (11-4)$$

式中,$\boldsymbol{\phi}_{k,k-1}$ 为 $k-1$ 时刻至 k 时刻的一步转移阵;$\boldsymbol{\Gamma}_{k-1}$ 为系统噪声驱动阵;$\boldsymbol{H}_k$ 为量测阵,$\boldsymbol{V}_k$ 为量测噪声阵;$\boldsymbol{W}_{k-1}$ 为系统激励噪声阵。同时,$\boldsymbol{W}_k$ 和 $\boldsymbol{V}_k$ 满足

$$\left.\begin{array}{l} E[\boldsymbol{W}_k] = 0, \quad E[\boldsymbol{W}_k\boldsymbol{W}_j^{\mathrm{T}}] = \boldsymbol{Q}_k\delta_{kj} \\ E[\boldsymbol{V}_k] = 0, \quad E[\boldsymbol{V}_k\boldsymbol{V}_j^{\mathrm{T}}] = \boldsymbol{R}_k\delta_{kj} \\ E[\boldsymbol{W}_k\boldsymbol{V}_j^{\mathrm{T}}] = 0 \end{array}\right\} \qquad (11-5)$$

式中,$\boldsymbol{Q}_k$ 是系统噪声方差阵;$\boldsymbol{R}_k$ 是量测噪声方差阵;δ_{kj} 即克罗内克(Kronecker)函数。

如果系统噪声方差阵 $\boldsymbol{Q}_k$ 为非负定阵,量测噪声方差阵 $\boldsymbol{R}_k$ 为正定阵,$\boldsymbol{Z}_k$ 为 k 时刻的量测量,由式(11-3)～式(11-5),则 $\boldsymbol{X}_k$ 的估计 $\hat{\boldsymbol{X}}_k$ 可表述为

$$\hat{\boldsymbol{X}}_{k/k-1} = \boldsymbol{\Phi}_{k,k-1}\hat{\boldsymbol{X}}_{k-1/k-1} \qquad (11-6)$$

$$\boldsymbol{P}_{k/k-1} = \boldsymbol{\phi}_{k,k-1}\boldsymbol{P}_{k-1/k-1}\boldsymbol{\phi}_{k,k-1}^{\mathrm{T}} + \boldsymbol{\Gamma}_{k,k-1}\boldsymbol{Q}_{k-1}\boldsymbol{\Gamma}_{k,k-1}^{\mathrm{T}} \qquad (11-7)$$

$$\boldsymbol{K}_k = \boldsymbol{P}_{k/k-1}\boldsymbol{H}_k^{\mathrm{T}}(\boldsymbol{H}_k\boldsymbol{P}_{k/k-1}\boldsymbol{H}_k^{\mathrm{T}} + \boldsymbol{R}_k)^{-1} \qquad (11-8)$$

$$\hat{\boldsymbol{X}}_{k/k} = \hat{\boldsymbol{X}}_{k/k-1} + \boldsymbol{K}_k(\boldsymbol{Z}_k - \boldsymbol{H}_k\hat{\boldsymbol{X}}_{k/k-1}) \qquad (11-9)$$

$$\boldsymbol{P}_{k/k} = (\boldsymbol{I} - \boldsymbol{K}_k\boldsymbol{H}_k)\boldsymbol{P}_{k/k-1} \qquad (11-10)$$

式(11-6)～式(11-10)即为离散型卡尔曼滤波基本方程。

在给定初值 $\hat{\boldsymbol{X}}_0$ 和 P_0 的情况下,根据式(11-6)～式(11-10)即可由 k 时刻的量测量 $\boldsymbol{Z}_k$ 得到第 k 时刻的状态估计 $\hat{\boldsymbol{X}}_k(k=1,2,3,\cdots)$。

在整个滤波周期内,从使用系统信息和量测信息的先后次序来看,卡尔曼滤波具有两个明显的信息更新过程:时间更新和量测更新。

设计 Kalmana 滤波器,必须构建状态方程和量测方程[2],如果直接以导航参数作为估计对

象则是直接法,如果以导航系统的误差作为估计对象则是间接法。直接法反映导航参数的动态过程,间接法采用误差方程,具有一定近似性,但使用直接法所得方程为非线性方程,而且各导航参数间数量级相差很大,易影响估计精度,所以工程上一般采用间接法。图 11-3 是一种基于输出校正和反馈校正的间接法。

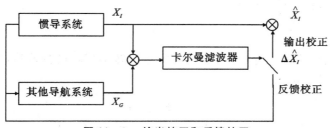

图 11-3　　输出校正和反馈校正

输出校正是将滤波器估值作为组合系统的输出或作为惯导系统输出的校正量以改善输出的准确性,但它不修正惯导内部的误差状态,滤波器对误差的估计精度决定了校正的精度。其优点是子系统和滤波器独立工作,易于工程化实现,滤波器故障不会影响系统工作,因此可靠性高。但长时间工作会出现模型变化而导致滤波精度降低。

反馈校正是将滤波器估值反馈到惯导系统和其他系统内,对误差状态进行校正,校正后的参数进入下一次运算。在反馈校正方式下,校正后的姿态矩阵反馈到系统内部参加解算,因此系统误差始终保持为小量,不会出现模型误差,所以具有更高的精度。工程实现较复杂,且滤波器故障会直接影响系统输出,从而降低可靠性。

2.联邦滤波基本原理

联邦卡尔曼滤波理论是美国学者 N. A. Carlson 于 1988 年提出的[4],该理论是一种特殊形式的分布式卡尔曼滤波方法。它由若干个子滤波器和一个主滤波器组成,是一个具有分块估计、两步级联的分散化滤波方法。在联邦滤波器结构中[2],包含有一个公共主系统和若干个辅助子系统,公共主系统与每个辅助子系统通过卡尔曼滤波器分别构成一个组合导航子系统,它们之间相应的输出量一起构成组合导航子系统滤波器的量测量,每个子滤波器之间都是独立、并行的关系,每个子滤波器可以得到系统状态的局部最优估计,通过信息分配原则把全局状态估计信息和系统噪声信息分配给各子滤波器,采用方差上界技术来消除各传感器子滤波器估计的相关性,但不改变子滤波器算法的形式,通过在主滤波器里对各子滤波器的局部估计进行融合处理,即可得到系统全局最优估计。实际设计的联邦滤波器是全局次优的,但是对于自主性要求很高的重要运载体来说,导航系统的可靠性比精度更重要。采用联邦滤波器设计组合导航系统,虽然损失了少许精度,但得到的是组合导航系统的强容错能力。

针对一般性的离散状态空间模型为

$$\left.\begin{array}{l} \boldsymbol{X}_k = \boldsymbol{\phi}_{k/k-1}\boldsymbol{X}_{k-1} + \boldsymbol{\Gamma}_{k,k-1}\boldsymbol{W}_{k-1} \\ \boldsymbol{Z}_k = \boldsymbol{H}_k\boldsymbol{X}_k + \boldsymbol{V}_k \end{array}\right\} \tag{11-11}$$

联邦滤波的计算过程包括信息分配、时间更新、量测更新和估计融合四个过程。

1.信息分配

信息分配是指将系统的过程信息按照信息分配原则在各子滤波器和主滤波器之间分配,其表达式为

$$P_{i,k-1} = \beta_i^{-1} P_{k-1} \qquad (11-12)$$

$$Q_{i,k-1} = \beta_i^{-1} Q_{k-1} \qquad (11-13)$$

$$X_{i,k-1} = X_{k-1} \qquad (11-14)$$

其中,根据信息守恒定律,$\sum\limits_{i=0}^{n} \beta_i = 1$。

2. 时间更新

时间更新指将系统状态与估计误差协方差按系统转移矩阵进行转移,在各子滤波器和主滤波器中独立进行,其表达式为

$$\hat{X}_{i,k/k-1} = \phi_{i,k/k-1} \hat{X}_{i,k-1} \qquad (11-15)$$

$$P_{i,k/k-1} = \phi_{i,k/k-1} P_{i,k-1} \phi_{i,k/k-1}^{\mathrm{T}} + \Gamma_{i,k-1} Q_{i,k-1} \Gamma_{i,k-1}^{\mathrm{T}} \qquad (11-16)$$

3. 量测更新

量测更新指根据新的量测信息对系统状态及估计误差协方差进行更新,因为主滤波器没有量测量,所以量测更新只在子滤波器中进行,其表达式为

$$K_{i,k} = P_{i,k/k-1} H_{i,k}^{\mathrm{T}} R_{i,k}^{-1} \qquad (11-17)$$

$$\hat{X}_{i,k} = \hat{X}_{i,k/k-1} + K_{i,k}(Z_{i,k} - H_{i,k} \hat{X}_{i,k/k-1}) \qquad (11-18)$$

$$P_{i,k} = (I - K_{i,k} H_{i,k}) P_{i,k/k-1} \qquad (11-19)$$

4. 估计融合

估计融合是联邦滤波的核心,是指将各个子滤波器的局部估计进行最优融合,其表达式为

$$\hat{X}_g = P_g \sum P_{i,k}^{-1} \hat{X}_{i,k} \qquad (11-20)$$

$$P_g = \left(\sum P_{i,k}^{-1} \right)^{-1} \qquad (11-21)$$

联邦滤波包括四种基本滤波结构,即融合反馈结构、无重置结构、部分融合反馈结构及零化重置反馈结构[2],这种多源融合的结构特别适合组合导航的工作需要,其优良的工程性能获得了工程界广泛认可,是目前成功运用于实践的融合方法。

11.2　基于可能误匹配点剔除提高匹配可靠性

按照不同检测方法使用的技术原理,本节将从函数拟合、统计模型及时空一致性三个方面介绍常用的误匹配点检测技术。

11.2.1　基于函数拟合的方法

基于函数拟合的方法是假设所有正确匹配点满足某一个函数模型,使用最小二乘拟合方法求解函数模型的系数,然后通过计算匹配点和函数模型的误差来检测误匹配点。

最小二乘法的基本思想是通过最小化误差的平方和,寻找能够拟合数据的最佳函数参数,尽量使所有数据最大程度地满足该函数参数。

设 $f(x)$ 为需要拟合的函数,x_i 为实际数据,则最小二乘拟合可用下式表示[5]:

$$\min \sum_{i=1}^{n} \left[f(x_i) - x_i \right]^2 \qquad (11-22)$$

在误匹配点检测中，通常使用多项式，多项式的阶数由待匹配图像的大小、几何变形等情况确定。

如图 11-4 所示，使用最小二乘法求解多项式等函数模型的参数后，得到待匹配图像的准确函数模型 $f(x)$，计算所有匹配图像特征关键点与待匹配图像函数模型的误差 E，并比较该误差与阈值 T 的大小关系，当某一个匹配点得到的误差大于设定阈值时，则认为该匹配点是误匹配点，需要将其剔除。

由上述基于最小二乘法进行误匹配点检测的过程可以看出，基于函数拟合的方法具有计算简单、速度快的优点，但是也存在以下缺点：

（1）误差较大的异常数据点会使拟合的函数模型偏离实际数据，从而导致拟合的模型误差较大，影响检测精度[6]。

（2）误匹配点检测精度完全依赖于选择的函数模型，如果选择的函数模型不准确，会导致检测结果不准确。

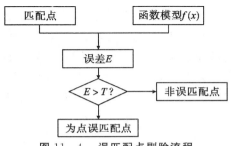

图 11-4　误匹配点剔除流程

在实际使用中，可以使用迭代最小二乘拟合方法来克服误差较大匹配点的影响，提高误匹配点检测的精度。迭代最小二乘拟合方法的基本思想是使用所有的匹配点进行最小二乘拟合建立函数模型，计算每对匹配点相对于函数模型的误差，剔除误差最大的 N 对匹配点，然后再次使用最小二乘法剔除误差最大的 N 对匹配点，直到所有匹配点的误差小于设定的阈值或者匹配点数量小于设定的阈值为止。

基于最小二乘法检测误匹配点的思想已被广泛应用。如文献[7]针对 RANSAC 算法在剔除 SIFT 误匹配点实验中存在耗时长、误匹配等问题，提出了基于函数拟合的 SIFT 误匹配点剔除算法。首先采用 SIFT 算法进行待匹配图像与匹配图像的匹配工作，对匹配后的待匹配图像关键点采用迭代最小二乘拟合法构建函数模型；然后与匹配图像特征关键点进行拟合；最后计算两者的误差，当误差大于给定阈值时，确认该点为误匹配点，对其进行剔除。

11.2.2　基于统计模型的方法

基于统计模型的方法是统计满足给定条件的最多数量的匹配点，其典型代表是随机抽样一致性方法（Random Sample Consensus，RANSAC）。RANSAC 算法最早由 Fischler 和 Bolles 于 1981 年提出[8]，它可以从一组包含"外点"的观测数据集中，通过迭代方式估计数学模型的参数，并通过设定相关阈值，稳定地将整个样本当中的"外点"或者"噪声"剔除。RANSAC 方法中的"外点"是指偏离模型正常范围或者无法适应模型的数据，可以理解为是数据集中的噪声；"内点"是指可以被模型描述的数据。在景象匹配中，不满足最优模型参数的匹配点就是需要检测和剔除的误匹配点。

RANSAC算法不同于最小二乘法等一般参数估计方法。最小二乘法利用所有的点估计模型参数,然后再舍去误差大的点,因此不能排除异常数据的干扰,一个严重错误点的存在会导致最小二乘法拟合的结果出现明显错误;而RANSAC算法的思想是尽量用比较少的点估计出模型,再利用剩余点来检验模型。这样可以弥补一般参数估计方法的缺陷,减轻当存在严重错误点时异常数据对模型参数估计的影响。因此RANSAC算法能够检测并排除异常数据,能从包含大量误匹配点的数据集中检测出正确的匹配点,从而保证模型参数的稳健性。

利用RANSAC算法得到稳健的参数模型实际上是一个迭代的不断寻求优的、包含更多支持内点的模型参数的过程。其基本步骤如下:

(1)从数据集 S 中随机抽取 m 个数据点(m 是估算模型参数需要的最小样本点个数),然后使用 m 个数据点来估算模型参数,得到模型 M。

(2)计算 S 中所有数据点和 M 的误差,误差小于设定阈值 T 的所有数据点就是"内点",记为 I,其他样本是"外点"。

(3)如果 S 大于当前记录的最佳样 I_{best},那么 $I_{best} = S$,并记录模型参数。

(4)如果迭代次数超过设定阈值 k,则退出算法,否则返回步骤(1)重新迭代。

RANSAC是一种随机的不确定算法,只有一定的概率得到最优模型参数,通常情况下,概率与迭代次数成正比,迭代次数太少可能会导致无法找到最佳模型参数,迭代次数太多会导致计算速度降低。在实际处理中,迭代次数很难准确计算,通常使用如下公式估算迭代次数:

$$k = \frac{\ln(1-p)}{1-\omega^m} \qquad (11-23)$$

式中,m 为估算模型参数所需要的最少数据点;p 表示算法给出的结果是最优的概率,一般取值为 0.99;ω 表示所有数据点中"内点"比例。在实际中,ω 是无法预先知道的,通常是在算法迭代中不断更新。

目前RANSAC算子在自然场景影像、遥感影像等的误匹配点检测中得到了广泛的应用,并出现了很多改进算法。如文献[9]针对RANSAC算法在抽取匹配对时为随机方式而未考虑匹配对质量的问题及计算过程中迭代次数过多导致误匹配对数量增多的问题,提出了粗、精两步法的误匹配点剔除过程,通过缩小抽样点总量来保证匹配点选取质量和减少迭代次数,提高了特征点匹配的准确性。

11.2.3　基于时空一致性的方法

在景象匹配辅助导航中,由于景象匹配计算量较大,当飞行器飞越一个匹配区时,通常只能完成数次匹配(如"战斧"巡航导弹 Tomahawk BGM-109C 飞越两个匹配区,每个匹配区完成 3 次匹配[10])。

随着计算机处理速度的飞速发展,飞行器飞越一个匹配区已能够获得较多个匹配点,利用这些匹配点自身或引入其他限制条件来剔除其中的误匹配点是提高匹配结果可信度的重要途径。文献[11][12]根据飞行器姿态机动性能的局限性或所装备的惯性导航系统短时间测量距离的精确性,采用多个匹配点拟合飞行轨迹的方法剔除飞行轨迹曲率较小或飞行轨迹近似为直线情况下的可能误匹配点;根据惯性导航短时间测量距离的精确性,依照"相邻两个匹配点之间的相对位置应等于惯性导航系统测量对应的相对位置"这一准则剔除可能的误匹配点。文献[13][14]通过对实时图进行多子区相关匹配,并利用各子区间的空间关系约束对匹配结果进行综合及可信度判断来提高相关匹配方法的性能。文献[15]提出了多帧连续景象匹配，利用单次匹配后形成的相关阵中的主次峰信息与导航信息进行一致性决策，结合惯导位移进行一致性判断剔除可能的误匹配点。文献[16]依据短时间内惯导平台的误差增量很小，将多个单幅图像匹配的结果叠加以确定匹配位置，文献[17][18]则根据飞行过程中姿态机动性能的局限性或所装备的惯性导航系统短时间测量距离的精确性剔除可能的误匹配点。上述方法不是直接利用单幅图像的匹配结果对惯导误差进行修正，而是在多次匹配结果的基础上，通过某种约束关系进行最终定位，这在一定程度上影响了景象匹配系统的实时性。

11.3　　基于相关面特征融合提高匹配可靠性

在景象匹配过程中，在实测图没有畸变的情况下，只要所选的基准图中不存在与实测图完全相同的重复模式，传统的以相关面最大峰值点作为匹配位置的匹配算法，其正确匹配概率都能很高，而随着实测图畸变程度的增加，各匹配算法的正确匹配概率都有不同程度的下降。出现误匹配的主要原因是：在畸变存在的情况下，实测图和真实位置的基准子图不可能完全一样，导致在某种相似性测度下，实测图可能与基准图中多个不同位置的基准子图相似，甚至真实匹配位置往往不在相关匹配曲面的最大峰值处，从而使以相关面最大峰值位置作为匹配位置的传统"最大峰值决策法"失效。

本节基于单幅图像匹配的相关曲面，从传统的"最大峰值决策法"导致误匹配产生的原因出发，通过对真实匹配位置处峰值特征的分析，提出了以相关面中多个局部极大值所在峰的融合特征作为匹配依据的"峰值特征融合决策法"。实验结果表明，与以相关面主峰位置为匹配位置的"最大峰值决策法"相比，本节所提的"融合决策法"可以有效地剔除"最大峰值决策法"中的错误匹配点，增强匹配算法的稳健性。

11.3.1　　相关面局部极大峰融合特征提取

1.相关面特征描述

景象匹配是通过计算实测图与基准图中每个匹配位置的相似性度量值实现定位的，将这一系列相似度值按实测图在基准图中的扫描方式排列成一个二维平面，即得到相关面。相关面是实测图与基准图相互作用结果的一种度量。相关面一般会呈现高低起伏状分布，把局部极大值区域称为相关峰，其中最高的一个称为最高峰（或主峰），以下依次称为次高峰等。峰值越大，意味着按照某种相似性度量，该峰值处对应的实测图与基准图相似性越高。根据相关面特征与匹配概率之间的关系，定义如下几种相关面特征量[19]：

（1）次高峰与最高峰峰值比。令 V_{max} 表示相关面上最高峰的峰值，V_{sub} 表示相关面上次高峰的峰值，则次高峰与最高峰峰值比（Sub-Max Ratio，SMR）定义为

$$\mathrm{SMR} = \frac{V_{sub}}{V_{max}} \qquad\qquad (11-24)$$

该值处于[0,1]区间，它表征的是次高峰对应的图像区域与实测图的相似程度。该值越大，说明基准图中存在至少两个与实测图相似的区域，则在成像畸变的影响下导致失配的概率也越大。该值越小，说明实测图越独特，"最大峰值决策法"越不易失配。

（2）最高峰8邻域峰值比。如图 11-5 的(a)所示，O 点是相关面的最大值点，它对应的相关

值为 V_{max}，在距离 O 点 n 个像素（通常取 $n = 5$）的圆周上等间隔选取 8 个点，以 V_{ngb} 表示 8 个点中的最大相关值，则 8 邻域峰值比（Ngb-Max Ration，NMR）定义为

$$NMR = \frac{V_{ngb}}{V_{max}} \qquad (11-25)$$

该值处于 $[0,1]$ 区间，值越小，说明相关峰越尖锐，匹配的可靠性越高。

（3）最高峰尖锐度。该量的意义如图 11-5 中（b）所示，在最高峰区域以最大值点 O 为中心、以 n_1 和 n_2 长度为半径作两个圆（通常取 $n_1 = 3$，$n_2 = 9$），V_{circle} 表示半径为 n_1 的圆形区域内像素的平均值，V_{loop} 表示 n_1 和 n_2 之间环形区域内像素的平均值，则最高峰尖锐度（Sharp of Max，SoM）定义为

$$SoM = \frac{V_{loop}}{V_{ciecle}} \qquad (11-26)$$

该值在物理意义上与最高峰 8 邻域峰值比（NMR）相似，都描述了相关峰的尖锐度，但有效性不如 NMR。

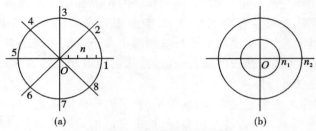

图 11-5　　相关面峰值特征

2.图像畸变程度对相关面的影响

通常，在实测图相比基准图没有任何差异的情况下，相关面最大值对应的位置即为匹配位置，此时如果基准图中重复模式区域的尺寸远小于实测图尺寸，则相关面会有一个明显的主峰。但在有成像畸变的情况下，按照某种相似性度量，实测图可能会与多个位置的基准子图相似，反映在相关面上就会有多个次高峰与最高峰差别较小，随着畸变程度的增加，相关面中的次高峰可能转变为最高峰，此时若仍以最高峰位置为匹配位置就会导致错误的匹配结果。

图 11-6 所示为实测图发生不同程度畸变时与基准图匹配的相关面情况。其中图（a）的实测图是直接从基准图上截取的，整个相关面只有一个很尖锐的峰，且最大峰值很大，相关面的 SMR、NMR 及 SoM 值基本为零，此时的峰值点位置就是正确的匹配位置。

而在实际应用中，由于拍摄时间及拍摄条件的不同，实测图与基准图不可能完全一样，此时相关面主峰通常会呈现一定的宽度。图 11-6（b）为图 11-6（a）中的实测图旋转 2°、比例变化 1.01 后的匹配结果，该相关面相比图 11-6（a）主峰宽度有所增加。

当实测图旋转 5°、放大 1.05 倍后，其在基准图中匹配的相关面如图 11-6（c）所示，此时相关面中出现了两个较为明显的局部峰值，由于实测图畸变程度仍不算很大，主峰相对于次峰仍比较明显，相关面的次高峰与最高峰峰值比仍然较小，"最大峰值决策法" 仍能找到正确匹配位置。

而在图 11-6（d）中，匹配所用的的实测图是图 11-6（a）的实测图经 10° 旋转且放大 1.1 倍得到的。比较图 11-6（c）与图 11-6（d）可以看出，图 11-6（c）中的次高峰在图 11-6（d）中与原最高主峰在峰值上已经非常接近，说明实测图发生较大畸变后，在基准图中存在两个与实测图非常相似的区域，若此时还采用 "最大峰值决策法" 进行匹配定位就很容易产生误匹配。

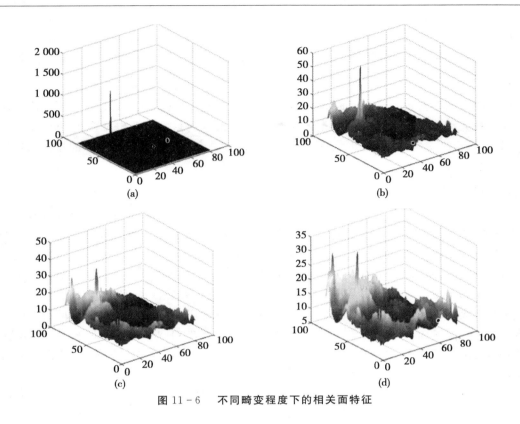

图 11-6　不同畸变程度下的相关面特征

11.3.2　局部极大峰融合特征提取

1. 真实匹配位置处相关面峰的特征

观察图 11-6(d)，虽然两个峰值大小基本相同，但真实匹配位置所对应的峰在形状上与其他虚假匹配位置处的峰仍有一定区别，即真实匹配位置处的峰更尖锐。真实匹配位置处的峰通常具有下述特点：

(1) 真实匹配位置即使不是全局最大峰值点，也应该是局部极大峰值点，且该局部极大峰相对高度较高。可以用峰值比作为峰相对高度的度量。假设相关面上某个局部极大峰的峰值为 V_{LMax}，定义该峰的峰相对高度（Local Maximum-maximum Ratio，LMR）为

$$\mathrm{LMR} = \frac{V_{\mathrm{LMax}}}{V_{\mathrm{max}}} \tag{11-27}$$

式中，V_{max} 为相关面的全局最大峰值。

(2) 真实匹配位置处的峰在外形上应该更窄、更尖。与式(11-25)和式(11-26)类似，可以用局部极大峰的 8 邻域峰值比及尖锐度来描述该峰的尖锐程度。结合图 11-6，在某个局部极大值峰处，以 V_{Lngb} 代替 V_{ngb}，以 $V_{L\mathrm{max}}$ 代替 V_{max}，则该局部极大峰的 8 邻域峰值比（local NBR，记为 LNBR）可以表示为

$$\mathrm{LNBR} = \frac{V_{\mathrm{Lnbg}}}{V_{L\mathrm{max}}} \tag{11-28}$$

以 V_{Lcircle} 代替 V_{circle}、以 V_{Lloop} 代替 V_{loop}，局部极大峰的峰尖锐度（local SoM，记为 LSoM）可

表示为

$$LSoM = \frac{V_{Lloop}}{V_{Lcircle}} \qquad (11-29)$$

在真实匹配位置,其对应的峰应该具有较小的 LNBR 及 LSoM 值。

由于畸变的存在,在峰的三个特征指标中,真实匹配位置处的峰不总是能够同时满足峰相对高度值最大、8 邻域峰值比及尖锐度最小的条件,为此,当相关面上出现多个局部极大值相近的峰时,可以考虑将每个峰的多个特征进行融合,以融合结果作为对这个峰的特征的总体描述,并以此衡量以该峰值点为匹配点的可靠程度。

2. 融合公式

由式(11-27)~ 式(11-29)对峰三个特征的定义可以看出,局部极大峰的 LNBR、LSoM 及 LMR 的取值范围都已归一化为[0,1]区间,因此设计融合函数时不再需要考虑各特征取值范围对融合结果的影响。设 LMR、LNBR 及 LSoM 对应的参数分别为 ω_1、ω_2 和 ω_3,由于这三个特征描述中,峰相对高度 LMR 是起决定性作用的指标,参数选取时 ω_1 应最大,其次是峰的 8 邻域峰值比 LNBR 对应的参数 ω_2,峰尖锐度 LSoM 对应的参数 ω_3 应最小。

局部极大值所在峰的 LNBR 及 LSoM 值越小,说明该峰越尖锐,该局部极大值所在位置是正确匹配点的可能性会越大,而某个局部极大值所在峰的 LMR 越大,说明该峰的峰值越接近于相关面的全局最高峰值,那么它是正确匹配点的可能性就越大。综上分析,本节设计的融合公式如下:

$$V_{fusion} = (1-\omega_1)LMR + \omega_2 LNBR + \omega_3 LSoM \qquad (11-30)$$

其中,$\omega_1 + \omega_2 + \omega_3 = 1$。

融合结果 V_{fusion} 值越小,说明该峰值点是真实匹配点的可能性越大。

11.3.3 基于相关面峰值特征融合的误匹配点剔除方法

由图 11-6 可以看出,在实测图未发生畸变或只有轻微畸变时,相关面中最大值所在的主峰相对于其他次峰仍很显著,此时以主峰对应位置作为匹配结果仍具有很高的可靠性,因此在匹配时,以次高峰与最高峰峰值比 SMR 作为主峰显著度衡量指标,可设定一个阈值 T,当 SMR 小于 T 时,说明主峰足够显著,可直接以主峰的峰值点作为匹配位置。而随着实测图畸变程度的增加,相关面中的次极大值与最大值相差会越来越小,甚至超过原来的最大峰值,也就是说最大峰值可能已经偏离了真实匹配位置,此时单纯以峰值大小作为匹配依据很容易导致误匹配。在这种情况下,可考察相关面上多个局部极值所在峰的总体特征,以峰的总体特征作为该局部峰值点是正确匹配点的可信度指标。

首先设定一个衡量各峰值总体特征差异程度的阈值 T_{delta},如果融合后的各峰的总体特征非常相近,它们之间的最大差值小于设定的阈值 T_{delta},则放弃本次匹配,因为在这种情况下,说明相关面上有多个总体特征相近的局部极大峰,此时单纯以单帧实测图的匹配结果对飞行器进行定位的可靠性较低,所以应该放弃本次匹配,考虑用下一帧实测图重新进行匹配定位。如果各峰的总体特征中至少有两个峰的特征值相差较大,超过了 T_{delta},则以所有峰中融合特征值最小的峰值点作为最终的匹配位置。

基于上述分析,本节提出了一种依据相关面峰值特征融合的剔除误匹配点的方法,其流程如图 11-7 所示。

具体步骤如下：

（1）找出相关面 Corv 中的最大峰值及次大峰值，依据式（11-24）计算次高峰与最高峰的峰值比 SMR，若 SMR < T，说明最高峰比次高峰显著很多，最高峰值处即为正确匹配点处，转（5）；否则，转（2）。

（2）找出相关面 Corv 中的前 L 个最大局部极值，按照式（11-27）～式（11-29）分别计算所在峰的峰值特征，再按照式（11-30）计算各峰三个特征的融合结果，分别记为 $V_{\text{fusion}(i)}$，$i = 1,2,\cdots,L$。

（3）按照下式计算各融合结果的绝对差值：

$$\text{dis} = \max\{\|\, V_{\text{fusion}(i)} - V_{\text{fusion}(j)}\,\|\}\ i,j = 1,2,\cdots,L \tag{11-31}$$

（4）若满足 dis < T_{delta}，说明相关面前 L 个峰的总体特征都很接近，此时以相关面特征作为匹配依据所得的匹配结果其可靠程度较低，因此放弃该次匹配结果，转（5）；否则，取 $V_{\text{fusion}(1)}$，$V_{\text{fusion}(2)}$，$\cdots$，$V_{\text{fusion}(L)}$ 中最小的峰值点作为本次匹配的结果，再转（5）。

（5）结束本次匹配。

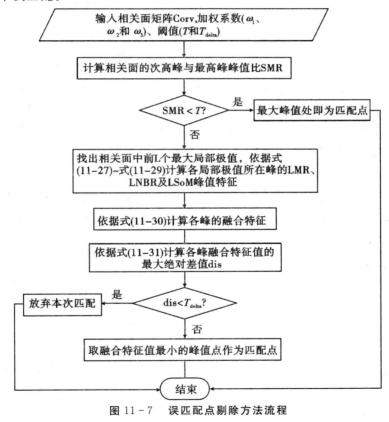

图 11-7　误匹配点剔除方法流程

11.3.4　仿真实验与分析

为了检测本节所提的"峰特征融合决策法"在剔除错误匹配点方面的有效性，以自适应极坐标变换匹配算法为例，分别应用"最大峰值决策法"和本节图 11-7 的方法进行匹配实验，并对实验结果进行比较分析。

实验时,本节的匹配方法按照图 11-7 的流程进行。如图 11-7 所示,匹配前需要确定包括融合系数、阈值等的一些初始参数,下面讨论如何进行初始参数的选取。

1. 阈值 T 的选取

阈值 T 是判断能否选用"最大峰值决策法"的依据。若 T 选择得过大,会使大多数的匹配都采用"最大峰值决策法",极限情况下若取 $T=1$,本节的方法就成为传统的"最大峰值决策法"。但若 T 选择得过小,又会使所有的匹配都采用"峰特征融合决策法",从而使那些本可以通过"最大峰值决策法"就能正确定位的匹配又进行融合特征的计算,影响匹配的速度。因此,在选择 T 值时,应在不影响正确匹配概率的前提下使 T 尽可能大。

2. ω_1、ω_2 和 ω_3 的选取

在峰的三个特征量中,峰相对高度 LMR 所占比重应最大,因为即使实测图存在较严重畸变,它也应该和真实匹配位置的基准子图相似,这是通过匹配方法进行实测图定位的前提。在描述峰尖锐程度的两个特征量中,峰的 8 邻域峰值比 LNBR 通常比峰的尖锐度 LSoM 更有效,其比重应取得大些。

3. 阈值 T_{delta} 的选取

对于描述相关面各峰值综合特征差异的阈值 T_{delta},若取得过大,则图 11-7 中"放弃本次匹配"的概率就会越大,也即有更多的实测图被放弃,而若 T_{delta} 取得过小,则可能会在相关面上多个峰的峰值特征很接近时仍然进行匹配,不能对误匹配点进行有效的剔除,从而使误匹配的概率增大。通常情况下,T_{delta} 的取值应权衡两者的利弊,在"放弃本次匹配"次数较少的情况下,使匹配概率能有大幅提升。

4. 局部极大峰个数 L 的选取

理论上,L 值越大,匹配结果的可靠性越高,但匹配所消耗的时间也越多,会影响系统的实时性。通过大量的仿真实验,峰值个数 L 取 $3\sim 5$ 即可,若再增加 L 值对匹配结果影响不大,而实时性却受到一定的影响。

11.3.5 仿真实例

1. "最大峰值决策法"匹配实验

为了将本节提出的匹配方法与传统"最大峰值决策法"进行比较,同时研究相关面次高峰与最高峰峰值比 SMR 和"最大峰值决策法"匹配概率之间的关系,以便给出一个合理的阈值 T,本次实验以自适应极坐标变换匹配算法为例,采用"最大峰值决策法"在不同类型基准图上进行仿真实验。

图 11-8 为实验所用的基准图,其中图(a)为可见光图像,图(b)为红外图像,图(c)为合成孔径雷达图像(SAR)。三幅基准图的大小均为 150×150,实测图大小均为 70×70。在实验时,从基准图上点(20,20)开始,每 10 个像素从基准图中截取一幅实测图大小的基准子图,将该基准子图旋转 $10°$,比例放大 1.1 倍,再以放大后的基准子图中心为实测图中心,截取与实测图大小相等的子图作为仿真用的实测图。可以算出,对于每幅基准图,共有 49 个实测图参与匹配。"最大峰值决策法"在三幅基准图上的匹配结果见表 11-1。表 11-2 及表 11-3 为在图(a)上

的详细仿真结果。

（a）可见光图像　　　　　（b）红外图像　　　　　（c）SAR图像

图 11 - 8　不同类型基准

表 11 - 1　"最大峰值决策法"匹配结果

基准图	正确匹配数	错误匹配数	正确匹配概率
图 11 - 8(a)	37	12	0.755 1
图 11 - 8(b)	38	11	0.775 5
图 11 - 8(c)	34	15	0.693 9

表 11 - 2　"最大峰值决策法"中正确匹配的实测图位置及其"次高峰最高峰峰值比 SMR"

实测图位置	(20,40)	(20,50)	(30,20)	(30,30)	(30,50)	(30,70)	(40,20)	(40,30)
SMR	0.931 9	0.817 8	0.769	0.919 7	0.954 8	0.737 1	0.644 9	0.719 8
实测图位置	(40,60)	(40,70)	(40,80)	(50,20)	(50,30)	(50,40)	(50,50)	(50,60)
SMR	0.723 7	0.984 3	0.934 5	0.925 1	0.897 5	0.617 5	0.669 1	0.715 3
实测图位置	(50,70)	(50,80)	(60,20)	(60,30)	(60,40)	(60,50)	(60,60)	(60,70)
SMR	0.653 6	0.760 1	0.853 4	0.617 5	0.683 0	0.750 4	0.819 5	0.622 6
实测图位置	(70,20)	(70,30)	(70,40)	(70,50)	(70,60)	(70,70)	(70,80)	(80,20)
SMR	0.719 7	0.870 8	0.629 7	0.632 2	0.737 9	0.672 7	0.987 9	0.573 6
实测图位置	(80,30)	(80,40)	(80,50)	(80,60)	(80,80)			
SMR	0.648 6	0.713 7	0.793 1	0.975 5	0.770 0			

表 11 - 3　"最大峰值决策法"中错误匹配的实测图位置及其"次高峰最高峰峰值比 SMR"

实测图位置	(20,20)	(20,30)	(20,60)	(20,70)	(20,80)	(30,40)
SMR	0.950 8	0.902 2	0.988 3	0.798 5	0.992 6	0.801 9
实测图位置	(30,60)	(30,80)	(40,40)	(40,50)	(60,80)	(80,70)
SMR	0.953 1	0.934 7	0.816 8	0.998 0	0.966 4	0.989 4

观察表 11-1 及表 11-2，当相关面的次高峰与最高峰的峰值比小于 0.798 5 时，"最大峰值决策法"都能正确匹配，该值可作为图 11-4 中阈值 T 选取时的参考。

2. 本节方法匹配实验

为了与上述"最大峰值决策法"的仿真结果进行直接比对，本次实验采用与实验 1 相同的基准图和实测图，基本匹配算法仍选用自适应极坐标变换，仿真流程如图 11-7 所示，具体的实验参数设置如下：

阈值 $T = 0.65$。

$\omega_1 = 0.7, \omega_2 = 0.2, \omega_3 = 0.1$。

阈值 $T_{delta} = 0.08$。

局部极大峰个数 $L = 3$。

本次实验的匹配结果见表 11-4。其中的"相对正确匹配概率"定义为正确匹配次数占不包括弃用次数在内的总匹配次数的比重。

表 11-4　本节方法匹配结果

基准图	正确匹配次数	错误匹配次数	弃用的匹配次数	相对正确匹配概率
图 11-8(a)	35	5	9	0.875 0
图 11-8(b)	34	5	10	0.871 8
图 11-8(c)	33	6	10	0.846 2

为了与表 11-1 及表 11-2 的结果进行比对，下面详细给出本次实验在基准图 11-8(a) 的匹配结果：

发生错误匹配的实测图位置：(20,30)(20,70)(30,40)(40,40)(30,60)；

弃用的实测图位置坐标：(20,20)(20,60)(30,50)(30,80)(40,50)(60,80)(70,80)(80,60)(80,70)。

将上述结果与表 11-2 及表 11-3 进行比对可以发现，本节匹配方法中发生错误匹配的实测图在"最大峰值决策法"中也出现了误匹配，也就是说，本节方法与"最大峰值决策法"相比并未引入新的错误匹配，而本节方法中弃用的实测图则大多是"最大峰值决策法"中出现误匹配的实测图，只有少数弃用的实测图在"最大峰值决策法"中仍可正确匹配。在本例弃用的 9 帧实测图中，其中(20,20)(20,60)(30,80)(40,50)(60,80)及(80,70)共 6 帧是"最大峰值决策法"中出现错误匹配的实测图，其余 3 帧是"最大峰值决策法"中正确匹配的实测图。另有 1 帧实测图(20,80)在"最大峰值决策法"中匹配错误而在本节的"融合决策法"中正确匹配。

由表 11-4 可以看出，本节方法虽然弃用了少数在"最大峰值决策法"中可以正确匹配的实测图，但剔除了"最大峰值决策法"中的多数误匹配点，同时还新增了一些正确匹配点。总体上，本节方法的正确匹配概率相对有了大幅提升，增强了算法的可靠性。

在实测图存在畸变或基准图中有多个与实测图相近的模式时，采用"最大峰值决策法"的传统匹配方法常会产生错误的匹配结果，用融合的方法对局部极大峰的多个特征进行融合，并以此作为对该峰总体特征的描述，通过设置阈值，弃用那些相关面各局部极大峰融合特征都很相近的实测图的匹配，可以增强匹配算法的稳健性。

11.4　本章小结

在景象匹配过程中,实测图和基准图之间的匹配通常属于有差异图像间的匹配,从而影响无人机导航的精度。本章从多源信息融合、可能误匹配点剔除及基于相关面多特征融合三个方面介绍了提高导航精度可靠性的方法。其中,多源信息融合是从信源角度出发,通过多个信源的冗余互补提高导航定位结果的可靠性;可能误匹配点剔除方法是基于多次匹配结果,按照某种约束条件剔除其中的"奇异点"来提高匹配结果可信度;基于相关面特征融合的方法是基于单幅图像一次匹配过程中的相关面特征找出较可靠的匹配点,以此提高匹配结果可靠性。

【参考文献】

[1] 李洪力,徐昕浩. 组合导航系统多源信息融合关键技术研究[J]. 科技展望,2016,26(21):12.

[2] 袁克非. 组合导航系统多源信息融合关键技术研究[D]. 哈尔滨:哈尔滨工程大学,2012.

[3] 墨尘. 深入浅出理解卡尔曼滤波 http://baijiahao.baidu.com/s?id = 1587311459636672374&wfr = spider&for = pc. 2017.12.20

[4] CARLSON N A. Federated filter for fault-tolerant integrated navigation systems. Proceedings of Position Location and Navigation System[C]//Orlando,IEEE press,1988:110 – 119.

[5] 单小军,唐娉. 图像匹配中误匹配点检测技术综述[J]. 计算机应用研究,2015,32(9):2561 – 2565,2571.

[6] 宋卫艳. RANSAC 算法及其在遥感图像处理中的应用[D]. 北京:华北电力大学,2011.

[7] 李云红,钟晓妮,王延年,等. 基于函数拟合的 SIFT 误匹配点剔除算法[J]. 激光与红外,2018,48(9):1174 – 1180.

[8] FISCHLER M A,BOLLES R C. Random sample consensus:a paradigm for model fitting with applications to image analysis and automated cartography[J]. Communications of the Association for Computing Machinery,1981,24(6):381 – 395.

[9] 邢凯盛,凌有铸,陈孟元. ORB 特征匹配的误匹配点剔除算法研究[J]. 电子测量与仪器学报,2016,30(8):1255 – 1262.

[10] 赵锋伟,李吉成,沈振康. 景象匹配技术研究[J]. 系统工程与电子技术,2002,24(12):110 – 113.

[11] 李明星. 景象匹配 / 惯性组合导航系统算法研究及仿真实现[D]. 南京:南京航空航天大学,2008.

[12] 黄锡山,陈慧津,陈哲. 景像匹配误匹配点的剔除算法[J]. 中国图象图形学报,2002(8):39 – 43.

[13] 左峥嵘,杨卫东,张天序. 基于空间关系几何约束的雷达景象匹配算法研究[J]. 华中科技大学学报(自然科学版),2004,32(8):76 – 78.

[14] 李耀军,潘泉,赵春晖,等. 基于空间关系几何约束的无人机景象匹配导航[J]. 计算机应用研究,2010,27(10):3822 – 3825,3846.

［15］王永明. N 帧连续景象匹配一致性决策算法［J］. 计算机学报,2005,28(6):107-110.

［16］邓志鹏,杨杰,全勇. 结合特征和时空关联的稳健图像匹配方法［J］. 红外与毫米波学报, 2003,22(6):447-450.

［17］张绍明,陈鹰,林怡. SAR 图像与光学图像多子区鲁棒匹配算法［J］. 同济大学学报(自然科学版),2009,37(1):121-125.

［18］SJAHPUTERA Q,KELLER J M,MATSAKIS P. Scene matching by spatial relationships ［C］// The 22nd International Conference of the North American on Fuzzy Information Processing Society,2003:149-154.

［19］赵锋伟. 景象匹配算法:性能评估及其应用［D］. 长沙:国防科学技术大学,2002.

第 12 章　　景象匹配算法的性能评价

本书前面章节分别从景象匹配前图像预处理、景象匹配过程中匹配策略及匹配算法鲁棒性等方面,针对景象匹配过程中实测图与基准图的不同畸变(包括遮挡、噪声、旋转及尺度等)类型,介绍了已经提出的各种具有鲁棒性的景象匹配算法及其快速实现方法。从前面章节内容可知,不同匹配算法对图像发生的不同畸变具有不同的适应性,而在景象匹配/惯性组合导航系统的实际应用中,实测图可能同时受多种畸变因素的影响,目前还很难找到能够满足各种应用需求的匹配算法,因此,对给定的及新研制的各种景象匹配算法,研究其对不同畸变类型和畸变强度的适应性能具有一定的实用价值。

目前的景象匹配算法性能研究大多针对灰度相关算法[1-3],而对基于特征的匹配算法的研究则较少看到。本章以前面章节提出的各种匹配算法为研究对象,研究其在实测图受噪声、遮挡、旋转及尺度等多种因素干扰时的匹配性能,以匹配概率、匹配误差及匹配时间作为算法性能的衡量指标,在实验室条件下,设计建立一个比较测试环境,通过考察不同算法对不同类型及不同程度畸变的敏感程度,定量地对算法适应性进行描述,为实现无人机根据飞行场景自适应地选择匹配算法提供依据。

12.1　　匹配算法性能仿真方法设计

研究算法匹配性能一般有两种方法,一种是理论分析法,另一种是采用实验方法。本节将在实验室环境下,针对景象匹配系统实测图常见的畸变类型,通过仿真的方法研究匹配算法的性能,首先需要建立一个仿真环境,进行仿真方法的设计。

12.1.1　　匹配图对的制备

景象匹配是指通过匹配算法寻找实测图在基准图中的位置,为了评估算法的性能与适应性,必须模拟匹配算法的真实工作环境,建立一个基准实测图对序列。从理论上讲,匹配仿真实验进行的次数越多,统计出的算法性能参数就越可靠、可信。但景象匹配算法的适应性分析不可能也没有必要选取所有的景象图进行匹配试验,只需选择一些有代表性的基准实测图对即可。所选的基准图应能充分反映景象匹配算法可能会遇到的场景类型及各种地形地貌,如农田区、居民区、丘陵区、山地、水域、河流、森林、机场等,且每种地形应当具有不同的复杂程度。

匹配用的基准实测图对可以由同一景象区不同时相摄取的真实图像组成,也可以由基准图中截取子图添加畸变误差构成基准实测图对。

笔者所在实验室没有无人机航拍实测图。为了获得大量的能够覆盖各种图像畸变种类与强度的实测图,本章仿真中的实测图是在基准图中截取子图,通过分析实际应用中基准图与实测图的差异建立各种畸变模型,用畸变模型处理子图像,得到与基准图对应的具有某种畸变类型和畸变强度的实测图像。

匹配图对制备的流程如图12-1所示。图像的大小是影响算法性能的重要因子,一般来讲,实测图越大、基准图越小,则景像匹配的性能表现得越好。但实际情况下,实测图拍摄时视场角的限制,导致实测图不可能很大,同时由于飞行器在实际飞行时可能会偏离预定的航迹,因此也不可能将基准图限制得太小。本节仿真中取实测图约为基准图大小的1/4。

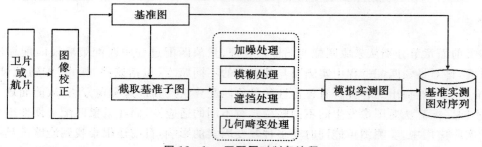

图 12-1　匹配图对制备流程

12.1.2　图像畸变及其数学模型

在景象匹配导航系统中,图像畸变大致分为五类:摄像机噪声、视角变化、目标的变迁、光照与大气状况引起的畸变、不同传感器成像等。本节仅以高斯白噪声模拟摄像机噪声,以旋转、尺度差异模拟视角变化,以图像遮挡模拟目标的变迁,以运动模糊模拟因为运动成像产生的图像失真。

1. 高斯噪声

高斯噪声是以高斯分布的白噪声形式存在的。由于高斯噪声在空间和频域中数学上的易处理性,在实际当中广泛存在,这种噪声模型经常被采用。高斯噪声的模型由式(2-5)给出。

2. 视角变化

惯性导航系统的航向漂移误差,易造成用于图像匹配的实测图和基准图之间有不同程度的旋转变形;而无线电气压高度表的测量误差,则易造成实测图和基准图之间的尺度变化。这种情况下,实测图和基准子图之间的变换关系可以近似表示为 $T(\boldsymbol{R}, \boldsymbol{S}, \boldsymbol{D})$,即由旋转变化 $\boldsymbol{R}$、尺度变化 $\boldsymbol{S}$ 及平移变化 $\boldsymbol{D}$ 组成。设 $[x_1 \quad y_1]^{\mathrm{T}}$、$[x_2 \quad y_2]^{\mathrm{T}}$ 分别为基准图和实测图对应点在两幅图像上的坐标,则两者的关系可以表示为

$$\begin{bmatrix} x_2 \\ y_2 \end{bmatrix} = \boldsymbol{SR} \begin{bmatrix} x_1 \\ y_1 \end{bmatrix} + \begin{bmatrix} d_x \\ d_y \end{bmatrix} = \boldsymbol{S} \begin{bmatrix} \cos\alpha & \sin\alpha \\ -\sin\alpha & \cos\alpha \end{bmatrix} \begin{bmatrix} x_1 \\ y_1 \end{bmatrix} + \begin{bmatrix} d_x \\ d_y \end{bmatrix} \tag{12-1}$$

其中,α 为旋转角度;d_x,d_y 分别为水平方向和垂直方面的平移量。

3. 图像遮挡

假设实测图像在点 (x, y) 处的像素值为 $f(x, y)$,在对图像进行遮挡处理时,可在图像上随机选取一块区域,令该区域内所有点的像素值为某一个固定值 c,其中 $0 \leqslant c \leqslant 255$。

4. 图像退化

假设输入图像 $f(x, y)$ 经过某个退化系统 $h(x, y)$ 后产生退化图像 $g(x, y)$,在退化过程中,引进的随机噪声为加性噪声 $n(x, y)$,则图像退化过程空间域模型可表示为

$$g(x,y) = h(x,y) * f(x,y) + n(x,y) \tag{12-2}$$

式中,"*"表示空间卷积;$h(x,y)$为成像系统的点扩散函数。

由式(12-2)可以看出,将一副清晰图像与 PSF 进行卷积,可以得到人工模糊的图像。PSF 不同,得到的模糊图像也不同。

在无人机的实际飞行过程中,前向运动模糊是最主要的,飞行姿态变化对模糊尺度的影响与前向运动模糊尺度相差一个数量级,可忽略不计[4]。基于此,本节以匀速直线运动下的 PSF 作为图像的退化模型,具体方法可参照本书 2.3 节。

12.1.3　算法适应性衡量指标

算法性能指标包括匹配概率、匹配误差和运行时间。

1. 匹配概率

实测图相对基准图来说,总是在一定的畸变条件下得到的(如噪声、几何畸变),随着畸变强度的增加,匹配将出现偏差或失配。对于相同的畸变强度,不同匹配算法的适应能力不同,匹配概率也不同。匹配概率 p_c 即在一定的畸变强度下,正确匹配次数 n_r 与总匹配次数 n 之比,即

$$p_c = \frac{n_r}{n} \tag{12-3}$$

2. 匹配误差

实测图与基准图之间的差异及匹配算法本身存在的误差,使得匹配算法得到的仿真匹配点与真实匹配点之间存在一定的随机偏差 τ_x、τ_y,该偏差称为匹配误差。在仿真实验中,设置阈值为 τ,当匹配误差满足 $\sqrt{\tau_x^2 + \tau_y^2} \leqslant \tau$ 时,认为正确匹配,否则为误匹配。匹配算法的定位精度可以用匹配误差的方差 δ 描述:

$$\delta_x = \sqrt{\sum_{i=0}^{N} [(\tau_x)_i - \overline{\tau_x}]^2} \tag{12-4}$$

$$\delta_y = \sqrt{\sum_{i=0}^{N} [(\tau_y)_i - \overline{\tau_y}]^2} \tag{12-5}$$

$$\delta = \sqrt{\delta_x^2 + \delta_y^2} \tag{12-6}$$

3. 运行时间

算法复杂性是评价算法性能的一个重要指标,以运行该算法所需计算机资源的多少作为衡量指标,所需资源越多,说明该算法复杂性越高;反之,所需资源越少,说明该算法的复杂性就越低。计算机资源包括时间和空间资源。所需的时间资源对应算法的时间复杂性,所需的空间资源对应算法的空间复杂性。在实际应用中,随着大容量存储设备的发展,算法的空间复杂性已不再是影响算法性能的瓶颈,而算法的时间复杂性则成为关注的焦点。在景象匹配导航系统中,算法的时间复杂性主要体现为在线匹配时间。本节以多次匹配的总时间 T_N 与匹配次数 N 的比值描述算法的运行时间:

$$T = \frac{T_N}{N} \tag{12-7}$$

12.1.4　仿真方法设计

在实际的景象匹配导航系统中,匹配算法的性能可能受一种因素的影响,也可能同时受多

种因素的影响。单因素统计实验可以量化匹配概率与某一影响因素之间的关系,但不能很好地揭示各种影响因素之间的内在联系及多种影响因素对匹配性能的综合作用。本节实验中的影响因素包括噪声因素、旋转及尺度差异因素、遮挡及模糊因素等。首先进行单因素统计实验,研究某单一因素对算法匹配性能的影响,然后再研究多因素综合作用下各匹配算法的适应性。

本节的仿真流程如图 12-2 所示,具体步骤如下:

(1) 选取景象匹配过程中可能遇到的各类场景的图像作为基准图,图像类型涉及可见光、红外及 SAR 等常见的传感器图像。

(2) 根据基准图大小,选定实测图尺寸,并按照一定的步长从基准图上某一点开始截取与实测图大小相同的基准子图,记录子图在基准图中的确切位置坐标。

(3) 用一个或多个畸变模型处理基准子图,以模拟实测图和基准图可能存在的差异,作为匹配实验中的实测图。

(4) 以基准图和实测图作为匹配算法的输入参数,在基准图中搜索实测图的匹配位置坐标。

(5) 由仿真匹配位置坐标与真实匹配位置坐标计算匹配误差,根据预先设置的误差阈值 τ,判断是否为正确匹配,若为正确匹配,记录正确匹配的次数,并记录相应的匹配误差。

(6) 当按照一定的步长遍历完整个基准图后循环结束,并记录总的匹配时间。

(7) 由式(12-3) ~ 式(12-7)等计算匹配概率、匹配精度及平均耗时等性能参数。

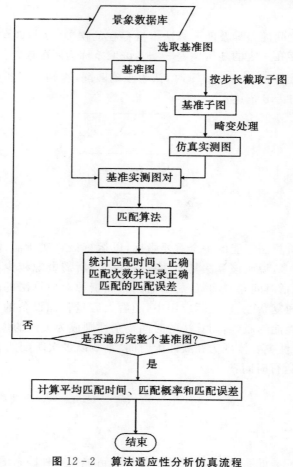

图 12-2　算法适应性分析仿真流程

12.2   匹配算法适应性仿真实验与分析

为了研究不同匹配算法对景象匹配导航系统中各种畸变的适应性,同时检测本章所提的匹配算法适应性仿真方法的实际性能,按照图 12-2 的仿真流程,分别对基于 LTS-HD 的自适应景象匹配算法(简写为 LTS-HD)、基于模糊不变矩的多级实时景象匹配算法(简写为“模糊不变矩”)及基于自适应极坐标变换的快速景象匹配算法(简写为“APT”)进行适应性仿真实验。

12.2.1   实验参数设置及运行平台

1. 实验参数

图像类型及尺寸:不同图像传感器可以工作在不同的时相及气候条件下,目前,无人机上通常装载有光电传感器、红外传感器和合成孔径雷达等多种图像传感器,这就要求匹配算法对不同传感器图像都有好的适应性。为此,在景象匹配导航系统中,选取可见光、红外及 SAR 等不同传感器图像作为仿真实验用图像。一般情况下,基准图尺寸越大,重复模式出现的可能性就越大。在实际的景象匹配导航系统中,基准图的选取准则之一就是要求图像中的重复模式尽量少。因为本节重在研究各种畸变对算法匹配性能的影响,为了模拟景象匹配的实际工作情况,在本节的仿真实验中,不考虑基准图重复模式的影响,不同传感器图像的基准图尺寸选为 150×150,实测图尺寸选为 70×70。

实测图畸变程度:旋转及尺度变化范围的选取以中等精度惯性导航系统为参考进行选取。在中等精度惯性导航系统中,在没有任何外部修正信息的情况下,其航向偏差将达到 $10°/h$;而气压高度表的精度则相对较高,且其误差随飞行高度呈近似线性变化,一般气压高度表的误差对尺度方面的影响仅仅在正负 1.1 倍左右。因此,在仿真实验中,旋转角度的范围限定在 $10°$左右,尺度变化范围限制在正负 1.1 倍左右。噪声取为式(2-5)描述的零均值高斯噪声,方差范围限定在 1.0 内;运动模糊以式(12-2)为退化模型,因模糊方向对图像的清晰程度影响不大,实验中模糊方向统一取为 $0°$,模糊尺度范围为 $[0 \sim 50]$ 个像素;根据实测图尺寸,遮挡面积的范围取为 30×30。

阈值:误差阈值 τ 取为 5 个像素,若匹配误差大于该阈值则认为是误匹配,否则认为匹配正确。匹配精度则定义为正确匹配前提下,仿真匹配点与真实匹配点之间距离的方差。

2. 实验运行平台

所有实验采用的硬件环境为 Intel(R) Core 2 Duo CPU 2.2 GHz,内存 2.0 GB 的计算机。整个仿真平台在 Windows XP 2003 操作系统、Matlab 7.5R 编译环境下实现。

12.2.2   单因素仿真实验

本实验分别考察某一种畸变因素对算法性能指标的影响。以 A 表示某个畸变因素,实验时把 A 分成不同的等级,考察不同等级情况下算法的匹配概率及匹配精度。因为算法的匹配平均时间取决于搜索策略及相似性度量的计算量大小,不受各种畸变因素的影响,为了比较各种算

法的实时性,在最后给出各种算法的平均匹配时间。实验中,分别以不同类型图像对不同算法
进行适应性仿真,发现图像类型对算法的适应性有一定影响。限于篇幅,本节下面的图例及实
验结果以基准图是可见光图像为例。

1. 不同算法对噪声的适应性仿真

图 12-3(a) 是各种算法在不同噪声水平下的正确匹配概率,图 12-3(b) 为各匹配算法的
匹配误差。

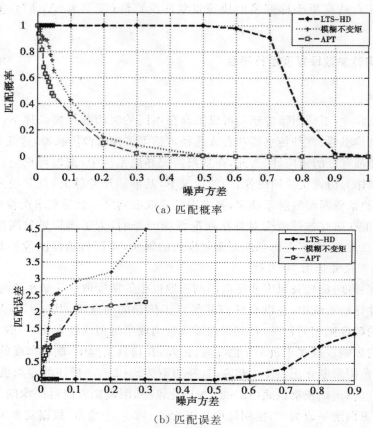

（a）匹配概率

（b）匹配误差

图 12-3　不同噪声条件下算法的适应性仿真结果

由图 12-3 的实验结果可以看出,基于 LTS-HD 的匹配方法对噪声的适应能力最强,当高
斯噪声的方差小于 0.5 时,其正确匹配概率基本为 1,且匹配误差基本为 0 个像素;而当噪声方
差大于 0.7 时,匹配概率急剧下降,匹配误差也随之大增。在相同噪声等级下,基于模糊不变矩
的匹配概率稍高于基于自适应极坐标变换(APT)的匹配概率,但其匹配误差也高于 APT 匹
配,这两种算法在高斯噪声方差小于 0.05 时匹配概率都在 0.8 以上,但总的趋势是匹配概率
随噪声方差的增加下降很快。现对出现这种结果的原因分析如下:

(1)LTS-HD 匹配是以图像边缘为特征点进行匹配的,在边缘提取的过程中已对图像进行
了去噪,同时,LTS-HD 测度本身对噪声和出格点不敏感,因此,当噪声方差不是很大时,噪声
对 LTS-HD 的匹配结果基本没有影响,但当噪声方差超过一定值时,边缘提取算子不能很好

地提取出图像的边缘特征,因此会造成匹配概率急剧下降。

(2) 基于模糊不变矩的匹配方法和基于自适应极坐标变换的匹配方法(APT)在计算匹配特征时都是基于图像灰度值计算的,因此对图像的噪声相对比较敏感。

2. 不同算法对模糊的适应性仿真

由图 12-4 的实验结果可以看出,在相同模糊尺度下,基于模糊不变矩的匹配算法的匹配概率最高且匹配误差最小,对图像模糊的适应性最好,这主要是因为模糊不变矩特征本身就对图像模糊具有一定的不变性。而基于 LTS-HD 的匹配算法对模糊的适应性要比基于 APT 的匹配方法的适应性好,在模糊尺度较小时与基于模糊不变矩匹配算法的适应性能相当,这主要是因为 LTS-HD 测度是基于图像的边缘特征,在模糊尺度较小时对图像边缘提取影响很小。

图 12-4(a)是各种算法在不同模糊尺度下的正确匹配概率,图 12-4(b)为各匹配算法的匹配误差。

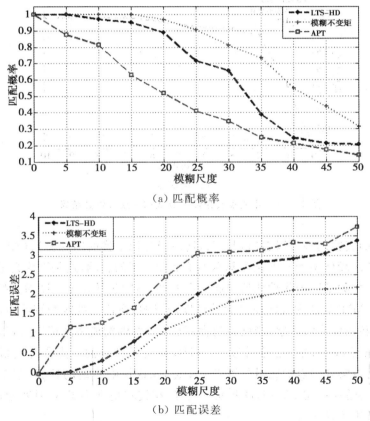

(a) 匹配概率

(b) 匹配误差

图 12-4　不同模糊尺度下算法的适应性仿真结果

3. 不同算法对旋转的适应性仿真

图 12-5(a)是各种算法在不同旋转角度下的正确匹配概率,图 12-5(b)为各匹配算法的匹配误差。

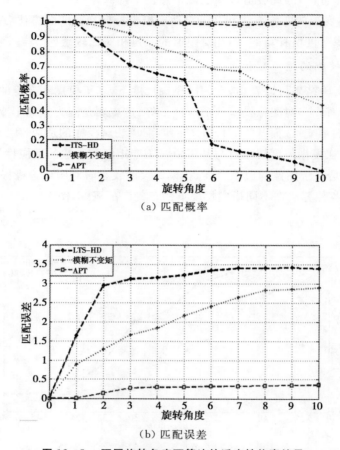

（a）匹配概率

（b）匹配误差

图 12-5　不同旋转角度下算法的适应性仿真结果

由图 12-5 的实验结果可以看出，基于自适应极坐标变换的匹配算法（APT）对图像旋转的适应性最好，其匹配概率和匹配误差基本不受旋转角度的影响，这是因为自适应极坐标变换在向距离轴投影时，除了因为线性插值引起的误差外，不同旋转角度的图像其投影曲线是重合的，理论上，基于 APT 的匹配算法不受旋转角度的影响。在这三种匹配算法中，基于 LTS-HD 的匹配算法对旋转角度非常敏感，当旋转角度超过 2°时，匹配概率急速下降，当旋转角度达到 6°时，匹配概率只有 0.2 左右，这是因为 LTS-HD 本身是计算两个点集之间最不匹配点的距离，而图像旋转后点集合中点的相对位置发生变化，从而影响距离的计算。基于模糊不变矩的匹配算法对旋转的适应性比 LTS-HD 匹配方法好，在旋转角度小于 3°时匹配概率仍然较高，但匹配误差比 APT 方法大。

4. 不同算法对尺度变化的适应性仿真

图 12-6（a）是各种算法在不同尺度因子下的正确匹配概率，图 12-6（b）为各匹配算法的匹配误差。

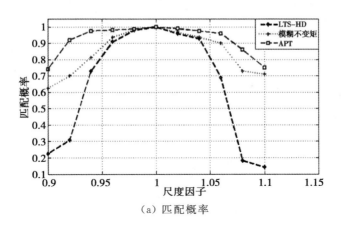

(a) 匹配概率

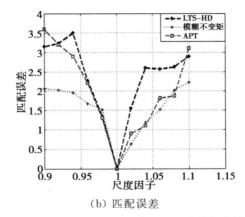

(b) 匹配误差

图 12-6　不同尺度因子下算法的适应性仿真结果

由图 12-6 可以看出,在相同尺度因子下,基于 APT 的匹配算法匹配概率最高,但匹配误差随尺度变化的增加而增长很快,这主要是因为 APT 匹配方法在向距离轴投影时,不同尺度变化的图像其投影曲线间表现为一个变化的尺度,而在方向轴的投影值大小也有差异,且两幅图像的尺度差异越大,其投影曲线之间的尺度变化及投影值差异也越大,这会使两曲线间的相似性度量产生一定的偏差,从而影响匹配的精度。基于模糊不变矩的匹配算法的匹配概率居于三种算法之间,匹配误差与 APT 算法相当,而基于 LTS-HD 的匹配算法对旋转的适应性在三种算法中最差,这仍然与 LTS-HD 测度本身特点有关。

5. 不同算法对遮挡的适应性仿真

本节仿真实验所用实测图尺寸为 70×70,图 12-7(a) 是各种算法在实测图发生不同程度遮挡时的正确匹配概率,图 12-7(b) 为各匹配算法相应的匹配误差。图中的横轴为方形遮挡部分边长所含像素个数。

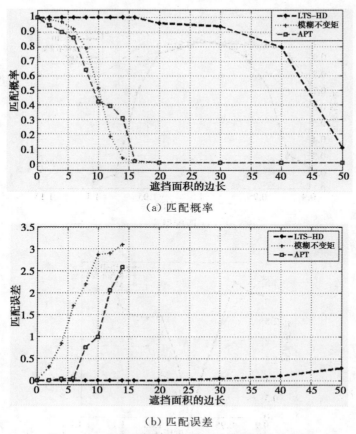

（a）匹配概率

（b）匹配误差

图 12－7　不同遮挡面积下算法的适应性仿真结果

由图 12－7(a) 可以看出,在遮挡面积达到 30×30 时,基于 LTS-HD 的匹配算法的正确匹配概率仍能达到 0.9 以上,且匹配误差几乎为 0;而另外两种算法在遮挡面积小于 5×5 个像素时匹配概率较高;而当遮挡面积为 10×10 左右时,匹配概率已下降到 0.4 左右,且匹配误差随遮挡面积的增加上升很快。由此可以看出,LTS-HD 匹配算法对图像严重遮挡的情况具有很好的适应性。为了对三种算法的匹配性能进行定量的比较,取匹配概率等于 0.95 时的畸变值作为各匹配算法对某种畸变适应性的临界值,通过对图 12－3 ～ 图 12－7 的实验结果进行统计,得出各种算法的临界值见表 12-1。

表 12-1　不同匹配算法对畸变适应性的临界值(匹配概率为 0.95)

算法类型	畸变程度				
	噪声方差	模糊尺度	旋转角度	尺度因子	遮挡范围
LTS-HD	0.6	15	1.5	±0.2	25×25
模糊不变矩	0.03	23	2.5	±0.3	5×5
APT	0.015	3	180	±0.75	3×3

由表 12－1 可以看出,噪声与遮挡对不同匹配算法性能的影响趋于一致,因此,在某种程度上可认为遮挡是一种严重的噪声污染。

12.2.3　多因素仿真实验

单因素回归分析可以量化匹配概率与某一影响因素之间的关系,但不能很好地揭示各种影响因素之间的内在联系及多种影响因素对匹配概率的综合作用。而在景象匹配系统中,实测图往往同时受多个因素的影响。为了评估多因素综合作用下不同景象匹配算法性能的优劣,应将不同因素相互组合来模拟实测图。本节只研究某种图像退化因素与几何畸变组合的情形。第一种情形是将噪声与旋转及尺度差异进行组合,第二种情形是将模糊、旋转及尺度差异进行组合。实验中,以多种因素模型同时作用于基准子图来模拟实测图。为了与单因素匹配实验进行比较,多因素匹配实验选用与单因素实验相同的基准图。参考前文单因素仿真实验结果,在多因素仿真实验中,旋转角度分别取3°和5°,尺度变化分别取1.03和1.05,噪声方差限定在0.05内。模糊尺度限定在15个像素内。

1.旋转、尺度及噪声三因素仿真实验

图 12-8 所示为当实测图旋转3°,尺度因子为1.03时,不同噪声等级下各算法的匹配概率及匹配误差。可以看出:不管是否存在噪声,LTS-HD 算法的匹配概率只有 0.15 左右,而要使APT算法和模糊不变矩匹配算法的匹配概率不小于0.95,其噪声方差分别不能超过0.004和0.005。

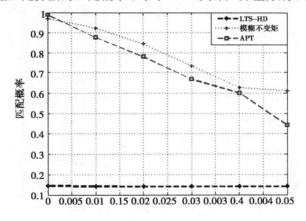

（a）匹配概率

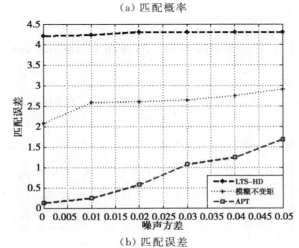

（b）匹配误差

图 12-8　多因素实验仿真结果(旋转角度:3°,尺度因子:1.03)

图 12-9 所示为当实测图旋转 5°,尺度因子为 1.05 时,不同噪声等级下各算法的匹配概率及匹配误差。可以看出:不管是否存在噪声,LTS-HD 算法的匹配概率几乎为 0,模糊不变矩匹配算法的匹配概率最多只能达到 0.75 左右,而要使 APT 算法的匹配概率不小于 0.95,其噪声方差不能超过 0.004。

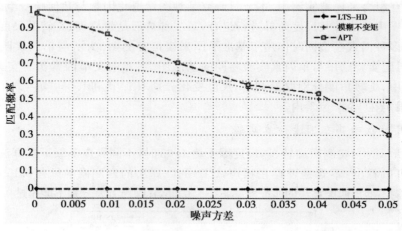

(a) 匹配概率

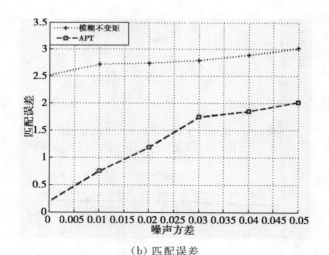

(b) 匹配误差

图 12-9　多因素实验仿真结果(旋转角度:5°,尺度因子:1.05)

2. 旋转、尺度及模糊三因素仿真实验

图 12-10 所示为当实测图旋转 3°,尺度因子为 1.03 时,不同模糊尺度下各算法的匹配概率及匹配误差。可以看出:不管是否存在模糊,LTS-HD 算法的匹配概率不超过 0.2,模糊不变矩匹配算法的匹配概率在模糊尺度小于 15 时,匹配概率可达 0.9 左右,而要使 APT 算法的匹配概率不小于 0.95,其模糊尺度不能超过 5 个像素。

图 12-11 所示为当实测图旋转 5°、尺度因子为 1.05 时,不同模糊尺度下各算法的匹配概率及匹配误差。可以看出:不管是否存在模糊,LTS-HD 算法的匹配概率几乎为 0,模糊不变矩匹配算法的匹配概率最多只能达到 0.76 左右,而 APT 算法的匹配概率也只能达到 0.9 左右。

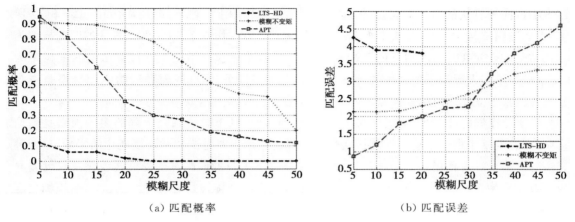

（a）匹配概率　　　　　　　　　　　　　（b）匹配误差

图 12-10　多因素实验仿真结果(旋转角度:3°,尺度因子:1.03)

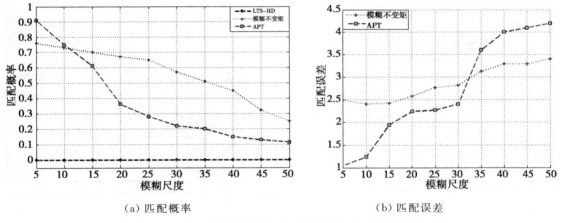

（a）匹配概率　　　　　　　　　　　　　（b）匹配误差

图 12-11　多因素实验仿真结果(旋转角度:5°,尺度因子:1.05)

为了将多因素匹配结果与单因素匹配结果进行对比,表 12-2 分别列出了旋转 3° 或 5°、比例放大 1.03 倍或 1.05 倍、噪声方差为 0.05、模糊尺度为 15 个像素的单因素匹配概率。

表 12-2　不同算法单因素匹配概率

算法类型	畸变程度					
	旋转 3°	旋转 5°	放大 1.03 倍	放大 1.05 倍	噪声方差 0.05	模糊尺度 15
LTS-HD	0.71	0.5	0.93	0.82	1	0.95
模糊不变矩	0.92	0.78	0.96	0.92	0.63	1.0
APT	1	1	0.99	0.97	0.47	0.62

将图 12-8～图 12-11 与表 12-2 的结果进行对比,可以看出:多种畸变因素同时存在时,

其综合作用对不同匹配算法的影响程度不同。

当有噪声存在时,旋转、尺度变化的综合作用对 APT 算法及模糊不变矩匹配算法的影响不大,其中噪声对这两种算法匹配性能的影响是最主要的。而旋转、尺度的综合作用对 LTS-HD 匹配算法的影响很大,其性能在多因素综合作用下急剧下降。比如:如图 12-8(a) 所示,当实测图旋转3°,比例放大 1.03 倍,噪声方差为 0.05 时,基于 APT 匹配算法的匹配概率为 0.43 左右(噪声单因素影响下的匹配概率为 0.47),基于模糊不变矩匹配算法的匹配概率为 0.61(噪声单因素影响下的匹配概率为 0.63),而基于 LTS-HD 匹配算法的匹配概率基本为 0[与各因素独立作用时的匹配概率相差甚远(见表 12-2)]。

当实测图同时受模糊、旋转及尺度变化影响时,使 APT 算法性能下降的主导因素是图像模糊,而导致基于模糊不变矩匹配算法性能下降的原因主要是旋转和尺度变化的影响,这两种算法受多因素综合作用的影响不是很大,而基于 LTS-HD 的匹配算法受旋转变化及尺度差异的综合作用的影响非常大。如图 12-10(a) 所示,当实测图旋转3°,比例放大 1.03 倍,模糊尺度为 15 个像素时,基于 APT 匹配算法的匹配概率为 0.6 左右(模糊单因素影响下的匹配概率为 0.62),基于模糊不变矩匹配算法的匹配概率为 0.89(单因素旋转 3° 时为 0.92,单因素尺度放大 1.03 倍时为 0.96),而基于 LTS-HD 匹配算法的匹配概率基本为 0[与各因素独立作用时的匹配概率相差甚远(参考表 12-2)]。

12.2.3　算法实时性比较

为了对各种匹配算法的实时性进行评估,在本节仿真实验平台下,对以上仿真实验中各匹配算法的匹配时间进行统计平均,结果见表 12-3。

表 12-3　不同算法匹配耗时比较

算法类型	LTS-HD	模糊不变矩	APT
匹配时间 /s	0.028	0.042	0.89

由表 12-3 可以看出,对于相同尺寸的基准图和实测图,基于 LTS-HD 的匹配算法耗时最短,而基于 APT 的匹配算法最耗时。

从以上对各种算法适应性的仿真结果来看,在匹配精度方面,不同匹配算法在不同畸变类型下的匹配误差是不同的。在算法鲁棒性及实时性方面,基于 LTS-HD 匹配算法的优势是对遮挡及噪声比较鲁棒,且匹配耗时最少;但在旋转、尺度的综合作用下,匹配算法性能急剧下降。基于 APT 匹配算法在图像发生大角度旋转时具有明显的优势,对尺度变化的适应性也是三种算法中最好的,但对噪声较为敏感;而基于模糊不变矩的匹配算法对噪声、旋转、尺度的敏感性介于前述两种算法之间,对模糊的适应性最好,实时性稍差于基于 LTS-HD 的匹配算法,但远好于 APT 算法。另外,基于 APT 的匹配算法和基于模糊不变矩的匹配算法受多因素综合作用的影响相对较弱,在旋转角度及比例变化不是很大的情况下基于模糊不变矩的匹配算法具有一定的优势,而在噪声较小、模糊尺度不是很大但旋转角度很大的情况下宜选用基于 APT 的匹配算法。总之,在大量适应性仿真实验的基础上,可通过设置合适的阈值进行匹配算法的选择。

12.3　本 章 小 结

　　前文已提出的很多景象匹配算法分别适用于不同的匹配场景,但缺少对匹配算法适应性能的量化描述。本章介绍了景象匹配算法性能评估的一般方法,并就前面章节介绍的各种匹配算法进行了适应性仿真分析,为无人机不同飞行场景下景象匹配算法的选择提供了依据。

【参考文献】

[1] 汪洪桥,赵宗涛,蔡艳宁,等.景象匹配算法适应性分析与仿真[J].计算机工程,2005,31(14):167-169.

[2] 刘 扬,姚娅媚,金善良.景象匹配正确定位概率的实验研究[J].宇航学报,2001,22(6):91-94.

[3] 祝明波,张东兴,范照盛,等.灰度相关图像匹配算法噪声适应性仿真[J].海军航空工程学院学报,2009,24(1):62-64.

[4] 李庆震,祝小平,周洲.无人机运动模糊图像复原技术[J].火力与指挥控制,2009,34(2):51-54.

[5] 刘建业,冷雪飞,熊智,等.惯性组合导航系统的实时多级景象匹配算法[J].航空学报,2007,28(6):1401-1407.

E9
卓越大学出版联盟
学术出版精品工程

北京理工大学出版社
重庆大学出版社
大连理工大学出版社
东南大学出版社
哈尔滨工业大学出版社
华南理工大学出版社
天津大学出版社
同济大学出版社
西北工业大学出版社

无人机景象匹配技术

- 无人机飞行防相撞技术
- 无人机集群
- 无人机后勤保障
- 无人机健康管理
- 无人机飞行控制与自主飞行
- 无人机任务规划技术
- 无人机飞控系统余度体系架构与管理技术
- 无人机空域感知与碰撞规避技术
- 无人机视觉导航技术
- 无人机多机协同技术
- 无人机载荷技术
- 无人机电磁兼容工程
- 无人机景象匹配辅助导航技术
- 无人机编队飞行技术
- 无人机飞行管理
- 无人机集群无线自组织网络
- 无人机景象匹配技术

西北工业大学
官方微信

西北工业大学出版社
天猫旗舰店

ISBN 97

9 7875

定价